U0160495

"十三五"国家重点出版物出版规划项目

海洋机器人科学与技术丛书

封锡盛　李　硕　主编

水下机器人水动力数值计算与预报

胡志强　衣瑞文　王一伟　著

科学出版社
龍門書局
北　京

内 容 简 介

本书主要介绍水下机器人水动力学领域的数值计算、操纵性建模与预报的方法，在计算流体动力学计算可信度研究的基础上，介绍黏性类水动力、惯性类水动力的计算流体动力学计算，以及基于水动力计算的操纵性评价方法。面向水下机器人的设计实例，本书给出基于操纵性模型进行水下机器人运动仿真的算例。

本书可供船舶工程、海洋工程、水下工程等相关领域的科研人员、大学教师和研究生，以及从事水下机器人、水中兵器、潜艇、舰船等研究的技术人员参考。

图书在版编目(CIP)数据

水下机器人水动力数值计算与预报 / 胡志强，衣瑞文，王一伟著. —北京：龙门书局，2020.11

（海洋机器人科学与技术丛书 / 封锡盛，李硕主编）

“十三五”国家重点出版物出版规划项目　国家出版基金项目

ISBN 978-7-5088-5819-7

Ⅰ. ①水…　Ⅱ. ①胡…　②衣…　③王…　Ⅲ. ①水下作业机器人－水动力学－数值计算　Ⅳ. ①TP242.2

中国版本图书馆 CIP 数据核字(2020)第 205399 号

责任编辑：杨慎欣　张　震　李　娜 / 责任校对：樊雅琼
责任印制：师艳茹 / 封面设计：无极书装

科学出版社
龍門書局　出版

北京东黄城根北街 16 号
邮政编码：100717
http：//www.sciencep.com

中国科学院印刷厂 印刷

科学出版社发行　各地新华书店经销

*

2020 年 11 月第　一　版　开本：720 × 1000　1/16
2023 年　1　月第二次印刷　印张：12 1/2　插页：4
字数：252 000

定价：118.00 元

(如有印装质量问题，我社负责调换)

“海洋机器人科学与技术丛书”

编辑委员会

丛书前言一

浩瀚的海洋蕴藏着人类社会发展所需的各种资源，向海洋拓展是我们的必然选择。海洋作为地球上最大的生态系统不仅调节着全球气候变化，而且为人类提供蛋白质、水和能源等生产资料支撑全球的经济发展。我们曾经认为海洋在维持地球生态系统平衡方面具备无限的潜力，能够修复人类发展对环境造成的伤害。但是，近年来的研究表明，人类社会的生产和生活会造成海洋健康状况的退化。因此，我们需要更多地了解和认识海洋，评估海洋的健康状况，避免对海洋的再生能力造成破坏性影响。

我国既是幅员辽阔的陆地国家，也是广袤的海洋国家，大陆海岸线约 1.8 万千米，内海和边海水域面积约 470 万平方千米。深邃宽阔的海域内潜含着的丰富资源为中华民族的生存和发展提供了必要的物质基础。我国的洪涝、干旱、台风等灾害天气的发生与海洋密切相关，海洋与我国的生存和发展密不可分。党的十八大报告明确提出："提高海洋资源开发能力，发展海洋经济，保护海洋生态环境，坚决维护国家海洋权益，建设海洋强国。"[①]党的十九大报告明确提出："坚持陆海统筹，加快建设海洋强国。"[②]认识海洋、开发海洋需要包括海洋机器人在内的各种高新技术和装备，海洋机器人一直为世界各海洋强国所关注。

关于机器人，蒋新松院士有一段精彩的诠释：机器人不是人，是机器，它能代替人完成很多需要人类完成的工作。机器人是拟人的机械电子装置，具有机器和拟人的双重属性。海洋机器人是机器人的分支，它还多了一重海洋属性，是人类进入海洋空间的替身。

海洋机器人可定义为在水面和水下移动，具有视觉等感知系统，通过遥控或自主操作方式，使用机械手或其他工具，代替或辅助人去完成某些水面和水下作业的装置。海洋机器人分为水面和水下两大类，在机器人学领域属于服务机器人中的特种机器人类别。根据作业载体上有无操作人员可分为载人和无人两大类，其中无人类又包含遥控、自主和混合三种作业模式，对应的水下机器人分别称为无人遥控水下机器人、无人自主水下机器人和无人混合水下机器人。

---

① 胡锦涛在中国共产党第十八次全国代表大会上的报告. 人民网，http://cpc.people.com.cn/n/2012/1118/c64094-19612151.html

② 习近平在中国共产党第十九次全国代表大会上的报告. 人民网，http://cpc.people.com.cn/n1/2017/1028/c64094-29613660.html

无人水下机器人也称无人潜水器，相应有无人遥控潜水器、无人自主潜水器和无人混合潜水器。通常在不产生混淆的情况下省略“无人”二字，如无人遥控潜水器可以称为遥控水下机器人或遥控潜水器等。

世界海洋机器人发展的历史大约有70年，经历了从载人到无人，从直接操作、遥控、自主到混合的主要阶段。加拿大国际潜艇工程公司创始人麦克法兰，将水下机器人的发展历史总结为四次革命：第一次革命出现在20世纪60年代，以潜水员潜水和载人潜水器的应用为主要标志；第二次革命出现在70年代，以遥控水下机器人迅速发展成为一个产业为标志；第三次革命发生在90年代，以自主水下机器人走向成熟为标志；第四次革命发生在21世纪，进入了各种类型水下机器人混合的发展阶段。

我国海洋机器人发展的历程也大致如此，但是我国的科研人员走过上述历程只用了一半多一点的时间。20世纪70年代，中国船舶重工集团公司第七〇一研究所研制了用于打捞水下沉物的“鱼鹰”号载人潜水器，这是我国载人潜水器的开端。1986年，中国科学院沈阳自动化研究所和上海交通大学合作，研制成功我国第一台遥控水下机器人“海人一号”。90年代我国开始研制自主水下机器人，“探索者”、CR-01、CR-02、“智水”系列等先后完成研制任务。目前，上海交通大学研制的“海马”号遥控水下机器人工作水深已经达到4500米，中国科学院沈阳自动化研究所联合中国科学院海洋研究所共同研制的深海科考型ROV系统最大下潜深度达到5611米。近年来，我国海洋机器人更是经历了跨越式的发展。其中，“海翼”号深海滑翔机完成深海观测；有标志意义的“蛟龙”号载人潜水器将进入业务化运行；“海斗”号混合型水下机器人已经多次成功到达万米水深；“十三五”国家重点研发计划中全海深载人潜水器及全海深无人潜水器已陆续立项研制。海洋机器人的蓬勃发展正推动中国海洋研究进入“万米时代”。

水下机器人的作业模式各有长短。遥控模式需要操作者与水下载体之间存在脐带电缆，电缆可以源源不断地提供能源动力，但也限制了遥控水下机器人的活动范围；由计算机操作的自主水下机器人代替人工操作的遥控水下机器人虽然解决了作业范围受限的缺陷，但是计算机的自主感知和决策能力还无法与人相比。在这种情形下，综合了遥控和自主两种作业模式的混合型水下机器人应运而生。另外，水面机器人的引入还促成了水面与水下混合作业的新模式，水面机器人成为沟通水下机器人与空中、地面机器人的通信中继，操作者可以在更远的地方对水下机器人实施监控。

与水下机器人和潜水器对应的英文分别为 underwater robot 和 underwater vehicle，前者强调仿人行为，后者意在水下运载或潜水，分别视为“人”和“器”，海洋机器人是在海洋环境中运载功能与仿人功能的结合体。应用需求的多样性使得运载与仿人功能的体现程度不尽相同，由此产生了各种功能型的海洋机器人，如观察型、作业型、巡航型和海底型等。如今，在海洋机器人领域 robot 和 vehicle 两词的内涵逐渐趋同。

信息技术、人工智能技术特别是其分支机器智能技术的快速发展，正在推动海洋机器人以新技术革命的形式进入“智能海洋机器人”时代。严格地说，前述自主水下机器人的“自主”行为已具备某种智能的基本内涵。但是，其“自主”行为泛化能力非常低，属弱智能；新一代人工智能相关技术，如互联网、物联网、云计算、大数据、深度学习、迁移学习、边缘计算、自主计算和水下传感网等技术将大幅度提升海洋机器人的智能化水平。而且，新理念、新材料、新部件、新动力源、新工艺、新型仪器仪表和传感器还会使智能海洋机器人以各种形态呈现，如海陆空一体化、全海深、超长航程、超高速度、核动力、跨介质、集群作业等。

海洋机器人的理念正在使大型有人平台向大型无人平台转化，推动少人化和无人化的浪潮滚滚向前，无人商船、无人游艇、无人渔船、无人潜艇、无人战舰以及与此关联的无人码头、无人港口、无人商船队的出现已不是遥远的神话，有些已经成为现实。无人化的势头将冲破现有行业、领域和部门的界限，其影响深远。需要说明的是，这里“无人”的含义是人干预的程度、时机和方式与有人模式不同。无人系统绝非无人监管、独立自由运行的系统，仍是有人监管或操控的系统。

研发海洋机器人装备属于工程科学范畴。由于技术体系的复杂性、海洋环境的不确定性和用户需求的多样性，目前海洋机器人装备尚未被打造成大规模的产业和产业链，也还没有形成规范的通用设计程序。科研人员在海洋机器人相关研究开发中主要采用先验模型法和试错法，通过多次试验和改进才能达到预期设计目标。因此，研究经验就显得尤为重要。总结经验、利于来者是本丛书作者的共同愿望，他们都是在海洋机器人领域拥有长时间研究工作经历的专家，他们奉献的知识和经验成为本丛书的一个特色。

海洋机器人涉及的学科领域很宽，内容十分丰富，我国学者和工程师已经撰写了大量的著作，但是仍不能覆盖全部领域。“海洋机器人科学与技术丛书”集合了我国海洋机器人领域的有关研究团队，阐述我国在海洋机器人基础理论、工程技术和应用技术方面取得的最新研究成果，是对现有著作的系统补充。

“海洋机器人科学与技术丛书”内容主要涵盖基础理论研究、工程设计、产品开发和应用等，囊括多种类型的海洋机器人，如水面、水下、浮游以及用于深水、极地等特殊环境的各类机器人，涉及机械、液压、控制、导航、电气、动力、能源、流体动力学、声学工程、材料和部件等多学科，对于正在发展的新技术以及有关海洋机器人的伦理道德社会属性等内容也有专门阐述。

海洋是生命的摇篮、资源的宝库、风雨的温床、贸易的通道以及国防的屏障，海洋机器人是摇篮中的新生命、资源开发者、新领域开拓者、奥秘探索者和国门守卫者。为它“著书立传”，让它为我们实现海洋强国梦的夙愿服务，意义重大。

本丛书全体作者奉献了他们的学识和经验，编委会成员为本丛书出版做了组织和审校工作，在此一并表示深深的谢意。

本丛书的作者承担着多项重大的科研任务和繁重的教学任务，精力和学识所限，书中难免会存在疏漏之处，敬请广大读者批评指正。

中国工程院院士 封锡盛

2018 年 6 月 28 日

丛书前言二

改革开放以来，我国海洋机器人事业发展迅速，在国家有关部门的支持下，一批标志性的平台诞生，取得了一系列具有世界级水平的科研成果，海洋机器人已经在海洋经济、海洋资源开发和利用、海洋科学研究和国家安全等方面发挥重要作用。众多科研机构和高等院校从不同层面及角度共同参与该领域，其研究成果推动了海洋机器人的健康、可持续发展。我们注意到一批相关企业正迅速成长，这意味着我国的海洋机器人产业正在形成，与此同时一批记载这些研究成果的中文著作诞生，呈现了一派繁荣景象。

在此背景下“海洋机器人科学与技术丛书”出版，共有数十分册，是目前本领域中规模最大的一套丛书。这套丛书是对现有海洋机器人著作的补充，基本覆盖海洋机器人科学、技术与应用工程的各个领域。

“海洋机器人科学与技术丛书”内容包括海洋机器人的科学原理、研究方法、系统技术、工程实践和应用技术，涵盖水面、水下、遥控、自主和混合等类型海洋机器人及由它们构成的复杂系统，反映了本领域的最新技术成果。中国科学院沈阳自动化研究所、哈尔滨工程大学、中国科学院声学研究所、中国科学院深海科学与工程研究所、浙江大学、华侨大学、东华理工大学等十余家科研机构和高等院校的教学与科研人员参加了丛书的撰写，他们理论水平高且科研经验丰富，还有一批有影响力的学者组成了编辑委员会负责书稿审校。相信丛书出版后将对本领域的教师、科研人员、工程师、管理人员、学生和爱好者有所裨益，为海洋机器人知识的传播和传承贡献一份力量。

本丛书得到 2018 年度国家出版基金的资助，丛书编辑委员会和全体作者对此表示衷心的感谢。

“海洋机器人科学与技术丛书”编辑委员会

2018 年 6 月 27 日

前　言

水下机器人是人类认识海洋、开发海洋、保护海洋的重要手段之一。近十多年来，在技术推动和需求牵引共同作用下，水下机器人迎来了蓬勃发展的机会，并有可能在海洋石油等商业应用、扫雷反潜等海洋军事应用以及海洋科学研究中改变现有的作业模式，成为“游戏规则改变者”。但现实情况是，水下机器人的综合使用性能并不总是能满足应用需求，这固然受到水下通信、导航、能源等单项技术的限制，但很大程度上也受制于水下机器人总体设计的技术水平。

水动力性能计算、分析，以及水动力设计无疑是水下机器人总体设计中的重要环节。相对于总体设计内容中的外形设计、结构设计、静力性能计算、结构强度与刚度计算等内容，水动力性能的计算与分析方法并不完善。获取水动力性能的方法主要有试验方法、半理论半经验公式的计算方法，以及基于计算流体动力学技术的数值计算方法。相对于前两种方法，基于计算流体动力学技术的数值计算方法能够低成本、短周期、高精度地得到水下机器人的水动力值，已经成为阻力、推进、操纵、耐波等性能研究的有效手段。该方法的缺点是受各种因素的制约而存在精度的问题，以及与旋转导数相关的操纵性运动模拟问题和耐波性能预报中的时域数值造波问题等。

中国科学院沈阳自动化研究所具有丰富的水下机器人研发经验，自 20 世纪 70 年代末以来，先后研制了 10 余型不同种类的水下机器人。本书基于“远征”系列长航程水下机器人、“潜龙一号”6000m 水下机器人、“潜龙二号”4500m 深海资源勘察水下机器人、“探索 100”50kg 便携式水下机器人、“BQ-01”半潜式无人航行器、混合型海洋机器人等项目的实践经验，系统总结论述基于计算流体动力学技术的水下机器人水动力数值计算与运动性能预报方法体系，初步解决了水动力数值计算的上述相关问题，可快速获取各类水下机器人的水动力特性，包括阻力、操纵性水动力、波浪力等，可为水下机器人总体设计优化、运动建模与预报等提供支撑和依据。

本书主要内容包括：第 1 章介绍水下机器人水动力学的研究内容及发展现状与趋势；第 2 章介绍水下机器人空间六自由度运动的数学表达方法；第 3 章介绍计算流体动力学技术的基本原理及其在水下机器人领域的应用概况；第 4 章介绍水下机器人黏性类水动力数值计算方法及算例分析；第 5 章介绍惯性类水动力数值计算方法及算例分析；第 6 章基于前述黏性类、惯性类水动力计算结果开展水动力系数辨识方法研究，为运动建模提供方法基础；第 7 章基于水动力计算与系数辨识的结果介绍水下机器人运动建模与运动性能预报方法；第 8 章针对水下机器人在高速/超高速空化等水动力计算新领域的应用，给出算例分析。

本书的撰写得到了中国科学院沈阳自动化研究所、中国科学院力学研究所众多同事的大力帮助。耿令波博士、王超博士分别结合他们的学位论文参与了本书相关内容的研究，本书的写作过程得到了他们的大力支持和帮助，吴小翠博士对本书也有贡献。

由于作者知识水平有限，不当之处在所难免，敬请读者不吝批评指正。

作　者

2019 年 8 月

目　　录

1 绪　论

水下机器人(unmanned underwater vehicle，UUV)可根据是否有人操控分为两大类[1]：①遥控水下机器人(remotely operated underwater vehicle，ROV)，其作业由操作人员通过系缆远程控制，局部区域小范围运动；②自主水下机器人(autonomous underwater vehicle，AUV)，其运行不依赖操作人员的直接干预，运动模式主要为大范围巡航。由于无人操控、完全自主航行和自主作业，AUV 可以被认为是真正意义上的“机器人”。

本书主要研究巡航型水下机器人领域的水动力数值计算与运动性能预报。此外，在军事领域，UUV 在多数情况下意指 AUV。在维基百科中，多数学者建议将 UUV 词条与 AUV 词条合并。因此，除非特别指出，本书在多数情况下所述水下机器人均指自主水下机器人。

本章主要介绍水下机器人水动力学的研究意义、发展现状、研究现状与趋势，并着重介绍水动力数值计算的研究概况。

1.1　水下机器人及其发展现状

占地球面积 71%的海洋蕴藏着丰富的矿物资源、海洋生物资源和其他能源，是生命的摇篮、资源的宝库、交通的命脉，是世界各民族繁衍生息和持续发展的重要资源，自古至今它也是海洋强国的战略要地。海洋水域管理权、海洋资源归属权、海峡通道控制权，已经成为世界各国国际斗争的重要内容。我国是一个海洋大国，拥有广袤的海域面积[2]。此外，我国还共享有公海和国际海底区域的海洋权利。

若想认识海洋、开发海洋、保护海洋，把我国建设成为海洋强国，就要大力发展海洋技术。在各种海洋技术中，可在常规技术不可能到达的深度或区域进行综合考察和研究并能自主完成多种作业使命的水下机器人已经成为人类认识海洋、开发海洋和利用海洋的重要手段之一，使海洋开发进入了新时代。尤其是国家重大海洋科学工程越来越离不开水下机器人的支撑，如深远海海洋环境监测、国际深海资源勘察开发、海底生物资源调查、极地科学考察等。此外，海洋科学和海洋经济也需要水下机器人的服务。海洋灾害的预测预警、海上交通、海上作业等都迫切需要获得丰富的三维海洋环境参数，要想有效地解决海洋环境问题，也需要通过海洋环境监测快速、准确地获取相关的海洋环境数据。而水下机器人作为一种可控移动观测平台，可为上述研究提供有效的海洋参数观测手段，同时可以满足高分辨率的测量要求。

遥控水下机器人[图 1.1(a)]的研究始于 20 世纪 50 年代，是当前开发、利用深海海洋资源最为有效的水下平台，也是深海救援打捞最为安全有效的工具，其较强的作业能力使其不到半个世纪就从诞生走向了产业化。自主水下机器人[图 1.1(b)]虽然在 1957 年就已诞生，但是限于其技术能力，发展相对缓慢，仅被用于执行少数任务。随着智能自主、高效能源等技术的发展，AUV 在海洋资源开发和利用中扮演着越来越重要的角色，正被用于执行越来越多的任务。2014 年马来西亚航空公司 MH370 失事航班搜救过程中，蓝鳍金枪鱼 AUV(Bluefin-21)展示了其在水下搜救领域的优势，获得世界极大关注[3]。

(a) 海星6000遥控水下机器人

(b) CR-01自主水下机器人

图 1.1　典型水下机器人

鉴于 ROV 技术已经发展成熟，并且水动力性能在开架式 ROV 设计中并非优先考虑的内容，而巡航式 AUV 的水动力性能至关重要，因此本章主要从水动力设计和水动力分析的角度概述 AUV 的国内外研究现状。

据不完全统计，在过去 50 多年里，世界上已经设计了数百台 AUV，有些 AUV 已经商业化，在全球销售。在国际市场上，有数十家公司研发、生产、销售 AUV，其中的典型代表包括 Kongsberg、Lockheed Martin、Boeing、Teledyne、International Submarine Engineering(ISE)等[4]。

从 AUV 的设计形态来看，自美国华盛顿大学应用物理实验室研发出第一台回转体型 AUV 以来，AUV 的发展已经千姿百态。据自主水下机器人应用中心(Autonomous Underwater Vehicles Application Center，AUVAC)网站的不完全统计，目前全世界大约有 128 种 AUV 平台以及 224 种配置。在这些不同种类的 AUV 中，由于 AUV 的使命任务和作业环境，以及研发团队的设计风格和技术积累等多方面的不同，AUV 外形呈现出多种型式，大致可分为回转体型、立扁型、扁平型、多体型和升力体型等，见图 1.2～图 1.6。

图 1.2　回转体型 AUV（“潜龙一号”、“探索 100”）（见书后彩图）

图 1.3　立扁型 AUV（“潜龙二号”）（见书后彩图）

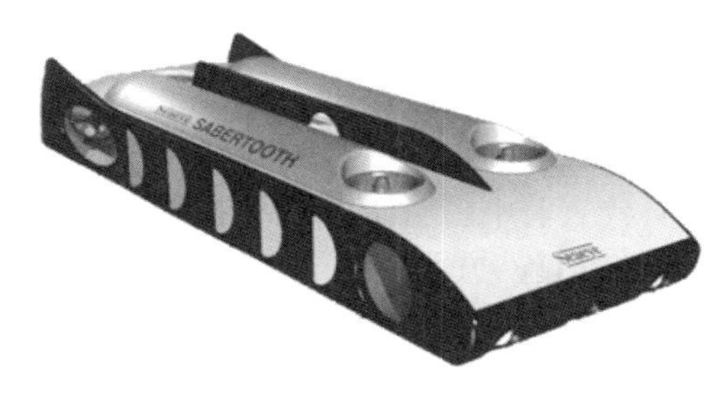

图 1.4　扁平型 AUV

图 1.5　多体型 AUV（“飞鱼号”）（见书后彩图）

图 1.6　升力体型 AUV

由于回转体型 AUV 的外形能够在尺寸、有效体积、水动力性能和使用性能等方面很好地折中，所以大多数 AUV 均采用了这种类似鱼雷的外形，如图 1.2 所示。国内外对这种外形的研究也比较深入，包括水动力性能和线型设计方法等方面，并已形成一系列的产品，包括美国伍兹霍尔海洋研究所和 Hydroid 公司开发的 REMUS 系列，Teledyne 公司开发的 GAVIA 系列，中国科学院沈阳自动化研究所的“CR-01”、“CR-02”、“潜龙一号”以及“远征”系列等。立扁型 AUV（图 1.3）一般比较强化垂直面的机动能力，有些还设置可回转推进器，在垂向机动时可以提供最大垂向推力。相对于其他类型的 AUV，该型 AUV 更适合工作于诸如海山等不平坦海底区域内，如美国伍兹霍尔海洋研究所开发的 Sentry、中国科学院沈阳自动化研究所开发的“潜龙二号”等均为其典型代表。扁平型 AUV（图 1.4）机动性能与立扁型 AUV 类似，只不过其注重的是水平面的机动能力，更适合在大范围的平坦区域工作。多体型 AUV（图 1.5）可以保证航行体具有较大初稳性，并通过加大推进器吃水、设置垂向推进器等措施使 AUV 具有良好的水面操纵性，便于水面回收。升力体型 AUV（图 1.6）借鉴飞机的设计理念，通过升力而非浮力提高有效载荷能力和 AUV 对海洋环境的适应能力，这种类型的 AUV 尚处于原理验证阶段，但是其展现出来的强大作业能力，获得了学术界的巨大关注。

我国在 AUV 方面的研究起源于 20 世纪 90 年代。中国科学院沈阳自动化研究所牵头组织相关单位相继成功研发“探索者”号 AUV 和“CR-01”AUV，两型 AUV 代表着中国 AUV 研究的起步。历经 30 年的发展，中国科学院沈阳自动化研究所在 AUV 方面创造了多项全国第一，研究成果获得国家科技进步奖一等奖、中国科学院科技进步奖特等奖等多项奖励。其研制的 AUV 广泛应用于海底资源调查、海洋环境观测等领域，为我国海洋科学、海洋工程和国防建设做出了重要贡献。目前已形成“深海”和“长航程”两大系列 AUV 系统或产品，典型代表如图 1.7 所示。国内其他单位在 AUV 领域也做了大量的基础性研究工作，并开发了不同系列的 AUV，这些单位包括哈尔滨工程大学、西北工业大学、上海交通大学等。经过业内科技工作者的不懈努力，我国 AUV 技术与应用水平已有极大提高，正在逐步缩小与美国等技术先进国家的差距。

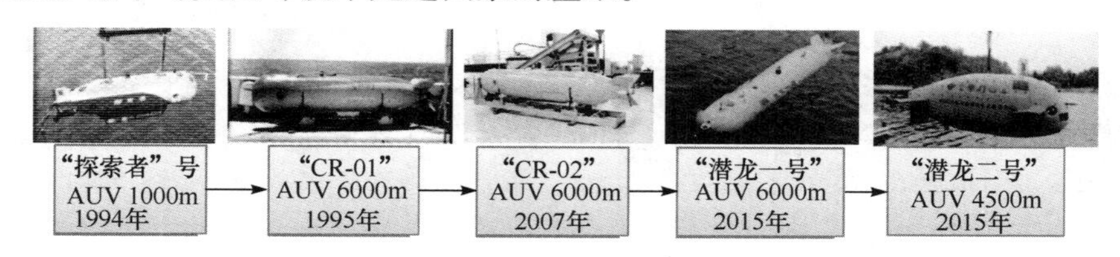

图 1.7　中国科学院沈阳自动化研究所典型 AUV

总之，在技术推动和需求牵引的共同作用下，水下机器人迎来了蓬勃发展的机会，正如美国海军在《无人系统综合路线图》[5]中所言“海洋机器人①来势汹汹”。

① 海洋机器人包括水下机器人、水面无人机器人。

同时，美国海军认为“海洋机器人为海军在世界上增强军事力量和维持海上优势提供了新机会”。可以预见，水下机器人将在海洋石油等商业应用、扫雷反潜等海洋军事应用以及海洋科学研究中扮演越来越重要的角色，甚至可能改变“游戏规则”。

1.2 水下机器人总体设计及水动力学

业界对水下机器人充满期待，但当前状况是，水下机器人的综合使用性能并不总能满足应用需求，这固然受到水下通信、导航、能源等单项技术的限制，但很大程度上也受制于水下机器人总体设计的技术水平。作为一种新的海洋技术手段，人们对水下机器人的主要研究目标在于提高机器人的自主能力，建造完全自持、智能、自我决策的系统，对于如何设计综合性能优良的机器人系统，也就是总体设计技术，却没有投入足够的关注。

水下机器人总体设计过程与内容见图 1.8。在总体设计过程中，进行了各种折中和权衡。由于传统的串行设计模式缺乏学科间的充分沟通和协调，近年来研究人员在水下机器人总体设计过程中也在尝试以系统工程学理论和多学科设计优化方法为指导，开展水下机器人综合设计优化工作，以提高水下机器人的作业效能和可靠性，降低全生命周期费用、作业风险和缩短研制周期等。

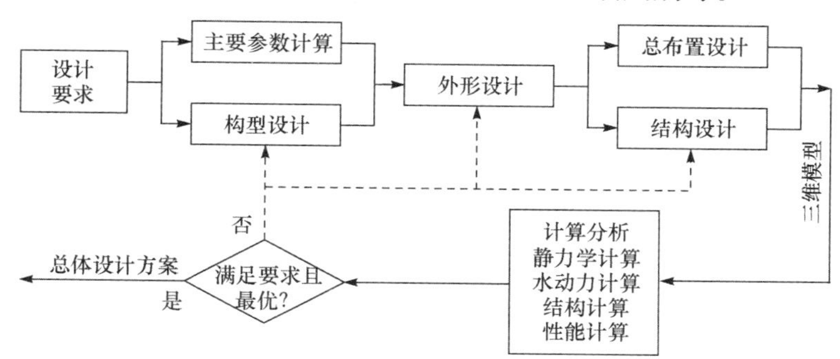

图 1.8　水下机器人总体设计过程与内容

水下机器人综合设计优化工作离不开各学科数学模型的建立。在总体设计过程中，涵盖了外形的参数化建模、结构强度与刚度的有限元计算和分析、静力性能的计算、能源动力与推进、水动力性能分析与预报等众多学科的数学建模与分析。其中水动力性能分析与预报在总体设计与综合优化中占有重要的地位。

水下机器人水动力指的是，水下机器人在水中运动时，航行体、舵、推进器等推动周围的水产生一定的运动，同时，水对机器人也产生一个反作用力，称为水动力。在海洋环境属性(如密度、黏性、风浪流等)确定的前提下，水动力的大小、方向及其分布仅取决于水下机器人本身的运动，水动力反过来又影响水下机器人的运动。水下机器人水动力学主要研究内容如图 1.9 所示。

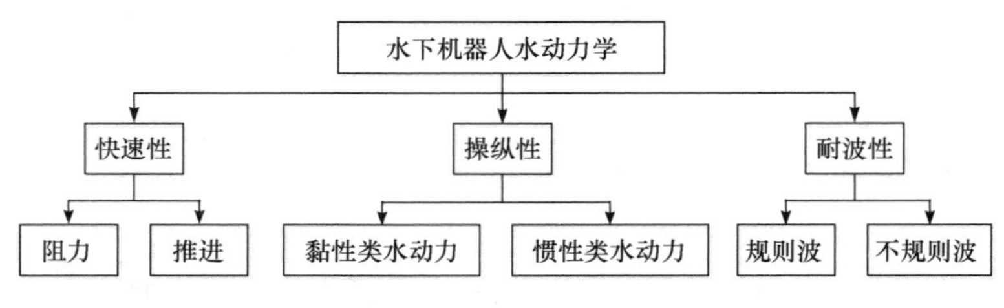

图 1.9 水下机器人水动力分类

水下机器人水动力性能是水下机器人总体性能的重要内容，具体体现在快速性、操纵性和耐波性(布放、回收以及近水面航行时)三个方面，其中快速性包括阻力和推进两个学科。水动力学是水下机器人研发的重要基础。

1.3 水下机器人水动力计算与预报方法

常用于获取水动力的方法主要有试验方法、半理论半经验公式的计算方法以及基于计算流体动力学(computational fluid dynamics，CFD)技术的数值计算方法[6]。

试验方法包括模型试验和实航试验。模型试验最为可靠和有效，目前在国内外应用较为广泛，但模型试验费用高、周期长，更重要的是无法直接嵌入基于计算机的综合设计优化流程中。实航试验多用于鉴定新设计的水下机器人各种性能是否达到设计要求，并验证根据模型试验结果或数值计算结果所进行预报的准确性。目前，水下机器人主要应用的试验设施包括拖曳水池、低速风洞、旋臂水池、平面运动机构(planar motion mechanism，PMM)等。

半理论半经验公式的计算方法是传统的水动力性能研究方法，但受限于母型资料和简化的假设条件，以及水下机器人外形的复杂多样性，通常得到的计算结果与实际情况有所出入，使得该研究方法准确性较低，从而影响了水动力性能预报的精度。

基于 CFD 技术的数值计算方法用于水动力性能研究兴起于 20 世纪 70 年代末。随着计算机速度和容量的迅猛提高和 CFD 理论及技术的发展，CFD 技术越来越广泛地用于各类水动力性能研究。由于采用 CFD 技术能够低成本、短周期地得到水下机器人的水动力值，并且能得到流场中的流动细节，相对于传统的试验方法和半理论半经验公式的计算方法，基于 CFD 技术的数值计算方法已经成为阻力、推进、操纵、耐波等性能研究的有效手段。该方法的缺点是受限于各种因素的制约而存在精度的问题，以及与旋转导数相关的操纵性运动模拟问题和耐波性能预报中的数值造波问题等。

1.4　水下机器人水动力计算方法研究现状与趋势

水下机器人一般在深水中运动，此时波浪的影响可以忽略，水下运动时，其水动力只取决于自身的运动情况，即运动参数(速度 $\boldsymbol{V}$、$\boldsymbol{\Omega}$，加速度$\dot{\boldsymbol{V}}$ 、$\dot{\boldsymbol{\Omega}}$)、舵的转动角度 δ 和推进器的转速 n。一般在研究水下机器人水动力性能时，将推进器单独考虑，因此其所受的水动力可用函数式(1.1)表达为

$$\boldsymbol{F}=f(\boldsymbol{V},\dot{\boldsymbol{V}},\boldsymbol{\Omega},\dot{\boldsymbol{\Omega}},\delta)\approx M\left[\dot{\boldsymbol{V}}\quad\dot{\boldsymbol{\Omega}}\right]^{\mathrm{T}}+g\left(\boldsymbol{V},\boldsymbol{\Omega}\right)+h(\delta)\tag{1.1}$$

从式(1.1)可以看出，除操纵力(如舵力、推进力)之外，水下机器人受到的水动力可分为两大类，一类与线加速度和角加速度(统称为加速度)相关，另一类与线速度和角速度(统称为速度)相关。本书将与加速度相关的水动力称为惯性类水动力，与速度相关的水动力称为黏性类水动力，将黏性类水动力中只与线速度相关的水动力统称为位置力，其他仅与角速度相关，以及与角速度、线速度均相关的水动力统称为旋转力。

综上，水下机器人的水动力可以分为两大类：黏性类水动力和惯性类水动力。以下对这两类水动力的研究现状与趋势分别进行综述。

1.4.1　黏性类水动力计算方法研究现状与趋势

黏性类水动力是与水下机器人速度、角速度有关的水动力。黏性类水动力系数的来源主要有四种：根据母型估算；拘束模型试验；CFD 计算；实航数据系统辨识。根据 1.3 节的论述和分析，本书主要研究水下机器人水动力的 CFD 计算方法，因此下面对于非 CFD 计算的三种研究方法进行简要介绍，对各种 CFD 计算方法从阻力、位置力、旋转力三个方面进行分类综述。

1. 非 CFD 计算方法

黏性类水动力的非 CFD 计算方法包括母型估算法、拘束模型试验法和实航数据系统辨识法等。

1) 母型估算法

母型估算法是一种传统的水动力参数计算方法，其所采用的公式多来自于船

舶领域的水面舰船、潜艇、鱼雷等行业。根据对类似船型、艇型、线型的水动力模型试验数据的回归分析，结合简化的流体力学理论，这些行业均发展出了不同的水动力近似估算公式。将这些近似估算公式直接应用于水下机器人水动力性能研究，当水下机器人外形与母型不一致，甚至相差甚远时，采用这些近似估算公式得到的计算结果通常与实际情况有所出入，甚至完全不同，此时将不可避免地给水下机器人水动力计算带来较大误差，影响了水动力性能预报的精度。

2）拘束模型试验法

拘束模型试验法主要的试验设施包括拖曳水池、低速风洞、旋臂水池、平面运动机构等，是目前获得水下机器人黏性类水动力系数最可靠和最有效的方法，在国内外应用较为广泛。但是，拘束模型试验法一般试验周期较长，试验费用高。对于水下机器人这类强调短周期和低成本设计的航行器(相对水面船舶、潜艇等)，这无疑极大程度地限制了模型试验在新型水下机器人设计与开发中的应用，尤其是在方案论证与优化设计阶段，这一问题尤显突出。另外，缩比模型和水下机器人实际航行体的尺寸并不相等，存在“尺度效应”问题，因此采用拘束模型试验法研究水下机器人水动力性能也存在诸多局限性问题。

3）实航数据系统辨识法

系统辨识技术来源于航空领域，水动力学领域的相应研究较少。美国海军研究院对 NPS Phoenix AUV 开展了水动力系数辨识工作，美国伍兹霍尔海洋研究所和麻省理工学院对 REMUS AUV 开展了部分研究工作。国内主要是哈尔滨工程大学和中国科学院沈阳自动化研究所进行了相关研究，西北工业大学也开展了类似的研究工作。

一般来说，实航试验多用于鉴定新设计的水下机器人各种水动力性能是否达到设计要求，并验证根据拘束模型试验结果或数值计算结果所做预报的准确性。

2. CFD 计算

CFD 计算主要包括阻力计算、位置力计算和旋转力计算三个方面。

1）基于 CFD 的阻力计算

随着计算机计算能力的不断提高，以及湍流模型、离散方法等 CFD 关键技术的日趋成熟，CFD 技术在水动力研究领域得到了广泛的应用。以 CFX 和 FLUENT 为代表的通用 CFD 计算软件已经成为船舶与海洋工程领域水动力分析的重要工具。CFD 计算不仅能够获得水动力模型试验可以提供的力和力矩信息，更为重要的是还可以提供精细的流场细节。

目前，基于 CFD 的阻力计算方法相对较为成熟，研究的重点主要是如何提高阻力计算的精度，即提高计算方法的可信度。中国船舶科学研究中心的朱德祥等基于标准潜艇模型 SUBOFF 对 CFD 计算的不确定度做了较多工作[7-9]。依据国际拖曳水池协会(International Towing Tank Conference，ITTC)推荐的CFD计算不确定度分析方法，基于正交试验设计和统计理论，提出了CFD计算不确定度评估的验证和确认方法，得出影响CFD计算结果最大的因素是湍流模型，其次是网格数量以及以贴体底层网格厚度表征的网格疏密度等结论。

在具体的阻力计算方面，CFD应用较多，在此仅列举一二。中国船舶科学研究中心的张楠等采用RNG k-ε湍流模型对潜艇近海底和近水面绕流进行了数值计算，计算结果与试验结果吻合较好[10]。黄国富等研究了水下回转体与导管推进器之间的强干扰问题，为水下航行器的CFD自航仿真提供了一种解决方案[11]。李志伟等采用RNG k-ε湍流模型对全海深载人潜水器下潜时的阻力进行了计算，采用Realizable k-ε模型计算了水平运动的阻力，并采用二阶响应面模型给出了潜水器阻力系数的回归公式[12]。

上海交通大学的张怀新等以水滴形潜艇为母型，提出了椭圆形横截面和碟形横截面的潜艇外形设计，通过求解雷诺时均(Reynolds average Navier-Stokes，RANS)方程计算了三种艇体绕流的黏性流场，根据三者计算阻力的比较，对比分析了三种方案的优缺点[13]。该校的周徐斌等采用CFD方法计算了四种温差驱动水下滑翔机的阻力特性[14]。刘帅则研究了密度、黏度等流体特性对SUBOFF模型阻力的影响情况，并对光体、全附体各种组合进行了计算对比分析[15]。

哈尔滨工程大学的李佳等采用k-ε湍流模型分析了一种载人潜水器的阻力特性，并与水池试验数据进行了对比，计算结果与试验结果变化趋势相一致[16]。

国外方面，英国国家海洋中心的Phillips等采用CFD计算方法对AUV的阻力系数进行了计算，并对AUV的线型进行了优化设计[17]。日本JAMSTEC的Inoue等对PICASSO AUV进行了阻力计算[18]。

2)基于CFD的位置力计算

位置力多通过低速风洞和拖曳水池斜航试验获得，基于CFD的位置力计算则是通过软件模拟这两种试验方法。

中国科学院沈阳自动化研究所的康涛等利用CFX软件模拟斜航试验计算了水下机器人的位置力，并与试验结果进行了对比，证明了其计算方法的可行性[19]。吴利红等利用CFX软件对水下滑翔机不同攻角和漂角下的位置力进行了计算，建立了数学模型，为滑翔机的线型优化设计以及控制系统设计提供了参考依据[20]。谷海涛等则利用CFX软件对带槽道桨的水下机器人阻力特性进行了计算分析，为槽道桨的设计提供了支撑[21]。

中国船舶科学研究中心的潘子英等研究了标准潜艇模型SUBOFF操纵性水动力的CFD计算问题，计算结果与试验数据吻合较好[22]。武汉理工大学的詹成胜等利用FLUENT软件计算了潜艇的水动力系数，与试验对比效果较好[23]。哈尔滨工程大学的庞永杰等研究了利用CFD方法模拟平面运动机构，从而获得全套水动力系数的方法[24]，Zhang 等利用这种方法也开展了相关的研究工作[25]。

国外，Bradley 探索了基于 CFD 的 AUV 水动力预报问题，采用 UNCLE 软件计算了模型 SUBOFF 和 Seahorse AUV 0°～15°攻角的受力，回归分析得到了 Seahorse AUV 的垂向力导数[26]。Arabshahi 等利用 UNCLE 软件计算了模型 SUBOFF 和 Seahorse AUV 0°攻角 0°舵角时的压力分布，并与试验数据进行了对比[27]，同时，还对 AUV 水平舵从 0°转到 15°这种非定常过程进行了模拟，获得了相应的水动力系数。Kim 等利用 CFD 计算了稳定性导数，并指出旋转力难以计算，于是根据经验公式从位置力估算旋转力[28]。Barros 等基于 CFD 计算、半经验估算两种方法对 MAYA AUV 进行了水动力参数对比分析，并进行了不同攻角、漂角的水动力试验验证，结论表明 CFD 计算方法能够获得更满意的结果[29]。

3）基于 CFD 的旋转力计算

旋转力多通过旋臂水池试验或平面运动机构试验获得。旋转力的数值计算一般也是采用 CFD 技术模拟这两种试验。

中国舰船研究中心的卢锦国等利用 CFD 技术模拟旋臂水池试验计算旋转力，采用定常旋转坐标系，运用相对运动理论及运动叠加原理，并对控制方程中向心力源项空间离散误差进行修正，预报了水下航行体做单平面回转运动时的受力和力矩，力和力矩预报误差在 12%以内，这表明所采用的数值计算方法有效、可行，具有较好的工程实用价值[30]。

哈尔滨工程大学的 Zhao 等利用 FLUENT 软件模拟平面运动机构试验，对计算数据进行回归分析得到了 AUV 操纵性水动力系数[31]。武汉第二船舶设计研究所的杨路春等同样用 CFD 计算方法模拟平面运动机构来计算潜艇的水动力系数，以标准潜艇模型 SUBOFF 为计算对象并基于动网格方法成功进行了计算[32]。

国外，Gregory 等提出了一种对斜航流域变形的计算方法[33]，该方法主要用于研究定常航行时航行体产生的流动分离问题，也可用于旋转力的计算，但是对于存在多附体或复杂几何外形的水下机器人，该方法将在几何建模和网格划分上存在困难。Racine 等采用重叠网格方法成功计算了某型水下机器人所有的稳定性判别用水动力导数和 11 个重要的非线性水动力系数[34]，但不幸的是，仅 13 个光体模型的计算，采用具有 1.53 万亿次浮点运算能力的计算机，耗费了 CPU 时间近 10000h，对 16 个全附体模型的计算，采用具有 13.9 万亿次浮点运算能力的计算机需要耗费 CPU 时间约 50000h。

1.4.2 惯性类水动力计算方法研究现状与趋势

惯性类水动力也称附加质量，是与水下机器人加速度相关的水动力，可通过平面运动机构或水槽振动试验测得。惯性类水动力也可采用 Hess-Smith 面元法数值计算得到[35]，即应用势流理论的相关知识，通过推导积分方程，然后进行计算空间和积分方程的双重离散而获得。但是当水下机器人外形变得复杂时，由于存在四边形结构化网格划分上的困难，传统的面元法往往导致计算失败，所以采用基于纳维-斯托克斯(Navier-Stokes，N-S)方程的 CFD 方法成为不可替代的选择，该方法也保证了可与黏性类水动力计算采用同一套网格。所不同的是，基于 N-S 方程的惯性力计算属于非定常仿真，计算资源消耗较面元法要大很多。相对而言，面元法较为成熟，而基于 N-S 方程的 CFD 方法研究较少。

中国船舶及海洋工程设计研究院的张玲等[36]利用势流理论计算了“智水三号”水下机器人的惯性类水动力，获得了全套惯性类水动力系数。海军工程大学的林超友等采用 Hess-Smith 面元法计算了潜艇在不同的海底间隙、不同的纵倾角及通过海底台阶时艇体的附加质量，得到了潜艇在近海底航行时附加质量的变化规律[37]。哈尔滨工程大学的张赫等采用经验公式估算、势流理论计算、基于 CFD 的平面运动机构模拟三种方法计算某长航程水下机器人的水动力系数，并对每种计算方法的适用范围和计算效果进行了总结评价[38]。

弗吉尼亚州立大学的 Geisbert 采用 USAERO 软件计算了水下滑翔机的附加质量[39]，他假设滑翔机从静止开始做定常加速运动，通过对不同加速度状态下的水动力进行拟合得到相应的附加质量。文章对三种滑翔机模型进行了计算，并研究了面元个数对计算精度的影响。

1.5　全书主要内容概述

从国内外的研究现状来看，基于 CFD 技术的水动力数值计算方法由于低成本、短周期、高精度、便于集成优化等显而易见的优势在水动力学研究中得到了快速应用。但我们也看到，水动力数值计算方法并不完善，存在阻力计算和位置力计算缺乏如何提高精度的量化准则、旋转力的计算方法过于耗时和低效、惯性类水动力计算方法对于复杂外形的海洋机器人存在计算失败等问题。

本书结合中国科学院沈阳自动化研究所在研制“远征”系列长航程水下机器人、“潜龙一号”6000m 水下机器人、“潜龙二号”4500m 深海资源勘察水下机器人、“探索 100”50kg 便携式水下机器人、“BQ-01”半潜式无人航行器、混合型海洋机器人等项目中积累的实践经验，系统总结论述了基于 CFD 技术的水下机器人水动力数值计算与运动性能预报方法体系，初步解决了水动力数值计算的上述相关问题，可快速获取各类水下机器人的水动力特性，包括阻力、操纵性水动力、波浪力等，可为水下机器人总体设计优化、运动建模与预报等提供支撑和依据。

围绕上述目标，本书按照如图 1.10 所示研究内容和组织结构，开展了以下研究工作。

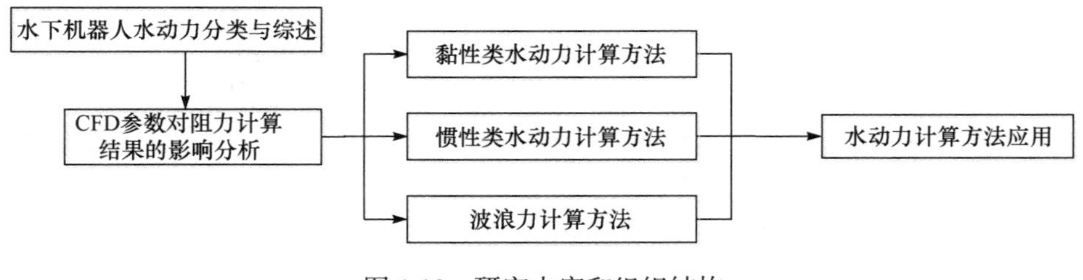

图 1.10　研究内容和组织结构

第 1 章，阐述研究背景和意义，并从水动力学的视角分析水下机器人研究现状，分类综述水下机器人黏性类水动力、惯性类水动力数值计算方法的研究现状，指出其中的难点和不足。

第 2 章，参考 ITTC 推荐的表征潜艇运动两级坐标系体系，基于动量定理推导了水下机器人空间六自由度运动模型，并基于泰勒级数展开的方法对其中的黏性类水动力、惯性类水动力的表达方法进行阐述。

第 3 章，说明 CFD 计算的基本原理和基本流程，并选用美国海军泰勒水池的标准潜艇模型 SUBOFF 试验数据为标准对 CFD 计算的流域参数和网格参数取值准则进行研究，为后续各章内容的研究奠定基础。

第 4 章，采用相对运动变换思想，以模拟风洞试验和旋臂水池试验为出发点，系统阐述水下机器人黏性类水动力数值计算方法，实现在静态网格下对海洋机器人黏性类水动力的数值计算，并以 6000m 水下机器人和长航程水下机器人为对象，验证计算方法的可行性和有效性。该章所采用的基本原理和理论也为惯性类水动力和波浪力计算方法的研究提供依据和奠定了基础。

第 5 章，基于黏性类水动力计算中提出的附加动量源方法，通过模拟振荡试验的手段，以圆球体和椭球体为研究对象，探索流域设置和边界条件设置等问题，获得了在水下机器人保持相对静止的条件下计算惯性类水动力的方法体系。

第 6 章，基于前述黏性类、惯性类水动力计算结果开展水动力系数辨识方法的研究，为水下机器人运动建模提供方法基础，并根据某型水下机器人的实航数据，开展实航辨识。

第 7 章，基于水动力计算与系数辨识的结果介绍水下机器人运动建模与运动性能预报方法，对典型水下机器人开展运动性能预报并给出实例。

第 8 章，针对水下机器人在高速/超高速空化等水动力计算新领域的应用，给出算例分析。

本书的研究有利于快速获取水下机器人各类水动力特性，快速预报和评估其水动力性能。本书的研究也将有助于为水下机器人综合设计优化中的水动力性能计算分析提供数学模型和数值计算流程，推动水下机器人综合设计优化工作的开展。虽然本书的研究针对水下机器人的水动力问题展开，但研究成果对于潜艇等其他水下航行器的水动力计算同样具有借鉴和参考意义。

1.6 本章小结

本章从水动力学的角度回顾了水下机器人的发展历程和现状，对水动力学在水下机器人总体设计中的意义进行了完整的阐述。水动力性能预报对水下机器人总体设计影响深远，数值计算是成本低、效率高的解决方案。本章对国内外关于水下机器人水动力学数值计算研究现状进行了全面总结分析，为后续章节奠定了基础。

参 考 文 献

[1] 蒋新松，封锡盛，王棣棠. 水下机器人[M]. 沈阳：辽宁科学技术出版社，2000.

[2] 中国科学院海洋领域战略研究组. 中国至2050年海洋科技发展路线图[M]. 北京：科学出版社，2009.

[3] CNN. MH370: Bluefin-21 search nearly complete[EB/OL]. https://edition.cnn.com/videos/world/2014/04/24/exp-lead-pkg-brown-flight-370-search.cnn[2014-04-24].

[4] Ocean News & Technology. Unmanned vehicles directory, 2019 buyers' guide[R]. Pottstown: Technology Systems Corporation, 2019.

[5] United States Department of Defense. Unmanned systems integrated roadmap FY2017-2042[R]. Washington: United States Department of Defense, 2018.

[6] 李殿璞. 船舶运动与建模[M]. 北京：国防工业出版社，2008.

[7] 沈泓萃，姚震球，吴宝山，等. 船舶CFD模拟不确定度分析与评估新方法研究[J]. 船舶力学，2010, 14(10): 1071-1083.

[8] 朱德祥，张志荣，吴乘胜，等. 船舶CFD不确定度分析及ITTC临时规程的初步应用[J]. 水动力学研究与进展，2007, 22(3): 363-370.

[9] 姚震球，杨春蕾，高慧. 潜艇流场数值模拟及不确定度分析[J]. 江苏科技大学学报(自然科学版)，2009, 23(2): 95-98.

[10] 张楠，沈泓萃，姚惠之. 潜艇近海底与近水面绕流数值模拟研究[J]. 船舶力学，2007, 11(4): 498-507.

[11] 黄国富，黄振宇. 水下回转体艉线型对导管推进器性能影响的CFD分析[C]. 第二十二届全国水动力学研讨会，太原，2009.

[12] 李志伟，崔维成. 第三代全海深载人潜水器"深海挑战者"的阻力特性分析[J]. 水动力学研究与进展，2013, 28(1): 1-9.

[13] 张怀新，潘雨村. CFD在潜艇外形方案比较中的应用[J]. 船舶力学，2006, 10(4): 1-8.

[14] 周徐斌，马捷. 一种高容积阻力比水下热滑翔机壳体外形设计[J]. 中国舰船研究，2012, 7(4): 41-47.

[15] 刘帅. 潜艇操纵运动水动力数值研究[D]. 上海：上海交通大学，2011.

[16] 李佳，黄德波，邓锐. 载人潜器阻力和有效功率的数值计算与试验[J]. 哈尔滨工程大学学报，2009, 30(7): 735-740.

[17] Phillips A, Fuilong M, Tuinock S R. The use of computational fluid dynamics to assess the hull resistance of concept autonomous underwater vehicles[C]. OCEANS 2007 - Europe, Aberdeen, 2007.

[18] Inoue T, Suzuki H, Kitamoto R, et al. Hull form design of underwater vehicle applying CFD (computational fluid dynamics) [C]. OCEANS'10 IEEE, Sydney, 2010.

[19] 康涛, 胡克, 胡志强, 等. CFX 与 USAERO 的水下机器人操纵性仿真计算研究[J]. 机器人, 2005, 27(6): 535-538.

[20] 吴利红, 俞建成, 封锡盛. 水下滑翔机器人水动力研究与运动分析[J]. 船舶工程, 2006, 28(1): 12-16.

[21] 谷海涛, 林扬, 胡志强. 带槽道桨水下机器人阻力特性的数值分析[J]. 机器人技术, 2007, 23(51): 227-229.

[22] 潘子英, 吴宝山, 沈泓萃. CFD 在船舶运动与建模水动力工程预报中的应用研究[J]. 船舶力学, 2004, 8(5): 42-51.

[23] 詹成胜, 刘祖源, 程细得. 潜艇水动力系数数值计算[J]. 船海工程, 2008, 37(3): 1-4.

[24] 庞永杰, 杨路春, 李宏伟, 等. 潜体水动力导数的 CFD 计算方法研究[J]. 哈尔滨工程大学学报, 2009, 30(8): 903-908.

[25] Zhang H, Xu Y R, Cai H P. Using CFD software to calculate hydrodynamic coefficients[J]. Journal of Marine Science and Application, 2010, 9(2): 149-155.

[26] Bradley D L. Computational hydrodynamics and control modeling for autonomous underwater vehicles[R]. University Park: The Pennsylvania State University Applied Research Laboratory Report, 2002.

[27] Arabshahi A, Gibeling H J. Numerical simulation of viscous flows about underwater vehicles[C]. OCEANS 2000 MTS/IEEE Conference and Exhibition. Conference Proceedings (Cat. No.00CH37158), Providence, 2000.

[28] Kim K, Sutoh T, Rua T, et al. Route keeping control of AUV under current by using dynamics model via CFD analysis[C]. MTS/IEEE Oceans 2001. An Ocean Odyssey. Conference Proceedings, Honolulu, 2001.

[29] Barros E A D , Pascoal A , Sa E D . AUV dynamics: Modelling and parameter estimation using analytical, semi-empirical, and CFD methods[J]. IFAC Proceedings Volumes, 2004, 37(10):369-376.

[30] 卢锦国. 梁中刚, 吴方良, 等. 水下航行体回转水动力数值计算研究[J]. 中国舰船研究, 2011, 6(6): 8-12.

[31] Zhao J X, Su Y M, Ju L, et al. Hydrodynamic performance calculation and motion simulation of an AUV with appendages[C]. 2011 International Conference on Electronic & Mechanical Engineering and Information Technology, Harbin, 2011.

[32] 杨路春, 庞永杰, 黄利华, 等. 潜艇 PMM 实验的 CFD 仿真技术研究[J]. 舰船科学技术, 2009, 31(12): 12-17.

[33] Gregory P A, Joubert P N, Chong M S. Flow over a body of revolution in a steady turn[R]. Fishermans Bend: DSTO Platforms Sciences Laboratory, 2004.

[34] Racine B J, Paterson E G. CFD-based method for simulation of marine-vehicle maneuvering[C]. 35th AIAA Fluid Dynamics Conference and Exhibit, Toronto, 2005.

[35] Hess J L, Smith A M O. Calculation of nonlifting potential flow about arbitrary three-dimensional bodies[J]. Journal of Ship Research, 1964, 8(2) : 22-24.

[36] 张玲, 谢殿伟. 水下机器人惯性类水动力计算研究[J]. 船舶, 2004, (3): 8-10.

[37] 林超友, 朱军. 潜艇近海底航行附加质量数值计算[J]. 船舶工程, 2003, 25(1): 26-29.

[38] 张赫, 庞永杰, 李晔. 潜水器水动力系数计算方法研究[J]. 武汉理工大学学报(交通科学与工程版), 2011, 35(1): 15-18.

[39] Geisbert J. Hydrodynamic modeling for autonomous underwater vehicles using computational and semi-empirical methods[D]. Blacksburg: Virginia Polytechnic Institute and State University, 2007.

2 水下机器人六自由度运动模型

研究水下机器人运动的基础是动力学模型，包括运动学、动力学表达。水下机器人运动学问题主要研究单纯描述物体位置、速度、加速度，以及姿态、角速度、角加速度随时间变化的问题。水下机器人动力学问题主要研究物体受到力和力矩作用后如何改变运动位置和姿态的问题。

2.1 坐标系及符号体系

研究水下机器人的运动，必须建立表达运动的坐标系(或称为参考系)。由于运动的相对性，对于运动学问题，参考系的选择几乎不受什么限制，只要能描述运动的参照基准和研究问题比较方便即可。对于动力学问题，参考系的选择不能任意。牛顿定律得以成立的参考系为惯性参考系，因此研究动力学问题，必须在惯性参考系下进行。

2.1.1 国际拖曳水池协会坐标系及符号体系

本书采用 ITTC 推荐的符号体系表达相关运动模型[1]，以“潜龙二号”水下机器人为例，其大地坐标系和随体坐标系如图 2.1 所示，符号体系见表 2.1 和表 2.2。

表 2.1　大地坐标系下主要符号

点和向量	ξ轴	η轴	ζ轴
重心 G	ξ_G	η_G	ζ_G
原点 O	ξ_O	η_O	ζ_O
速度 $\boldsymbol{U}$	U_ξ	U_η	U_ζ

续表

点和向量	ξ 轴	η 轴	ζ 轴
角速度 $\boldsymbol{\Omega}$	Ω_ξ	Ω_η	Ω_ζ
力 $\boldsymbol{F}$	F_ξ	F_η	F_ζ
力矩 $\boldsymbol{T}$	T_ξ	T_η	T_ζ

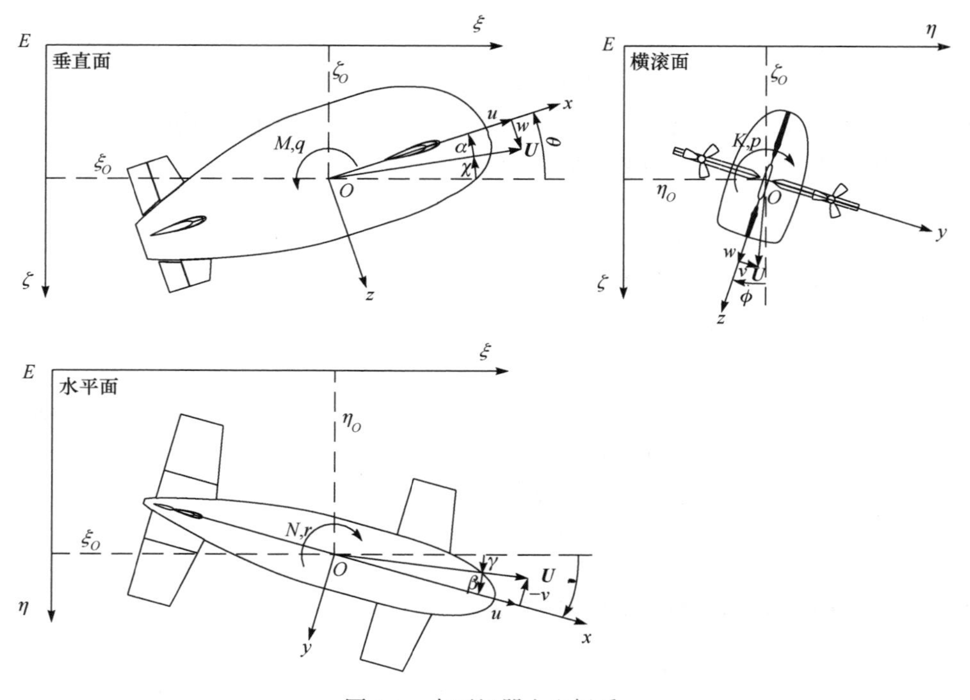

图 2.1　水下机器人坐标系

表 2.2　随体坐标系下主要符号

向量	x 轴	y 轴	z 轴
速度 $\boldsymbol{U}$	u	v	w
角速度 $\boldsymbol{\Omega}$	p	q	r
力 $\boldsymbol{F}$	X	Y	Z
力矩 $\boldsymbol{T}$	K	M	N

定义水下机器人的姿态角为艏向角 ψ、纵倾角θ、横倾角φ，则大地坐标系和随体坐标系之间的变换关系为

$$\begin{bmatrix}\xi\\ \eta\\ \zeta\end{bmatrix}=\begin{bmatrix}\cos\psi & -\sin\psi & 0\\ \sin\psi & \cos\psi & 0\\ 0 & 0 & 1\end{bmatrix}\begin{bmatrix}x_1\\ y_1\\ \zeta\end{bmatrix},\quad \begin{bmatrix}x_1\\ y_1\\ \zeta\end{bmatrix}=\begin{bmatrix}\cos\theta & 0 & \sin\theta\\ 0 & 1 & 0\\ -\sin\theta & 0 & \cos\theta\end{bmatrix}\begin{bmatrix}x\\ y_1\\ z_1\end{bmatrix}$$

$$\begin{bmatrix}x\\ y_1\\ z_1\end{bmatrix}=\begin{bmatrix}1 & 0 & 0\\ 0 & \cos\varphi & -\sin\varphi\\ 0 & \sin\varphi & \cos\varphi\end{bmatrix}\begin{bmatrix}x\\ y\\ z\end{bmatrix}\quad\Rightarrow\quad\begin{bmatrix}\xi\\ \eta\\ \zeta\end{bmatrix}=\boldsymbol{S}\begin{bmatrix}x\\ y\\ z\end{bmatrix}\tag{2.1}$$

$$\boldsymbol{S}=\begin{bmatrix}\cos\psi & -\sin\psi & 0\\ \sin\psi & \cos\psi & 0\\ 0 & 0 & 1\end{bmatrix}\begin{bmatrix}\cos\theta & 0 & \sin\theta\\ 0 & 1 & 0\\ -\sin\theta & 0 & \cos\theta\end{bmatrix}\begin{bmatrix}1 & 0 & 0\\ 0 & \cos\varphi & -\sin\varphi\\ 0 & \sin\varphi & \cos\varphi\end{bmatrix}$$

$$=\begin{bmatrix}\cos\psi\cos\theta & \cos\psi\sin\theta\sin\varphi-\sin\psi\cos\varphi & \cos\psi\sin\theta\cos\varphi+\sin\psi\sin\varphi\\ \sin\psi\cos\theta & \sin\psi\sin\theta\sin\varphi+\cos\psi\cos\varphi & \sin\psi\sin\theta\cos\varphi-\cos\psi\sin\varphi\\ -\sin\theta & \cos\theta\sin\varphi & \cos\theta\cos\varphi\end{bmatrix}$$

$$\boldsymbol{S}^{-1}=\boldsymbol{S}^{\mathrm{T}}\tag{2.2}$$

2.1.2 随体坐标系到速度坐标系的坐标变换

在讨论水动力自动化计算之前，有必要先了解速度坐标系到随体坐标系的变换关系。水下机器人的速度和水动力都是在随体坐标系中描述的，而计算中给定的运动参数是机器人的合速度、回转半径以及攻角、漂角、横倾角等。为了获得水下机器人随体坐标系下的速度分量，就需要建立速度坐标系到随体坐标系的变换关系。另外，为了保证流域的侧边界与未受扰动的流线平行，减少侧边界对计算结果的影响，需要根据攻角、漂角、横倾角等参数计算旋转流域，这实际上是一个从随体坐标系到速度坐标系的变换过程。

1. 变换矩阵

设速度向量相对于机器人的攻角为α(速度向量指向航行体下方为正)，漂角为β(速度向量指向航行体左方为正)，机器人的横倾角为φ(右倾为正)，则可根据下面的旋转顺序建立速度坐标系：

坐标系 $Oxyz$ 绕 Oy 轴旋转$-\alpha$得到 $Ox'yz'$；

新的坐标系绕 Oz'轴旋转$-\beta$得到 $Ox''y'z'$，定义此坐标系为准速度坐标系；

准速度坐标系绕 Ox''轴旋转$-\varphi$得到 $Ox''y''z''$，此即速度坐标系。

准速度坐标系即通常意义上的速度坐标系，本书在这个坐标系的基础上引入了横倾角变化，使速度坐标系更具一般性。随体坐标系到速度坐标系的旋转变换过程如图 2.2 所示，根据上述旋转顺序可求得随体坐标系到速度坐标系的变换矩阵为

$$\boldsymbol{R}_{\mathrm{VB}}^{\mathrm{T}}=\begin{bmatrix}\cos\alpha\cos\beta & -\sin\beta & \sin\alpha\cos\beta \\ \cos\alpha\sin\beta\cos\varphi+\sin\alpha\sin\varphi & \cos\beta\cos\varphi & \sin\alpha\sin\beta\cos\varphi-\cos\alpha\sin\varphi \\ \cos\alpha\sin\beta\sin\varphi-\sin\alpha\cos\varphi & \cos\beta\sin\varphi & \sin\alpha\sin\beta\sin\varphi+\cos\alpha\cos\varphi\end{bmatrix} \tag{2.3}$$

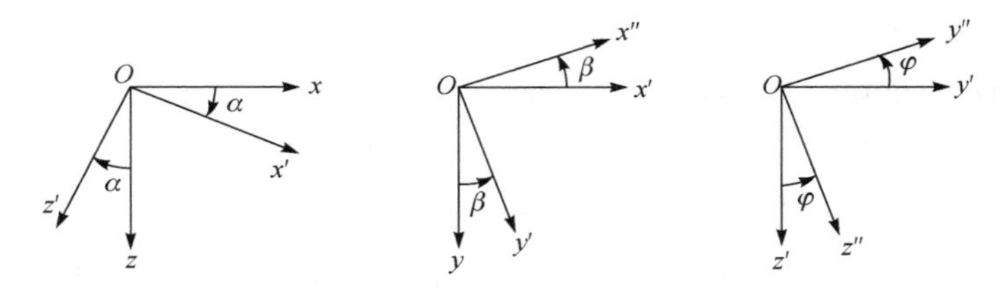

图 2.2　随体坐标系到速度坐标系的旋转变换过程

2. 速度分量

无论是模拟风洞试验，还是模拟旋臂水池试验，所有模拟试验均为某一相同的特征速度，如巡航速度、超临界雷诺数速度。设水下机器人的合速度为 $\boldsymbol{V}$，在随体坐标系下的速度分量分别为 u、v、w，则根据式(2.3)得到

$$\begin{bmatrix}u\\v\\w\end{bmatrix}=\boldsymbol{R}_{\mathrm{VB}}\begin{bmatrix}\boldsymbol{V}\\0\\0\end{bmatrix}=\boldsymbol{V}\begin{bmatrix}\cos\alpha\cos\beta\\-\sin\beta\\\sin\alpha\cos\beta\end{bmatrix} \tag{2.4}$$

设机器人的合角速度为 $\boldsymbol{\Omega}$(按右手法则取正负)，在随体坐标系下的分速度分别为 p、q、r，则机器人水平面回转时，有

$$\begin{bmatrix}p\\q\\r\end{bmatrix}=\boldsymbol{R}_{\mathrm{VB}}\begin{bmatrix}0\\0\\\boldsymbol{\Omega}\end{bmatrix}=\boldsymbol{\Omega}\begin{bmatrix}\cos\alpha\sin\beta\sin\varphi-\sin\alpha\cos\varphi\\\cos\beta\sin\varphi\\\sin\alpha\sin\beta\sin\varphi+\cos\alpha\cos\varphi\end{bmatrix} \tag{2.5}$$

当机器人在垂直面回转时，有

$$\begin{bmatrix}p\\q\\r\end{bmatrix}=\boldsymbol{R}_{\mathrm{VB}}\begin{bmatrix}0\\\boldsymbol{\Omega}\\0\end{bmatrix}=\boldsymbol{\Omega}\begin{bmatrix}\cos\alpha\sin\beta\cos\varphi+\sin\alpha\sin\varphi\\\cos\beta\cos\varphi\\\sin\alpha\sin\beta\cos\varphi-\cos\alpha\sin\varphi\end{bmatrix} \tag{2.6}$$

总结以上速度表达式，并考虑到合速度 $\boldsymbol{V}$、合角速度 $\boldsymbol{\Omega}$、回转半径 R 之间的关系，可以得到速度分量公式为

$$\begin{cases} u = V\cos\alpha\cos\beta \\ v = -V\sin\beta \\ w = V\sin\alpha\cos\beta \\ p = V(\cos\alpha\sin\beta\sin\varphi - \sin\alpha\cos\varphi)/R \\ q = V\cos\beta\sin\varphi/R \\ r = V(\sin\alpha\sin\beta\sin\varphi + \cos\alpha\cos\varphi)/R \end{cases} \tag{2.7}$$

式中，$V>0$，$R>0$，$0\leqslant\varphi<360°$。当 $0°\leqslant\varphi<90°$ 时，代表向右回转；当 $90°\leqslant\varphi<180°$ 时，代表向下回转；当 $180°\leqslant\varphi<270°$ 时，代表向左回转；当 $270°\leqslant\varphi<360°$ 时，代表向上回转。

2.2 水动力建模

2.2.1 静力：重力和浮力

水下机器人在水中受到的重力 $\boldsymbol{G}$ 和浮力 $\boldsymbol{B}$ 在模型中表示为

$$\begin{bmatrix} X \\ Y \\ Z \end{bmatrix} = \boldsymbol{T}_1^{-1}\begin{bmatrix} 0 \\ 0 \\ G-B \end{bmatrix} \text{或} \begin{cases} X = -(G-B)\sin\theta \\ Y = (G-B)\cos\theta\sin\varphi \\ Z = (G-B)\cos\theta\cos\varphi \end{cases} \tag{2.8}$$

重力、浮力相对于随体坐标系原点的力矩为

$$\boldsymbol{M} = \boldsymbol{R}_G \times \boldsymbol{G} + \boldsymbol{R}_B \times \boldsymbol{B}$$

即

$$\begin{cases} K = (y_G G - y_B B)\cos\theta\cos\varphi - (z_G - z_B B)\cos\theta\sin\varphi \\ M = -(z_G G - z_B B)\sin\theta - (x_G - x_B B)\cos\theta\cos\varphi \\ N = (x_G G - x_B B)\cos\theta\sin\varphi - (y_G G - y_B B)\sin\theta \end{cases} \tag{2.9}$$

2.2.2 惯性类水动力

当任意形状的刚体在无边际理想流体中运动时，流体扰动运动的动能可表示为

$$T = \frac{1}{2}\sum_{i=1}^{6}\sum_{j=1}^{6}\lambda_{ij}v_i v_j \tag{2.10}$$

式中，λ为附加质量；v 为速度。

流体扰动运动的动量、动量矩在随体坐标系上的投影 $\boldsymbol{B}_i$ 与动能 T 有关系式：

$$
\begin{aligned}
&\boldsymbol{B}_i = \frac{\partial T}{\partial \boldsymbol{v}_i}\\
&\boldsymbol{F} = -\frac{\mathrm{d}\boldsymbol{B}}{\mathrm{d}t}\\
&\boldsymbol{M} = -\frac{\mathrm{d}\boldsymbol{K}}{\mathrm{d}t}\\
&\frac{\mathrm{d}\boldsymbol{B}}{\mathrm{d}t} = \frac{\mathrm{d}\tilde{\boldsymbol{B}}}{\mathrm{d}t} + \boldsymbol{\Omega} \times \boldsymbol{B}\\
&\frac{\mathrm{d}\boldsymbol{K}}{\mathrm{d}t} = \frac{\mathrm{d}\tilde{\boldsymbol{K}}}{\mathrm{d}t} + \boldsymbol{\Omega} \times \boldsymbol{K} + \boldsymbol{V} \times \boldsymbol{B}
\end{aligned}
,
$$

式中，$\boldsymbol{M}$ 为力矩；$\boldsymbol{K}$ 为动量矩；$\frac{\mathrm{d}\boldsymbol{B}}{\mathrm{d}t}$ 为向量 $\boldsymbol{B}$ 对大地坐标系的时间导数；$\frac{\mathrm{d}\tilde{\boldsymbol{B}}}{\mathrm{d}t}$ 为向量 $\boldsymbol{B}$ 对随体坐标系的时间导数。于是可求得作用于未进行任何简化处理、任意形状的刚体所受的流体惯性力(矩)为

$$
\left\{
\begin{aligned}
X_I =& -\lambda_{11}\dot{u} - \lambda_{12}\dot{v} - \lambda_{13}\dot{w} - \lambda_{14}\dot{p} - \lambda_{15}\dot{q} - \lambda_{16}\dot{r} - \lambda_{13}uq - \lambda_{23}vq - \lambda_{33}wq\\
& - \lambda_{34}pq - \lambda_{35}q^2 - \lambda_{36}qr + \lambda_{12}ur + \lambda_{22}vr + \lambda_{23}wr + \lambda_{24}pr + \lambda_{25}qr + \lambda_{26}r^2\\
Y_I =& -\lambda_{12}\dot{u} - \lambda_{22}\dot{v} - \lambda_{23}\dot{w} - \lambda_{24}\dot{p} - \lambda_{25}\dot{q} - \lambda_{26}\dot{r} - \lambda_{11}ur - \lambda_{12}vr - \lambda_{13}wr\\
& - \lambda_{14}pr - \lambda_{15}qr - \lambda_{16}r^2 + \lambda_{13}up + \lambda_{23}vp + \lambda_{33}wp + \lambda_{34}p^2 + \lambda_{35}pq + \lambda_{36}pr\\
Z_I =& -\lambda_{13}\dot{u} - \lambda_{23}\dot{v} - \lambda_{33}\dot{w} - \lambda_{34}\dot{p} - \lambda_{35}\dot{q} - \lambda_{36}\dot{r} - \lambda_{12}up - \lambda_{22}vp - \lambda_{23}wp\\
& - \lambda_{24}p^2 - \lambda_{25}pq - \lambda_{26}pr + \lambda_{11}uq + \lambda_{12}vq + \lambda_{13}wq + \lambda_{14}pq + \lambda_{15}q^2 + \lambda_{16}qr\\
K_I =& -\lambda_{14}\dot{u} - \lambda_{24}\dot{v} - \lambda_{34}\dot{w} - \lambda_{44}\dot{p} - \lambda_{45}\dot{q} - \lambda_{46}\dot{r} - \lambda_{16}uq - \lambda_{26}vq - \lambda_{36}wq\\
& - \lambda_{46}pq - \lambda_{56}q^2 - \lambda_{66}qr + \lambda_{15}ur + \lambda_{25}vr + \lambda_{35}wr + \lambda_{45}pr + \lambda_{55}qr + \lambda_{56}r^2\\
& - \lambda_{13}uv - \lambda_{23}v^2 - \lambda_{33}vw - \lambda_{34}vp - \lambda_{35}vq - \lambda_{36}vr + \lambda_{12}uw + \lambda_{22}vw + \lambda_{23}w^2\\
& + \lambda_{24}wp + \lambda_{25}wq + \lambda_{26}wr\\
M_I =& -\lambda_{15}\dot{u} - \lambda_{25}\dot{v} - \lambda_{35}\dot{w} - \lambda_{45}\dot{p} - \lambda_{55}\dot{q} - \lambda_{56}\dot{r} - \lambda_{14}ur - \lambda_{24}vr - \lambda_{34}wr\\
& - \lambda_{44}pr - \lambda_{45}qr - \lambda_{46}r^2 + \lambda_{16}up + \lambda_{26}vp + \lambda_{36}wp + \lambda_{46}p^2 + \lambda_{56}pq + \lambda_{66}pr\\
& - \lambda_{11}uw - \lambda_{12}vw - \lambda_{13}w^2 - \lambda_{14}wp - \lambda_{15}wq - \lambda_{16}wr + \lambda_{13}u^2 + \lambda_{23}uv + \lambda_{33}uw\\
& + \lambda_{34}up + \lambda_{35}uq + \lambda_{36}ur\\
N_I =& -\lambda_{16}\dot{u} - \lambda_{26}\dot{v} - \lambda_{36}\dot{w} - \lambda_{46}\dot{p} - \lambda_{56}\dot{q} - \lambda_{66}\dot{r} - \lambda_{15}up - \lambda_{25}vp - \lambda_{35}wp\\
& - \lambda_{45}p^2 - \lambda_{55}pq - \lambda_{56}pr + \lambda_{14}uq + \lambda_{24}vq + \lambda_{34}wq + \lambda_{44}pq + \lambda_{45}q^2 + \lambda_{46}qr\\
& - \lambda_{12}u^2 - \lambda_{22}uv - \lambda_{23}uw - \lambda_{24}up - \lambda_{25}uq - \lambda_{26}ur + \lambda_{11}uv + \lambda_{12}v^2 + \lambda_{13}vw\\
& + \lambda_{14}vp + \lambda_{15}vq + \lambda_{16}vr
\end{aligned}
\right.
\tag{2.11}
$$

考虑主体形状因素，若主体对称于 xOz 平面，则加速度 $\dot{u}$ 、 $\dot{w}$ 、 $\dot{q}$ 不会产生 Y、N、K 方向的流体惯性力(矩)，因而所有 $i+j=$ 奇数的 18 个系数全为零；若主体上下(xOz 平面)也对称，则λ_{13}、λ_{15}、λ_{24}、λ_{46} 为零；若主体还有第三个对称面 yOz，则$\lambda_{26}=\lambda_{35}=0$。

2.2.3 黏性类水动力

水下机器人的黏性类流体动力的非线性表达是一个非常重要而又复杂的难题。世界各国学者都在对其进行研究，尤其是美国和俄罗斯学者对此做了大量工作，提出了各种各样的表达方法。这些表达方法的理论基础是泰勒展开式，原则上是能实现的，但实际上由于泰勒展开式中非线性项太多，取哪些项、忽略哪些项是一个非常困难的问题。非线性项取得太多，会给试验测定带来较大的工作量；非线性项取得太少，又会给流体动力计算和弹道预报带来较大的误差。因此，泰勒展开式中的非线性项要适当选择。

黏性类水动力的表达，一般来说保持三阶已足够[2]，即

$$\boldsymbol{F}=\boldsymbol{F}_{*}+\boldsymbol{F}_{U}\boldsymbol{U}+\boldsymbol{U}^{\mathrm{T}}\,\bar{\otimes}\,\boldsymbol{F}_{UU}\,\underline{\otimes}\,\boldsymbol{U}+\boldsymbol{U}^{\mathrm{T}}\,\bar{\otimes}\,\boldsymbol{F}_{UUU}\,\underline{\otimes}\,\boldsymbol{U}^{2} \tag{2.12}$$

式中，符号 $\bar{\otimes}$ 和 $\underline{\otimes}$ 为拟克罗内克乘运算； $\boldsymbol{F}=(X,Y,Z,K,M,N)^{\mathrm{T}}$；$\boldsymbol{F}_{*}=(X_{*},Y_{*},Z_{*},K_{*},M_{*},N_{*})^{\mathrm{T}}$；$\boldsymbol{U}=(u,v,w,p,q,r)^{\mathrm{T}}$ 。

$$\boldsymbol{F}_{U}=\frac{\partial\boldsymbol{F}}{\partial\boldsymbol{U}}=\begin{bmatrix}\frac{\partial X}{\partial u} & \frac{\partial X}{\partial v} & \frac{\partial X}{\partial w} & \frac{\partial X}{\partial p} & \frac{\partial X}{\partial q} & \frac{\partial X}{\partial r}\\ \frac{\partial Y}{\partial u} & \frac{\partial Y}{\partial v} & \frac{\partial Y}{\partial w} & \frac{\partial Y}{\partial p} & \frac{\partial Y}{\partial q} & \frac{\partial Y}{\partial r}\\ \frac{\partial Z}{\partial u} & \frac{\partial Z}{\partial v} & \frac{\partial Z}{\partial w} & \frac{\partial Z}{\partial p} & \frac{\partial Z}{\partial q} & \frac{\partial Z}{\partial r}\\ \frac{\partial K}{\partial u} & \frac{\partial K}{\partial v} & \frac{\partial K}{\partial w} & \frac{\partial K}{\partial p} & \frac{\partial K}{\partial q} & \frac{\partial K}{\partial r}\\ \frac{\partial M}{\partial u} & \frac{\partial M}{\partial v} & \frac{\partial M}{\partial w} & \frac{\partial M}{\partial p} & \frac{\partial M}{\partial q} & \frac{\partial M}{\partial r}\\ \frac{\partial N}{\partial u} & \frac{\partial N}{\partial v} & \frac{\partial N}{\partial w} & \frac{\partial N}{\partial p} & \frac{\partial N}{\partial q} & \frac{\partial N}{\partial r}\end{bmatrix} \tag{2.13}$$

$$
\boldsymbol{F}_{UU}=\frac{1}{2}\frac{\partial^2\boldsymbol{F}}{\partial\boldsymbol{U}^2}\begin{bmatrix}
\frac{\partial^2 X}{\partial u^2} & \frac{\partial^2 X}{\partial u\partial v} & \cdots & \frac{\partial^2 X}{\partial u\partial r}\\
\frac{\partial^2 X}{\partial u\partial v} & \frac{\partial^2 X}{\partial v^2} & \cdots & \frac{\partial^2 X}{\partial v\partial r}\\
\vdots & \vdots & & \vdots\\
\frac{\partial^2 X}{\partial u\partial r} & \frac{\partial^2 X}{\partial v\partial r} & \cdots & \frac{\partial^2 X}{\partial r^2}\\
\frac{\partial^2 Y}{\partial u^2} & \frac{\partial^2 Y}{\partial u\partial v} & \cdots & \frac{\partial^2 Y}{\partial u\partial r}\\
\vdots & \vdots & & \vdots\\
\frac{\partial^2 N}{\partial u\partial r} & \frac{\partial^2 N}{\partial v\partial r} & \cdots & \frac{\partial^2 N}{\partial r^2}
\end{bmatrix} \tag{2.14}
$$

实际上，由于艇型的基本对称性，以及力和力矩的分量与运动参数分量呈奇偶关系，所以许多分力(矩)与某些参数无关，表现为一阶偏导数和二阶偏导数为零。

分力和分力矩按级数展开，本应取三阶 $\boldsymbol{F}_{UUU}=\frac{1}{3!}\frac{\partial^3\boldsymbol{F}}{\partial\boldsymbol{U}^3}$，但为简化计算，仅使用准二阶给予逼近(误差不大)，同时保留三阶符号，即

$$
\boldsymbol{F}_{UUU}\boldsymbol{U}^3\approx\boldsymbol{F}_{U|U|}\boldsymbol{U}|\boldsymbol{U}| \text{或} \boldsymbol{F}_{UUU}\boldsymbol{U}^3\approx\boldsymbol{U}^{\mathrm{T}}\bar{\otimes}[\mathrm{sgn}(\boldsymbol{U})\boldsymbol{F}_{U|U|}]\underline{\otimes}\boldsymbol{U} \tag{2.15}
$$

则

$$
\boldsymbol{F}=\boldsymbol{F}_*+\boldsymbol{F}_U\boldsymbol{U}+\boldsymbol{U}^{\mathrm{T}}\bar{\otimes}\boldsymbol{F}_{UU}\underline{\otimes}\boldsymbol{U}+\boldsymbol{U}^{\mathrm{T}}\bar{\otimes}[\mathrm{sgn}(\boldsymbol{U})\boldsymbol{F}_{U|U|}]\underline{\otimes}\boldsymbol{U} \tag{2.16}
$$

以 $\boldsymbol{Y}$ 为例，得

$$
\boldsymbol{Y}=\boldsymbol{Y}_*+\begin{bmatrix}Y_u\\Y_v\\Y_w\\Y_p\\Y_q\\Y_r\end{bmatrix}^{\mathrm{T}}\begin{bmatrix}u\\v\\w\\p\\q\\r\end{bmatrix}+\begin{bmatrix}u\\v\\w\\p\\q\\r\end{bmatrix}^{\mathrm{T}}\begin{bmatrix}
Y_{uu} & Y_{uv} & Y_{uw} & Y_{up} & Y_{uq} & Y_{ur}\\
Y_{uv} & Y_{vv} & Y_{vw} & Y_{vp} & Y_{vq} & Y_{vr}\\
Y_{uw} & Y_{vw} & Y_{ww} & Y_{wp} & Y_{wq} & Y_{wr}\\
Y_{up} & Y_{vp} & Y_{wp} & Y_{pp} & Y_{pq} & Y_{pr}\\
Y_{uq} & Y_{vq} & Y_{wq} & Y_{pq} & Y_{qq} & Y_{qr}\\
Y_{ur} & Y_{vr} & Y_{wr} & Y_{pr} & Y_{qr} & Y_{rr}
\end{bmatrix}\begin{bmatrix}u\\v\\w\\p\\q\\r\end{bmatrix}
$$

$$
+\begin{bmatrix} u \\ v \\ w \\ p \\ q \\ r \end{bmatrix}^{\mathrm{T}} \begin{bmatrix} Y_{u|u|} & Y_{u|v|} & Y_{u|w|} & Y_{u|p|} & Y_{u|q|} & Y_{u|r|} \\ Y_{u|v|} & Y_{v|v|} & Y_{v|w|} & Y_{v|p|} & Y_{v|q|} & Y_{v|r|} \\ Y_{u|w|} & Y_{v|w|} & Y_{w|w|} & Y_{w|p|} & Y_{w|q|} & Y_{w|r|} \\ Y_{|u|p} & Y_{|v|p} & Y_{|w|p} & Y_{p|p|} & Y_{p|q|} & Y_{p|r|} \\ Y_{|u|q} & Y_{|v|q} & Y_{|w|q} & Y_{|p|q} & Y_{q|q|} & Y_{q|r|} \\ Y_{|u|r} & Y_{|v|r} & Y_{|w|r} & Y_{|p|r} & Y_{|q|r} & Y_{r|r|} \end{bmatrix} \begin{bmatrix} |u| \\ |v| \\ |w| \\ |p| \\ |q| \\ |r| \end{bmatrix} \tag{2.17}
$$

$\boldsymbol{Y}_{UU}$ 是一个对称矩阵，可以写成下列形式：

$$
\boldsymbol{Y}_{UU} = \begin{bmatrix} Y_{uu} & 2Y_{uv} & 2Y_{uw} & 2Y_{up} & 2Y_{uq} & 2Y_{ur} \\ 0 & Y_{vv} & 2Y_{vw} & 2Y_{vp} & 2Y_{vq} & 2Y_{vr} \\ 0 & 0 & Y_{ww} & 2Y_{wp} & 2Y_{wq} & 2Y_{wr} \\ 0 & 0 & 0 & 2Y_{pp} & 2Y_{pq} & 2Y_{pr} \\ 0 & 0 & 0 & 0 & Y_{qq} & 2Y_{qr} \\ 0 & 0 & 0 & 0 & 0 & 2Y_{rr} \end{bmatrix} \tag{2.18}
$$

一般将系数 2 并入相应项中，即

$$
\boldsymbol{Y}_{UU} = \begin{bmatrix} Y_{uu} & Y_{uv} & Y_{uw} & Y_{up} & Y_{uq} & Y_{ur} \\ 0 & Y_{vv} & Y_{vw} & Y_{vp} & Y_{vq} & Y_{vr} \\ 0 & 0 & Y_{ww} & Y_{wp} & Y_{wq} & Y_{wr} \\ 0 & 0 & 0 & Y_{pp} & Y_{pq} & Y_{pr} \\ 0 & 0 & 0 & 0 & Y_{qq} & Y_{qr} \\ 0 & 0 & 0 & 0 & 0 & Y_{rr} \end{bmatrix} \tag{2.19}
$$

注意，该式中非对角线上的项不等于式(2.17)中的相应项。

这样共有 378 个系数，再加上 36 个附加质量系数，则确定主体水动力需要 414 个系数。为测定这些水动力系数需要做巨量的工作，实际上这些水动力系数中有很多为零。在下面的推导中，对主体黏性类流体动力进行如下假设：

(1)主体左右对称，上下基本对称；

(2)不考虑舵角与其他运动参数之间的交叉影响；

(3)展开式最高取二阶项，并根据函数的奇偶性广泛采用运动参数的绝对值来表示，如 $v|v|$ 等。

除加速度部分外，将惯性力的其他项并入黏性力的相应项中进行考虑。则所受到的流体动力为

$$
\boldsymbol{F}_{\mathrm{Dyn}} = \boldsymbol{F}_U \dot{\boldsymbol{U}} + \boldsymbol{F}^* + \boldsymbol{F}_U \boldsymbol{U} + \boldsymbol{U}^{\mathrm{T}} \bar{\otimes} \boldsymbol{F}_{UU} \underline{\otimes} \boldsymbol{U} + \boldsymbol{U}^{\mathrm{T}} \bar{\otimes} [\operatorname{sgn}(\boldsymbol{U}) \boldsymbol{F}_{U|U|}] \underline{\otimes} \boldsymbol{U} \tag{2.20}
$$

再加上静力 $\boldsymbol{F}_S$（重力和浮力）、舵力 $\boldsymbol{F}_R$ 、螺旋桨力 $\boldsymbol{F}_P$ 及其他外力 $\boldsymbol{F}_{\text{ext}}$ ，即水下机器人所受到的所有外力。

对水下机器人六自由度模型：

$$\begin{cases} m\left[\dot{u}-vr+wq-x_G\left(q^2+r^2\right)+y_G\left(pq-\dot{r}\right)+z_G\left(pr+\dot{q}\right)\right]=X \\ m\left[\dot{v}-wp+ur-y_G\left(r^2+p^2\right)+z_G\left(qr-\dot{p}\right)+x_G\left(pq+\dot{r}\right)\right]=Y \\ m\left[\dot{w}-uq+vp-z_G\left(p^2+q^2\right)+x_G\left(pr-\dot{q}\right)+y_G\left(qr+\dot{p}\right)\right]=Z \\ I_{xx}\dot{p}+\left(I_{zz}-I_{yy}\right)qr+I_{xy}\left(pr-\dot{q}\right)-I_{yz}\left(q^2-r^2\right)-I_{xz}\left(pq+\dot{r}\right) \\ +m\left[y_G\left(\dot{w}-uq+vp\right)-z_G\left(\dot{v}+ur-wp\right)\right]=K \\ I_{yy}\dot{q}+\left(I_{xx}-I_{zz}\right)pr-I_{xy}\left(qr+\dot{p}\right)+I_{yz}\left(pq-\dot{r}\right)+I_{xz}\left(p^2-r^2\right) \\ -m\left[x_G\left(\dot{w}-uq+vp\right)-z_G\left(\dot{u}-vr+wq\right)\right]=M \\ I_{zz}\dot{r}+\left(I_{yy}-I_{xx}\right)pq-I_{xy}\left(p^2-q^2\right)-I_{yz}\left(pr+\dot{q}\right)+I_{xz}\left(qr-\dot{p}\right) \\ +m\left[x_G\left(\dot{v}+ur-wp\right)-y_G\left(\dot{u}-vr+wq\right)\right]=N \end{cases} \tag{2.21}$$

进行移项，左边只剩导数项，即

$$\begin{cases} m\dot{u}+mz_G\dot{q}-my_G\dot{r}=\widehat{X} \\ m\dot{v}-mz_G\dot{p}+mx_G\dot{r}=\widehat{Y} \\ m\dot{w}+my_G\dot{p}-mx_G\dot{q}=\widehat{Z} \\ -mz_G\dot{v}+my_G\dot{w}+I_{xx}\dot{p}-I_{xy}\dot{q}-I_{xz}\dot{r}=\widehat{K} \\ mz_G\dot{u}-mx_G\dot{w}-I_{xy}\dot{p}+I_{yy}\dot{q}-I_{yz}\dot{r}=\widehat{M} \\ -my_G\dot{u}+mx_G\dot{v}-I_{xz}\dot{p}-I_{yz}\dot{q}+I_{zz}\dot{r}=\widehat{N} \end{cases} \tag{2.22}$$

式中，

$$\begin{cases} \widehat{X}=X-m[(-vr+wq)-x_G(q^2+r^2)+y_Gpq+z_Gpr] \\ \widehat{Y}=Y-m[(-wp+ur)+x_Gpq-y_G(p^2+r^2)+z_Gqr] \\ \widehat{Z}=Z-m[(-uq+vp)+x_Gpr+y_Gqr-z_G(p^2+q^2)] \\ \widehat{K}=K-(I_{zz}-I_{yy})qr-I_{xy}pr+I_{yz}(q^2-r^2)+I_{xz}pq \\ \qquad -m\left[y_G(-uq+vp)-z_G(+ur-wp)\right] \\ \widehat{M}=M-(I_{xx}-I_{zz})pr+I_{xy}qr-I_{yz}pq+I_{xz}(p^2-r^2) \\ \qquad -m[x_G(-uq+vp)-z_G(-vr+wq)] \\ \widehat{N}=N-(I_{yy}-I_{xx})pq-I_{xy}(p^2-q^2)+I_{yz}pr-I_{xz}qr \\ \qquad -m[x_G(ur-wp)-y_G(-vr+wq)] \end{cases} \tag{2.23}$$

令 $\hat{\boldsymbol{F}} = \begin{bmatrix} \hat{X} & \hat{Y} & \hat{Z} & \hat{K} & \hat{M} & \hat{N} \end{bmatrix}^{\mathrm{T}}$，则

$$\hat{\boldsymbol{F}} = \boldsymbol{F}_{\dot{U}}\dot{\boldsymbol{U}} + \boldsymbol{F}_{*} + \boldsymbol{F}_{U}\boldsymbol{U} + \boldsymbol{U}^{\mathrm{T}} \bar{\otimes} \boldsymbol{F}_{UU} \underline{\otimes} \boldsymbol{U} + \boldsymbol{U}^{\mathrm{T}} \bar{\otimes} [\mathrm{sgn}(\boldsymbol{U})\boldsymbol{F}_{U|U|}] \underline{\otimes} \boldsymbol{U} + \boldsymbol{F}_{S} + \boldsymbol{F}_{R} + \boldsymbol{F}_{P} \tag{2.24}$$

$$\boldsymbol{F}_{S} = \begin{bmatrix} -(G-B)\sin\theta \\ (G-B)\cos\theta\sin\varphi \\ (G-B)\cos\theta\sin\varphi \\ (y_G G - y_B B)\cos\theta\cos\varphi - (z_G G - z_B B)\cos\theta\sin\varphi \\ -(z_G G - z_B B)\sin\theta - (x_G G - x_B B)\cos\theta\cos\varphi \\ (x_G G - x_B B)\cos\theta\sin\varphi + (y_G G - y_B B)\sin\theta \end{bmatrix} \tag{2.25}$$

$$\hat{\boldsymbol{X}}_{UU} = \begin{bmatrix} X_{uu} & X_{uv} & X_{uw} & X_{up} & X_{uq} & X_{ur} \\ 0 & X_{vv} & X_{vw} & X_{vp} & X_{vq} & m+X_{vr} \\ 0 & 0 & X_{ww} & X_{wp} & -m+X_{wq} & X_{wr} \\ 0 & 0 & 0 & X_{pp} & -my_G+X_{pq} & -mz_G+X_{pr} \\ 0 & 0 & 0 & 0 & mx_G+X_{qq} & X_{qr} \\ 0 & 0 & 0 & 0 & 0 & mx_G+X_{rr} \end{bmatrix} \tag{2.26}$$

$$\hat{\boldsymbol{Y}}_{UU} = \begin{bmatrix} Y_{uu} & Y_{uv} & Y_{uw} & Y_{up} & Y_{uq} & -m+Y_{ur} \\ 0 & Y_{vv} & Y_{vw} & Y_{vp} & Y_{vq} & Y_{vr} \\ 0 & 0 & Y_{ww} & m+Y_{wp} & Y_{wq} & Y_{wr} \\ 0 & 0 & 0 & my_G+Y_{pp} & -mx_G+Y_{pq} & Y_{pr} \\ 0 & 0 & 0 & 0 & Y_{qq} & -mz_G+Y_{qr} \\ 0 & 0 & 0 & 0 & 0 & my_G+Y_{rr} \end{bmatrix} \tag{2.27}$$

$$\hat{\boldsymbol{Z}}_{UU} = \begin{bmatrix} Z_{uu} & Z_{uv} & Z_{uw} & Z_{up} & m+Z_{uq} & Z_{ur} \\ 0 & Z_{vv} & Z_{vw} & -m+Z_{vp} & Z_{vq} & m+Z_{vr} \\ 0 & 0 & Z_{ww} & Z_{wp} & Z_{wq} & Z_{wr} \\ 0 & 0 & 0 & mz_G+Z_{pp} & -my_G+Z_{pq} & -mx_G+Z_{pr} \\ 0 & 0 & 0 & 0 & mz_G+Z_{qq} & -my_G+Z_{qr} \\ 0 & 0 & 0 & 0 & 0 & Z_{rr} \end{bmatrix} \tag{2.28}$$

$$\widehat{\boldsymbol{K}}_{UU}=\begin{bmatrix} K_{uu} & K_{uv} & K_{uw} & K_{up} & my_G+K_{uq} & mz_G+K_{ur} \\ 0 & K_{vv} & K_{vw} & -my_G+K_{vp} & K_{vq} & K_{vr} \\ 0 & 0 & K_{ww} & -mz_G+K_{wp} & K_{wq} & K_{wr} \\ 0 & 0 & 0 & K_{pp} & I_{xz}+K_{pq} & -I_{xy}+K_{pr} \\ 0 & 0 & 0 & 0 & I_{yz}+K_{qq} & I_{yy}-I_{zz}+K_{qr} \\ 0 & 0 & 0 & 0 & 0 & -I_{yz}+K_{rr} \end{bmatrix} \tag{2.29}$$

$$\widehat{\boldsymbol{M}}_{UU}=\begin{bmatrix} M_{uu} & M_{uv} & M_{uw} & M_{up} & -mx_G+M_{uq} & M_{ur} \\ 0 & M_{vv} & M_{vw} & mx_G+M_{vp} & M_{vq} & mz_G+M_{vr} \\ 0 & 0 & M_{ww} & M_{wp} & -mz_G+M_{wq} & M_{wr} \\ 0 & 0 & 0 & -I_{xz}+M_{pp} & -I_{yz}+M_{pq} & I_{zz}-I_{xx}+M_{pr} \\ 0 & 0 & 0 & 0 & M_{qq} & I_{xy}+M_{qr} \\ 0 & 0 & 0 & 0 & 0 & I_{xz}+M_{rr} \end{bmatrix} \tag{2.30}$$

$$\widehat{\boldsymbol{N}}_{UU}=\begin{bmatrix} N_{uu} & N_{uv} & N_{uw} & N_{up} & N_{uq} & -mx_G+N_{ur} \\ 0 & N_{vv} & N_{vw} & N_{vp} & N_{vq} & -my_G+N_{vr} \\ 0 & 0 & N_{ww} & mx_G+N_{wp} & my_G+N_{wq} & N_{wr} \\ 0 & 0 & 0 & I_{xy}+N_{pp} & I_{xx}-I_{yy}+N_{pq} & I_{yz}+N_{pr} \\ 0 & 0 & 0 & 0 & -I_{xy}+N_{qq} & -I_{xy}+N_{qr} \\ 0 & 0 & 0 & 0 & 0 & N_{rr} \end{bmatrix} \tag{2.31}$$

令 $\boldsymbol{M}=\begin{bmatrix} m & 0 & 0 & 0 & mz_G & -my_G \\ 0 & m & 0 & -mz_G & 0 & mx_G \\ 0 & 0 & m & my_G & -mx_G & 0 \\ 0 & -mz_G & my_G & I_{xx} & -I_{xy} & -I_{xz} \\ mz_G & 0 & -mx_G & -I_{xy} & I_{yy} & -I_{yz} \\ -my_G & mx_G & 0 & -I_{xz} & -I_{yz} & I_{zz} \end{bmatrix}-\boldsymbol{F}_{\dot{U}}$，则式(2.22)可简写成

$$\boldsymbol{M}\dot{\boldsymbol{U}}=\boldsymbol{F}_*+\boldsymbol{F}_U\boldsymbol{U}+\boldsymbol{U}^{\mathrm{T}}\,\overline{\otimes}\,\boldsymbol{F}_{UU}\,\underline{\otimes}\,\boldsymbol{U}+\boldsymbol{U}^{\mathrm{T}}\,\overline{\otimes}\,[\mathrm{sgn}(\boldsymbol{U})\boldsymbol{F}_{U|U|}]\,\underline{\otimes}\,\boldsymbol{U} +\boldsymbol{F}_S+\boldsymbol{F}_R+\boldsymbol{F}_P \tag{2.32}$$

2.3 螺旋桨推力建模

大多数中型到小型水下机器人的动力都是由电机驱动的螺旋桨提供的，有些水下机器人在电机与螺旋桨之间安装减速机构，但用得最普遍的方式还是由电机直接驱动螺旋桨。推力器由螺旋桨和驱动螺旋桨的电机组成。如果要获得水下机器人运动的良好控制，那么必须建立正确的推力器模型。对于船用螺旋桨，研究者进行了长期的理论研究和试验验证，并在实际操作中积累了丰富的经验。然而，对 ROV 和 AUV 这种尺度小、响应快的水下机器人推力器性能的研究相对来说比较缺乏[3,4]。在水下机器人的应用场合，螺旋桨在进速映像的全四个象限中操作。而通常的理论或试验中，往往只给出螺旋桨在第一象限(正进速、正转速)的性能数据，最常见的就是螺旋桨敞水性能曲线。在这种曲线中，螺旋桨推力、扭矩以无因次的形式相对进速比给出，定义：

$$K_T=\frac{T}{\rho n^2 D^4},\quad K_Q=\frac{T}{\rho n^2 D^5},\quad J=\frac{u(1-\omega)}{nD} \tag{2.33}$$

式中，T 为螺旋桨的推力，N；D 为螺旋桨的直径，m；n 为螺旋桨的转速，r/s；ρ 为水密度，kg/m^3；u 为水下机器人速度轴向分量，m/s；ω为螺旋桨伴流系数；K_T为无因次推力系数，是进速比 J 的函数；K_Q为无因次扭矩系数，是进速比 J 的函数。K_T与 J 的关系可以近似写成

$$K_T=f(J)=k_0+k_1J+k_2J^2 \tag{2.34}$$

式中，常系数 k_0、k_1、k_2 可根据螺旋桨敞水性能曲线(图 2.3)拟合确定。

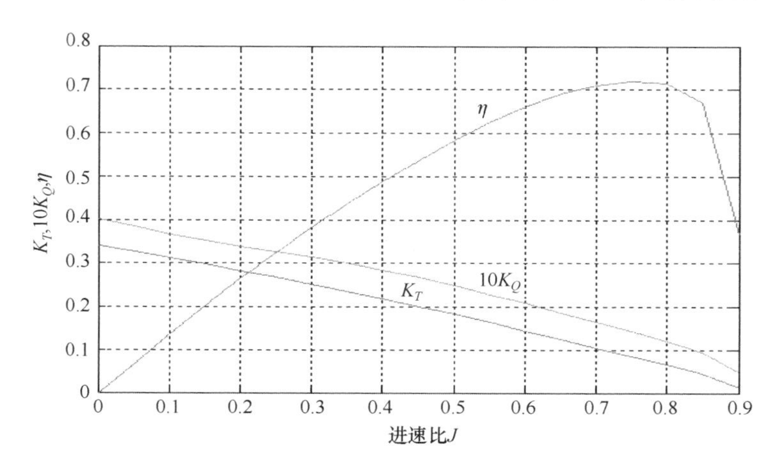

图 2.3　螺旋桨敞水性能曲线

作为一种近似，不考虑斜流对螺旋桨轴向推力的影响及由斜流引起的侧向推力分量和螺旋桨扭矩。螺旋桨的推力可按式(2.35)确定：

$$T=(1-t)\rho n^2 D^4 K_T = Au^2 + Bun + Cn^2 \tag{2.35}$$

式中，

$$\begin{cases} A=(1-t)(1-\omega)^2\rho D^2 k_2 \\ B=(1-t)(1-\omega)\rho D^3 k_1 \\ C=(1-t)\rho D^4 k_0 \end{cases} \tag{2.36}$$

对四象限应用，仍需开展深入研究，以更好地表征“倒车”、“刹车”等运动状态。

2.4 本章小结

开展水下机器人水动力计算与预报的重要用途是为开展操纵性分析提供基础数据。本章对操纵性分析的一般原理进行了阐述，对表征水下机器人运动的坐标系体系进行了介绍，并对操纵性分析中涉及的静力、水动力、螺旋桨推力的基本建模方法进行了全面描述，为开展水动力分析搭建了数学语言环境。

参 考 文 献

[1] 李殿璞. 船舶运动与建模[M]. 北京：国防工业出版社, 2008.

[2] 荣建德. 水下运载器性能的分析与设计[M]. 北京：国防工业出版社, 2008.

[3] 朱继懋. 潜水器设计[M]. 上海：上海交通大学出版社, 1992.

[4] 李天森. 鱼雷操纵性[M]. 北京：国防工业出版社, 1999.

3 计算流体动力学原理及计算可信度验证

水下机器人水动力计算的目的是进行快速性、操纵性等水动力性能分析和预报，并为运动控制提供数学模型，以及指导水下机器人外形设计优化。与传统的试验方法类似，CFD 计算所要解决的首要问题是计算结果的精度，即可信度。早在 1998 年，美国航空航天学会（American Institute of Aeronautics and Astronautics，AIAA）CFD 标准委员会就发布了有关 CFD 验证和确认的规程[1]。在水动力学领域，国际拖曳水池协会在 1999 年发布了 CFD 计算不确定度分析的推荐规程[2,3]，并在 2002 年对该规程进行了修改[4]。

水动力计算的误差来源大致涉及两个层面，即 CFD 求解器的内部代码层面及 CFD 求解器的使用方法层面。本书利用通用 CFD 软件研究水下机器人的水动力问题，因此 CFD 求解器的内部代码层面不予以关注，关注的重点是 CFD 求解器的使用方法层面，也即湍流模型、流域参数、网格参数等对计算精度的影响。

对 CFD 计算方法进行验证、标定最好的方法是与高质量的试验数据进行对比分析。在水下航行器水动力试验中，美国国防部高级研究计划局（Defense Advanced Research Projects Agency，DARPA）为评估潜艇 CFD 软件计算的不确定度，曾资助美国海军泰勒水池对标准潜艇模型 SUBOFF 进行一系列风洞及水池试验。本章选用美国海军泰勒水池公布的标准潜艇模型 SUBOFF 试验数据作为标定 CFD 计算方法的研究对象。

在水下机器人各类水动力计算中，阻力计算是最重要的基础性工作，因此本章的验证以标准潜艇模型 SUBOFF 阻力数据为主，探索和分析湍流模型、流域参数、网格参数等 CFD 参数对阻力计算结果的影响，据此建立水下机器人水动力 CFD 计算的基本指导准则。

本章主要研究水下阻力的 CFD 计算方法和 CFD 参数的影响。

3.1 CFD 计算的基本原理和流程

对水下机器人水动力进行 CFD 计算，即求解水流场的运动状态，通常情况下可认为水是不可压缩流场，即在水下机器人的水动力计算分析中，忽略水的可压缩性，且常规情况下不考虑空泡的影响，在此前提下利用数值方法求解水流场的运动状态。

常见的数值求解方法包括有限元方法、有限差分方法和有限体积方法三大类。由于流场要求严格的守恒，守恒性不佳的前两种方法在水动力计算领域已很少使用，现在的主流求解器，如 CFX、FLUENT 等，均是基于有限体积方法求解。

3.1.1 CFD 计算的基本原理

CFD 计算可以看作在流动基本方程控制下对流动的数值模拟，将时间域和空间域上连续的物理场，如速度场和压力场，用有限离散点上变量值的集合来代替，通过一定的原则和方式建立起关于这些离散点上场变量之间关系的代数方程组，然后求解代数方程组获得场变量的近似值[5]。通过这种计算，从而得到流场内各个位置的基本物理量(如速度、压力等)的分布，以及这些物理量随时间的变化情况。

由此可见，CFD 计算的前提是流场的数学表达。根据物理学知识可知，任何流动都必须遵循三个基本的物理学原理——质量守恒定律、动量守恒定律和能量守恒定律[6]。在水下机器人的水动力分析中，一般不考虑热交换，因此能量守恒方程一般不予考虑，水流场的基本控制方程退化为连续性方程和 N-S 方程。

1. 质量守恒定律——连续性方程

在水流场的物理学建模中，首先必须满足质量守恒定律，即单位时间内流体微元体中质量的增加，等于同一时间间隔内流入该微元体的净质量，用数学公式表达即

$$\frac{\partial\rho}{\partial t}+\frac{\partial(\rho u)}{\partial x}+\frac{\partial(\rho v)}{\partial y}+\frac{\partial(\rho w)}{\partial z}=0 \tag{3.1}$$

式中，ρ 为流体密度；t 为时间；u、v、w 分别为速度矢量在 x、y、z 方向的分量。在水流场中，假设流体不可压缩，则流体密度 ρ 为常数，式(3.1)可写成

$$\frac{\partial u}{\partial x}+\frac{\partial v}{\partial y}+\frac{\partial w}{\partial z}=0 \tag{3.2}$$

2. 动量守恒定律——N-S 方程

动量守恒定律同样是流场数学表达必须遵循的物理定律，该定律可描述为微元体中流体的动量对时间的变化率等于外界作用在该微元体上的各种力之和，实际上就是牛顿运动定律。对于不可压缩水流场，按照动量守恒定律可导出 x、y、z 三个方向的动量守恒方程：

$$\begin{cases}\dfrac{\partial(pu)}{\partial t}+\dfrac{\partial(puu)}{\partial x}+\dfrac{\partial(puv)}{\partial y}+\dfrac{\partial(puw)}{\partial z}\\ =\dfrac{\partial}{\partial x}\left(\mu\dfrac{\partial u}{\partial x}\right)+\dfrac{\partial}{\partial y}\left(\mu\dfrac{\partial u}{\partial y}\right)+\dfrac{\partial}{\partial z}\left(\mu\dfrac{\partial u}{\partial z}\right)-\dfrac{\partial p}{\partial x}+S_u\\ \dfrac{\partial(pv)}{\partial t}+\dfrac{\partial(pvu)}{\partial x}+\dfrac{\partial(pvv)}{\partial y}+\dfrac{\partial(pvw)}{\partial z}\\ =\dfrac{\partial}{\partial x}\left(\mu\dfrac{\partial v}{\partial x}\right)+\dfrac{\partial}{\partial y}\left(\mu\dfrac{\partial v}{\partial y}\right)+\dfrac{\partial}{\partial z}\left(\mu\dfrac{\partial v}{\partial z}\right)-\dfrac{\partial p}{\partial y}+S_v\\ \dfrac{\partial(pw)}{\partial t}+\dfrac{\partial(pwu)}{\partial x}+\dfrac{\partial(pwv)}{\partial y}+\dfrac{\partial(pww)}{\partial z}\\ =\dfrac{\partial}{\partial x}\left(\mu\dfrac{\partial w}{\partial x}\right)+\dfrac{\partial}{\partial y}\left(\mu\dfrac{\partial w}{\partial y}\right)+\dfrac{\partial}{\partial z}\left(\mu\dfrac{\partial w}{\partial z}\right)-\dfrac{\partial p}{\partial z}+S_w\end{cases} \tag{3.3}$$

式中，p 为流体微元体上的压力；μ 为动力黏度，对于动力黏度为常数的不可压缩流体，当忽略重力影响时，式(3.3)中 S 项(动量守恒方程的广义源项)为零。用散度符号简化式(3.3)，可以写成

$$\frac{\partial(\rho\boldsymbol{U})}{\partial t}+\nabla\cdot(\rho\boldsymbol{U}\otimes\boldsymbol{U})=\rho\boldsymbol{f}+\nabla\cdot\left\{-p\boldsymbol{\delta}+\mu\left[\nabla\boldsymbol{U}+\frac{1}{3}(\nabla\boldsymbol{U})^{\mathrm{T}}\right]\right\} \tag{3.4}$$

式中，ρ 为流体密度；t 为时间；$\boldsymbol{U}$ 为流体的绝对速度；$\boldsymbol{f}$ 为单位质量流体的体积力；$\boldsymbol{\delta}$ 为单位矩阵；∇ 为哈密顿算子；上标 T 代表矩阵的转置。

式(3.3)或者式(3.4)即著名的 N-S 方程。该方程由纳维(Navier)于 1821 年提出，并由斯托克斯(Stokes)于 1845 年完善。

N-S 方程是基于动量守恒定律得到的偏微分方程，该方程高度非线性，求解非常困难。虽然可以利用直接数值模拟(direct numerical simulation，DNS)方法来求解 N-S 方程，但是 DNS 方法过于消耗计算资源，限于现在的计算能力，目前只停留在圆球体等简单几何体的计算中。因此，在工程上还需要寻找新的求解方法。

3. 数值求解方法——RANS 方程

对 N-S 方程的直接求解非常困难，因此流体力学领域发展出了多种简化求解方法。在众多简化求解方法中，雷诺时均动量(RANS)方程是经过检验的适于工程求解的方法。RANS 方程是将非稳态的流动控制方程对时间进行平均，仅考虑大尺度时间平均流动，现已广泛应用于水动力学、空气动力学的 CFD 计算中。

$$\frac{\partial(\rho\boldsymbol{U})}{\partial t}+\nabla\cdot(\rho\boldsymbol{U}\otimes\boldsymbol{U})$$
$$=\rho\boldsymbol{f}+\nabla\cdot\left\{-p\boldsymbol{\delta}+\mu\left[\nabla\boldsymbol{U}+\frac{1}{3}(\nabla\boldsymbol{U})^{\mathrm{T}}\right]\right\}-\nabla\cdot(\rho\overline{\boldsymbol{U}}\otimes\overline{\boldsymbol{U}}) \tag{3.5}$$

相对于表征瞬时流场的 N-S 方程，RANS 方程除了增加时间平均过程中不为零的脉动速度的雷诺应力项外，其余完全与 N-S 方程一致。

采用 RANS 方程求解流场的问题在于，RANS 方程中未知量数目大于方程个数，方程组不封闭，因此需要采用湍流模型来使方程组封闭。湍流模型有多种，如零方程、一方程、二方程等，二方程湍流模型主要有 k-ε、RNG k-ε、k-ω、SST k-ω、RSM 等，广泛使用的为 k-ε 湍流模型和 k-ω 湍流模型，其他湍流模型可看作这两个标准湍流模型的变种。本书对水下机器人水动力的计算主要基于这两个标准湍流模型。

4. k-ε 湍流模型

在涡黏性假设中，认为雷诺应力满足如下关系：

$$-\rho\overline{\boldsymbol{u}\otimes\boldsymbol{u}}=-\frac{2}{3}\rho k\boldsymbol{\delta}-\frac{2}{3}\mu_t\nabla\cdot\overline{\boldsymbol{U}}\boldsymbol{\delta}+\mu_t[\nabla\overline{\boldsymbol{U}}+(\nabla\overline{\boldsymbol{U}})^{\mathrm{T}}] \tag{3.6}$$

式中，上划线表示取均值；$\otimes$ 为克罗内克乘法；$\boldsymbol{u}$ 为速度 $\boldsymbol{U}$ 的湍流分量，$\boldsymbol{U}=\overline{\boldsymbol{U}}+\boldsymbol{u}$；$\mu_t$ 为涡黏度，有时也称为表观黏度。

标准 k-ε 二方程湍流模型是一个半经验公式，主要是基于脉动动能 k 和能量耗散率 ε，它是目前使用最广泛的湍流模型。k-ε 湍流模型在一方程湍流模型的基础上，又引入了湍流耗散率，最终形成典型的二方程湍流模型。

脉动动能 k 方程为

$$\frac{\partial pk}{\partial t}+\nabla\cdot(\rho\overline{\boldsymbol{U}}k)=\nabla\cdot\left[\left(\mu+\frac{\mu_t}{\sigma_k}\right)\nabla k\right]+\boldsymbol{P}_k-\rho\varepsilon \tag{3.7}$$

能量耗散率 ε 方程为

$$\frac{\partial p\varepsilon}{\partial t}+\nabla\cdot(\rho\overline{\boldsymbol{U}}\varepsilon)=\nabla\cdot\left[\left(\mu+\frac{\mu_t}{\sigma_\varepsilon}\right)\nabla\varepsilon\right]+\frac{\varepsilon}{k}(C_{\varepsilon1}\boldsymbol{P}_k-C_{\varepsilon2}\rho\varepsilon) \tag{3.8}$$

式(3.7)与式(3.8)中：

$$\boldsymbol{P}_k = \mu_t \nabla \overline{\boldsymbol{U}} \cdot \left(\nabla \overline{\boldsymbol{U}} + \nabla \overline{\boldsymbol{U}}^{\mathrm{T}} \right) - \frac{2}{3} \nabla \cdot \overline{\boldsymbol{U}} \left(3\mu_t \nabla \cdot \overline{\boldsymbol{U}} + \rho k \right) \tag{3.9}$$

在 k-ε 湍流模型中，涡黏度 $\mu_t = C_\mu \rho \frac{k^2}{\varepsilon}$，$k$ 表示脉动动能，ε 表示能量耗散率。式(3.7)和式(3.8)中的常数取值见表 3.1。

表 3.1　k-ε 湍流模型中的常数取值

C_μ	σ_k	σ_ε	$C_{\varepsilon 1}$	$C_{\varepsilon 2}$
0.09	1.0	1.3	1.44	1.92

5. k-ω 湍流模型

标准 k-ε 湍流模型是工程上常用的湍流模型，其适应性已经得到了证明。尽管如此，在某些场合，特别是旋转流动的计算中，标准 k-ε 湍流模型的适应性一般，因此 CFD 学者发展出了 k-ω 湍流模型，ω 为湍流频率。

脉动动能 k 方程为

$$\frac{\partial(\rho k)}{\partial t} + \nabla \cdot (\rho \overline{\boldsymbol{U}} k) = \nabla \cdot \left[\left(\mu + \frac{\mu_t}{\sigma_k} \right) \nabla k \right] + \boldsymbol{P}_k - \beta' \rho k \omega \tag{3.10}$$

湍流频率 ω 方程为

$$\frac{\partial(\rho \omega)}{\partial t} + \nabla \cdot (\rho \overline{\boldsymbol{U}} \omega) = \nabla \cdot \left[\left(\mu + \frac{\mu_t}{\sigma_\omega} \right) \nabla \omega \right] + \alpha \frac{\omega}{k} \boldsymbol{P}_k - \beta \rho k \omega^2 \tag{3.11}$$

k-ω 湍流模型中的常数取值见表 3.2，并认为涡黏度 $\mu_t = \rho \frac{k}{\omega}$。

表 3.2　k-ω 湍流模型中的常数取值

σ_k	σ_ω	α	β	β'
2.0	2.0	5/9	0.075	0.09

6. 湍流模型的应用

在补充了两个湍流方程以后，如 k 方程和 ε 方程或者 k 方程和 ω 方程，RANS 方程组未知量的个数和方程个数相等，方程组封闭，可以进行求解。

在大多数情况下，标准 k-ε 湍流模型能得到满意的流场分析结果。但是对于旋转流动或存在大面积边界层分离的流动问题，k-ε 湍流模型显得不大合适，甚至使得 CFX 的求解器溢出而得不到收敛解。因此，在计算与旋转相关的水动力系数时，本书采用了 k-ω 湍流模型。

3.1.2 CFD 计算的基本流程

水下机器人水动力 CFD 计算的一般流程可以分为以下几个步骤，如图 3.1 所示。

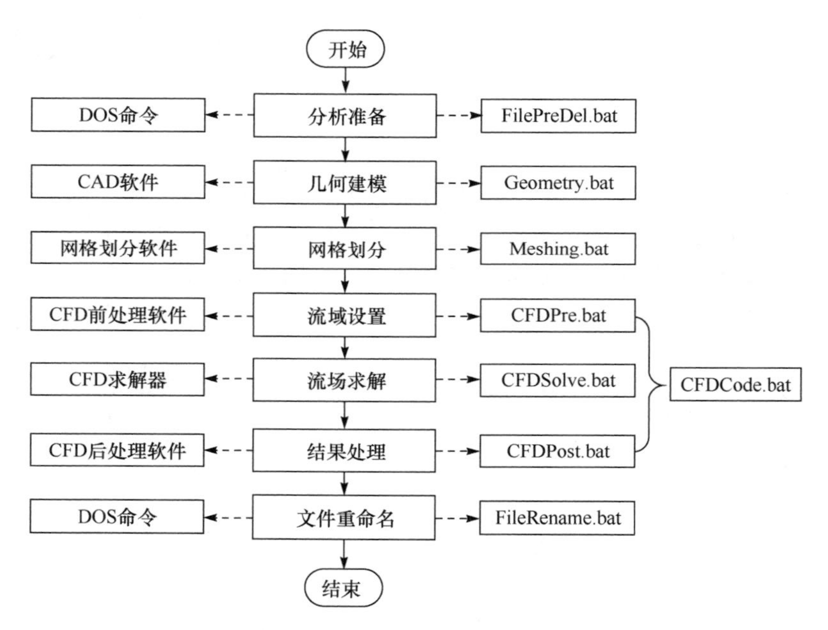

图 3.1　水下机器人水动力 CFD 计算的一般流程

分析准备：对需要研究的问题进行分析，确定需要计算的工况及准备相应的数据。若时间较充分，则应考虑进行网格无关性试验。

几何建模：利用 CAD 软件建立计算对象的三维实体模型或三维曲面模型，以及构建流域模型，保证所有曲面封闭、拓扑结构良好，为后续的网格划分做准备。建模应尽量采用参数化建模，为优化设计提供可行性。

网格划分：利用网格划分工具，如 Gridgen、GAMBIT、ICEM 等，划分流场网格，包括水下机器人外形表面的网格、边界层网格和流域的体网格等。网格分为结构化网格和非结构化网格两类，在可能的情况下应尽量采用结构化网格，其计算精度较高、收敛快，但是对于复杂外形的水下机器人可能存在无法划分结构化网格的情况，非结构化网格也可以被用来计算。

流域设置：选择仿真类型和湍流模型，增加动量源，设置流体属性、边界条件、求解器控制参数等，使计算仿真符合物理规律。

流场求解：根据流域设置结果生成计算定义文件、设置运行计算机等，开始串行或并行求解。求解器包括很多成熟的通用 CFD 软件，如 CFX、FLUENT、OpenFOAM 等。本书采用 CFX 进行水下机器人各类水动力计算方法的研究。

结果处理：利用后处理软件，提取水动力信息，查看速度、压强等各种流场信息，制作图表。

3.1.3 计算精度验证的 CFD 计算对象

如前所述，对 CFD 计算方法进行验证、标定最好的方法是与高质量的试验数据进行对比分析。美国国防部高级研究计划局为了给未来的先进潜艇开发提供技术储备，委托美国海军泰勒水池进行了标准潜艇模型 SUBOFF 的水动力试验[7-12]，以评估各种 CFD 求解器的计算准确性。美国海军泰勒水池包括其他很多研究机构对标准潜艇模型 SUBOFF 进行了拖曳水池、低速风洞、旋臂水池等各种水动力试验，试验非常全面，形成了一套完整的试验数据。这些试验数据事实上成为评估验证各种 CFD 求解器计算准确性的行业标准，全世界的计算流体动力学研究者均在采用这些试验数据来验证自己的计算。

虽然 CFX 等通用 CFD 软件的可靠性已经得到了市场检验，但是应用于工程计算除了与求解器代码相关外，求解器的使用方法同样非常重要，如流域参数、网格参数等对计算结果的可信度同样有直接影响。本书选用美国海军泰勒水池公布的标准潜艇模型 SUBOFF 试验数据作为标定 CFD 计算方法的研究对象，研究的重点是 CFD 求解器的使用方法，也即网格参数、流域参数等对计算结果可信度的影响。

标准潜艇模型 SUBOFF 为流线型回转体外形，如图 3.2 所示。其主要参数为[13]：总长 4.356m，直径 0.508m；进流段长 1.016m，平行中体长 2.229m，去流段长 1.111m；指挥台前缘位于 0.924m 处，围壳长 0.368m，高 0.460m；艉舵采用十字形布置，舵叶后缘距舵艏 4.007m，舵截面采用类似于 NACA0020 的截面，最大厚度为 20%弦长。从标准潜艇模型 SUBOFF 的几何尺度来看，基本上与重型水下机器人①尺度相当，所以其试验结果可成为研究水下机器人水动力 CFD 计算的良好参照。

① 按照美国海军 *UUV Master Plan* 中的划分，一般将直径 533mm 以上的水下机器人称为重型水下机器人。

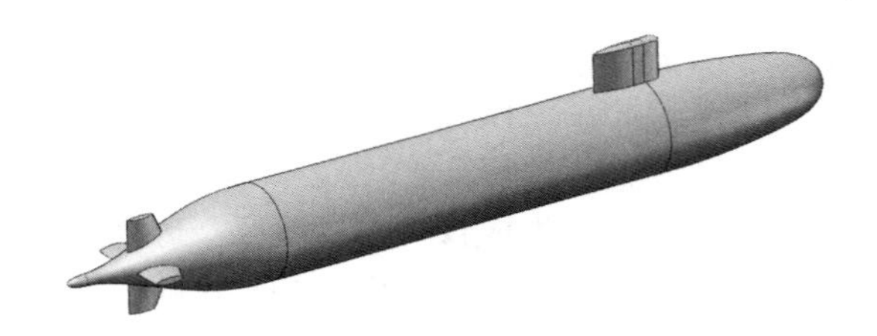

图 3.2　标准潜艇模型 SUBOFF

3.2　流域参数对阻力计算结果的影响

3.2.1　流域参数设置的一般原则

对水下机器人水动力的 CFD 计算，是通过创建一个虚拟边界，将水下机器人的外部绕流问题变换成内部流动而实现的。虚拟边界所包络的区域称为 CFD 计算的流域。

显然，与水池试验类似，流域尺度和边界位置将对计算结果产生直接影响。如果流域尺度设置得较小，则流场未充分发展，会产生类似于水池试验中的阻塞效应，造成水池壁对流场产生较大的干扰，最终导致计算结果不准确。如果流域尺度设置得过大，则浪费计算资源，影响计算效率。

Sohankar 等通过计算低雷诺数方柱绕流总结了这些参数的需求[14]，并且建议从流域入口到计算对象前端面的距离(本书用 L_f表示)不小于 10D(D 为阻塞宽度，对于非回转体可取当量直径)，计算对象后端面到流域出口的距离(本书用 L_b 表示)不小于 15D(严格地说，此值取决于流域出口边界条件的类型，经验算证明一般在压力出口和速度出口边界条件下均可取该值)，阻塞系数(本书用 B 表示)不大于 5%。

根据 Sohankar 等的建议，以及本书的验算，为基本消除阻塞效应对计算结果的影响，流域尺度大小和边界位置等可遵循下列原则：

(1) 流域入口到计算对象前端面的距离 L_f不小于 10D。

(2) 计算对象后端面到流域出口的距离 L_b 不小于 15D。

(3) 四周边界的相互距离 L_d不小于 20D。

按照此原则对标准潜艇模型 SUBOFF 进行了阻力计算，计算得到的速度场分布如图 3.3 所示，流域边界处流场所受扰动很小，证明了这种设置的合理性。本书所有计算将遵循这一原则进行流域尺度设置。需要特别说明的是，实际计算过程中应该考虑计算能力和水下机器人外形的流线化程度对流域尺度进行适当的试验验证，特别是出口边界的位置。

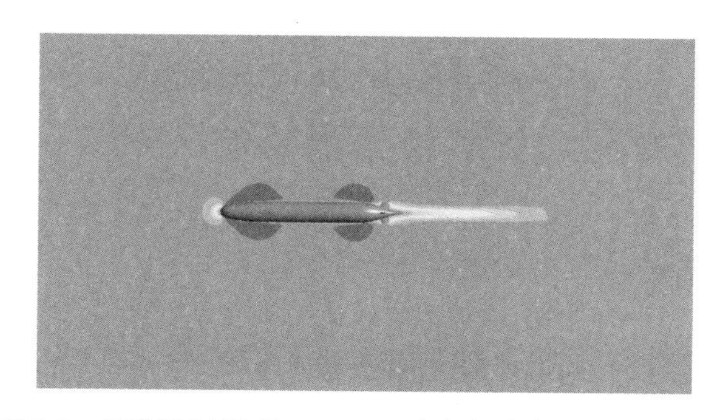

图 3.3　标准潜艇模型 SUBOFF 速度场分布(见书后彩图)

流域参数的另一项是边界条件的设置。CFX 支持的边界条件包括入口、出口、开口、对称面、壁面等。入口和出口可以设置速度或压力，壁面包括无滑移和自由滑移。在水下机器人水动力计算最常见的阻力计算中，入口一般设置为速度条件，出口一般设置为相对压强为零，机器人表面设置为无滑移壁面，四周流域边界设置为自由滑移壁面。

3.2.2　斜航试验模拟时流域参数设置

当采用 CFD 方法模拟斜航试验或风洞试验时，流域参数的设置与上述一般原则相似，只是水下机器人具有一定的攻角或漂角，导致了阻塞效应增强，这相当于计算对象的当量直径 D 变大，此时应相应增大流域尺度，如图 3.4 所示。为减小流域边界对计算结果的影响，流域的侧边界必须与未受扰动的自由流线平行，入口、出口宜设置为垂直于自由流线。

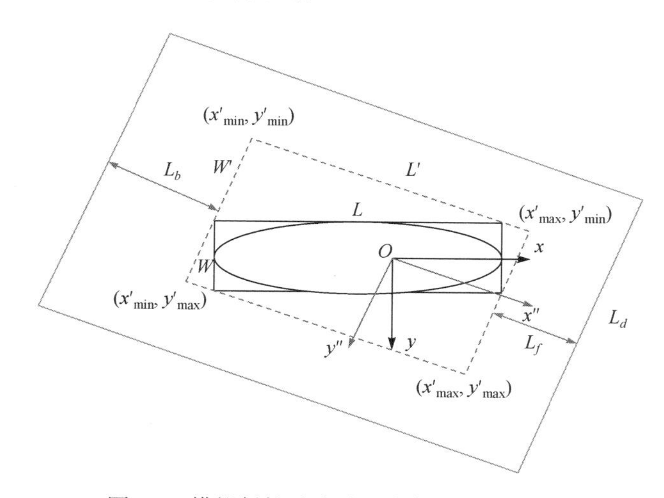

图 3.4　模拟斜航试验时流域参数设置示意图

3.3 网格参数对阻力计算结果的影响

3.3.1 网格划分概述

网格，即计算流场的离散，在求解器内部表现为一系列的代数方程。网格质量对 CFD 计算精度和计算效率有着重要的影响。对于水下机器人这种具有复杂外形的计算对象，其网格划分更需要开展针对性的研究，以期形成一套可信的网格划分方案用于水下机器人的水动力计算。

网格按照其结构形式可以分为结构化网格和非结构化网格两大类：结构化网格指的是正六面体网格，其正交性较好，计算效率以及准确性都较高，但是对于带有很多附体的水下机器人这种具有复杂外形的几何体划分结构化网格非常困难，耗时、耗力且容易出错；非结构化网格指的是非六面体网格，主要包括四面体网格、金字塔形网格、三棱柱形网格等结构形式，非结构化网格在计算精度及效率方面与结构化网格相比有一定的差距，但是其几何表达性比结构化网格好很多，非结构化网格划分方便，尤其适合于具有复杂外形的几何体。因此，本书主要采用非结构化网格。

具体到网格划分或网格生成，包括边界层网格、面网格和体网格，如图 3.5 所示。面网格是指水下机器人外形表面的网格，其基本要求是光顺、正交、均匀。最重要的是，面网格必须能够准确地捕捉到水下机器人的几何外形特征。网格越均匀，求解越容易收敛。在接近水下机器人表面的小薄层边界层区域内，流动的

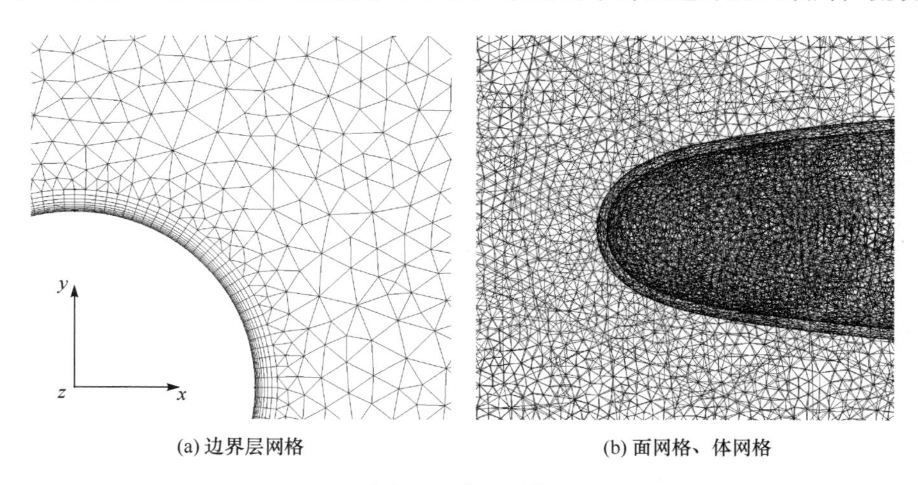

(a) 边界层网格　　(b) 面网格、体网格

图 3.5　典型网格

梯度变化非常大。因此，在这个区域，为了精确地捕捉到边界层内的流动，需要高分辨率的边界层网格。面网格和边界层网格主要影响摩擦阻力的预报精度。边界层以外的网格称为体网格，它在更大程度上影响压阻力的预报精度。

网格划分一般采用专门的网格生成工具，如 Gridgen、GAMBIT、ICEM 等，本书采用美国 Pointwise 公司开发的 Gridgen 软件对水下机器人进行网格划分。

3.3.2 边界层网格参数的一般准则

当应用非结构化网格进行 CFD 计算时，网格尺度和数量对计算精度和计算效率有极其重要的影响。下面首先讨论边界层网格，即近壁网格参数。

1. *近壁流动模拟*

在水下机器人表面附近的无滑移壁面区域，流场变量梯度很大，黏性对输运过程的影响巨大。这给数值仿真带来了如下两个问题：

(1) 如何解决壁面的黏性效应；

(2) 如何处理边界层区域内发生的流动变量快速变化的现象。

试验和数学分析均表明，近壁区域可以分成两层。在最内层，也就是黏性子层，流动类似于层流，流体分子的黏性在动量和热量的传输中扮演了主要的角色。离开壁面稍远一些，在对数层内，湍流支配着混合过程。此外，在黏性子层和对数层之间存在一个区域，称为缓冲层。在该层中，分子黏性和湍流的作用同等重要。近壁区域的流动分层如图 3.6 所示。

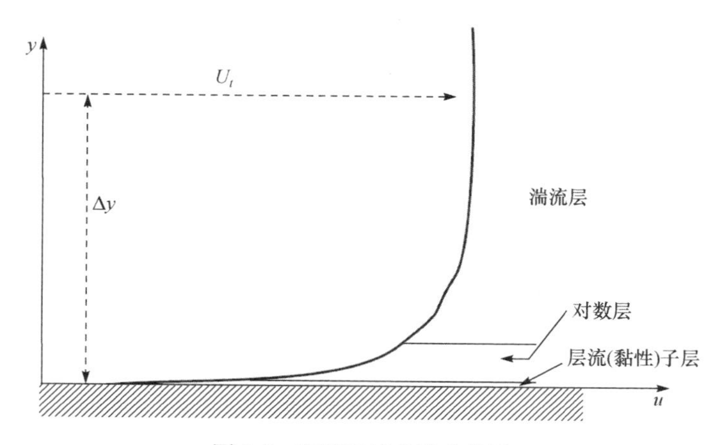

图 3.6　近壁区域的流动分层

假设对数剖面合理地近似了近壁区域的速度分布，这就提供了一种数值计算流体剪切应力的方法，即将剪切应力作为离壁面不同距离处速度的函数。这就是壁面函数，速度对数分布的本质导致了众所周知的壁面对数律。

有以下两种方法可以用来模拟近壁区域的流动：

(1)壁面函数法。壁面函数法采用经验公式在近壁区域施加适当条件而不需要求解边界层，因此可以节省计算资源。CFX 中的所有湍流模型均适合采用壁面函数法。壁面函数法的主要优点在于可以用相对粗糙的网格模拟近壁处的大梯度剪切层，因而能够大幅度节省 CPU 时间和存储量。同样，它也避免了在湍流模型中考虑黏性效应。

(2)低雷诺数法。低雷诺数法采用垂直于壁面方向的非常小的网格尺度(非常薄的膨胀层)来解析细致的边界层剖面。基于ω方程的湍流模型，如 SST 湍流模型和 SMC-ω湍流模型，均可使用低雷诺数法。应该指出的是，低雷诺数法不是指计算对象(物体)的雷诺数，而是指湍流雷诺数，此值在黏性子层中很小。因此，低雷诺数法可以用于极高物体雷诺数流动的仿真，只要求黏性子层已被解析。低雷诺数法要求精细的近壁区域网格和大量的网格节点，因此计算的存储量和 CPU 时间均大于壁面函数法。必须保证近壁区域良好的网格精度，以便能够捕捉到流场变量的快速变化。为减少网格要求，CFX 开发了一种自动近壁处理方法，它能够逐步地从壁面函数法切换到低雷诺数法，且不损失计算精度。

壁面函数法是解决壁面影响最流行的方法。在 CFX 中，壁面函数法用于所有基于ε方程的湍流模型中，而基于ω方程的湍流模型(包括 SST 湍流模型)应用的是自动近壁处理方法。

当网格足够细化时，CFX 的自动近壁处理方法能够自动地从壁面函数法切换到低雷诺数法。k-ε湍流模型的一个明显缺陷在于不能处理低湍流雷诺数的计算。为了能够模拟低湍流雷诺数流动，需要在k-ε湍流模型中增加复杂的阻尼函数，并且要求高度细化的边界层网格($y^+<0.2$)。这种做法通常会导致数值的不稳定。使用k-ω湍流模型则可避免其中的一些困难，这使得它比k-ε湍流模型更适合求解需要高精度近壁解析的流动仿真，如热量传输、转捩等。然而，严格的k-ω湍流模型低雷诺数法实现仍然要求边界层网格精度至少达到$y^+<2$，但在大多数实际应用中并不能保证所有的物体壁面均满足这个条件。

为了利用自动近壁处理方法在减少计算误差方面的优点，应当尝试至少使用 10 层网格节点来解析水下机器人的边界层网格。

2. 边界层网格划分的指导原则

y^+是到壁面的无因次距离，它用于检查离开壁面的第一个节点的位置。当使用壁面函数法时，这个值是非常重要的，因为必须避免y^+小于 20。在使用自动近壁处理方法时，这个值仅提供了近壁解析的精度信息。

获得湍流模型最优性能的一个最根本的问题就是合适的边界层网格划分。在这里，本书给出两个判断边界层网格质量的条件，以满足精确边界层计算的最小需求：

(1) 边界层节点间的最小节点间距；

(2) 边界层内最少节点数目。

1) 最小节点间距

计算最小节点间距的目的是根据雷诺数、流动长度以及Δy^+目标值确定需要的近壁区域边界层网格间距Δy。如果使用的是自动近壁处理方法，则$\Delta y^+<200$ 是可以接受的。通常，运行求解器后在结果处理中，Δy^+应当满足：

(1) 对于壁面函数法，$20\leqslant\Delta y^+\leqslant100$；

(2) 对于低雷诺数法，$\Delta y^+\leqslant2$。

下面基于平板公式估算边界层网格参数。设平板特征速度为U_∞，长度为L，则其雷诺数为

$$Re_L=\frac{\rho U_\infty L}{\mu} \tag{3.12}$$

壁面剪切应力系数关系式如下：

$$c_f=0.025Re_x^{-1/7} \tag{3.13}$$

式中，x为沿平板导边的距离。

Δy^+的定义为

$$\Delta y^+=\frac{\Delta y u_\tau}{\nu} \tag{3.14}$$

式中，u_τ为壁面处流体的剪切速度；ν为运动黏度。

Δy 为壁面与离开壁面的第一个节点之间的网格间距。根据定义：

$$c_f=2\frac{\rho u_\tau^2}{\rho U_\infty^2}=2\left(\frac{u_\tau}{U_\infty}\right)^2 \tag{3.15}$$

可以得到

$$\Delta y=\Delta y^+\sqrt{\frac{2}{c_f}}\frac{\nu}{U_\infty} \tag{3.16}$$

代入式(3.12)、式(3.13)得到

$$\Delta y=L\Delta y^+\sqrt{80}Re_x^{1/14}\frac{1}{Re_L} \tag{3.17}$$

假设$Re_x=CRe_L$（C为某一系数），式(3.17)可进一步简化。可近似认为$C^{1/4}\approx1$，那么，除了极小的Re_x外，可得到如下结果：

$$\Delta y = L\Delta y^{+}\sqrt{80}Re_L^{-13/14} \tag{3.18}$$

当设置目标Δy^{+}值后可根据这个方程获得边界层内节点的网格间距Δy。

2)最少节点数目

为了使湍流模型正确工作，好的网格划分应当使边界层内部具有最少的节点数目。作为一个指导原则，边界层应该至少分解为如下的层数：

(1)壁面函数法，$N_{\text{normal}}=10$；

(2)低雷诺数法，$N_{\text{normal}}=15$。

其中，N_{normal}为壁面法线方向边界层内节点的层数。

边界层厚度δ可以根据下面的公式计算得到

$$Re_\delta = 0.14Re_x^{6/7} \tag{3.19}$$

从而得到

$$\delta = 0.14LRe_x^{6/7}\frac{1}{Re_L} \tag{3.20}$$

钝体边界层并不是从驻点处的零厚度开始，因此可以假设Re_x为Re_L的某一百分数，如20%。据此得到

$$\delta = 0.035LRe_L^{-1/7} \tag{3.21}$$

当取Re_x为Re_L的40%时，得到

$$\delta = 0.064LRe_L^{-1/7} \tag{3.22}$$

因此，应当选择一点，如离开壁面的第15个点(对于低雷诺数模型，或者壁面函数模型的第10个点)，并且保证

$$n(15)-n(1)\leqslant\delta \tag{3.23}$$

3.3.3 面网格和体网格参数分析

1. 面网格划分的一般原则

面网格的基本要求就是光滑、正交、均匀，正确捕捉到物体的几何特征。网格越均匀，越容易得到收敛解，保证面网格在长度尺寸上没有突变有助于解的收敛。过度扭曲(非正交)或者极高展弦比(如大于200∶1)的单元有时会妨碍求解过程。当展弦比超过100∶1时，截断误差会快速增加，因此应当消除这种误差。过于扁平的四面体单元可能会导致求解困难，这种情况在边界上尤为普遍。

根据经验，在粗算水下机器人水动力时，网格尺寸等于水下机器人外形几何特征尺寸的 4%D～5%D 是适宜的。如果在物面附近流场变化迅速，或者物面曲率很大，则在此区域应适当加密网格，在计算机能力允许的范围内快速完成计算，获得水下机器人所受水动力的初步信息。

下面通过 CFD 计算试验探索面网格和体网格划分的量化准则。

2. 计算验证标准

如前所述，标准潜艇模型 SUBOFF 项目由 DARPA 提出，其目的是为潜艇设计提供水动力与尾流场信息。标准潜艇模型 SUBOFF 的系列水动力试验结果为全世界的计算流体动力学学者提供了可靠的研究参照。美国海军泰勒水池对标准潜艇模型 SUBOFF 进行的拖曳水池阻力试验结果如表 3.3 所示。

表 3.3　DARPA 标准潜艇模型 SUBOFF 5470 拖曳水池阻力试验结果

模型类别	模型速度/kn	模型阻力/lbf①	模型阻力/N	剩余阻力系数
全附体	5.93	23.00	102.3	0.00065
	10.00	63.80	283.8	—
	11.85	87.50	389.2	—
	13.92	118.4	526.6	—
	16.00	151.9	675.6	—
	17.79	184.6	821.1	—
光体+舵	5.92	21.45	95.41	0.00050
	11.85	81.35	361.8	—
	17.78	172.2	765.9	—
光体	5.92	19.65	87.40	0.00030
	10.00	54.45	242.2	—
	11.84	74.85	332.9	—
	13.92	101.5	451.5	—
	16.00	129.7	576.9	—
	17.99	156.7	697.0	—

① 1lbf=4.448N。

3. 网格参数对阻力的影响试验

网格是 CFD 计算过程中对计算结果准确性影响最大的因素。根据 CFD 计算原理和流程，以及流域参数和边界层网格参数的设置原则对标准潜艇模型 SUBOFF 进行了 CFD 阻力计算，以测试分析不同尺度的面网格和体网格对阻力计算结果的影响。面网格和体网格划分效果如图 3.7 所示。

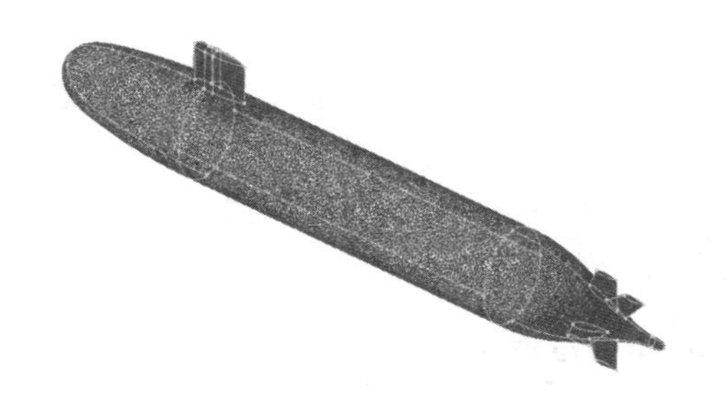

(a) 标准潜艇模型SUBOFF面网格

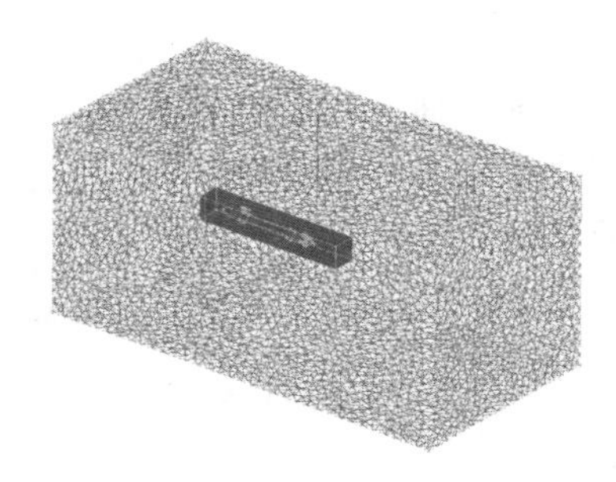

(b) 标准潜艇模型SUBOFF体网格

图 3.7 标准潜艇模型 SUBOFF 网格划分（见书后彩图）

网格划分的试验方案设计以及相应的阻力计算结果如表 3.4 所示，其中边界层划分的尺寸均参照前述推荐值进行计算，湍流模型选用的是 k-ε 模型，y^+值选择为 20，网格尺寸按照面网格/加密域/流域给出，边界层的尺寸按照首层厚度/增长因子/层数给出。计算的工况为标准潜艇模型 SUBOFF 在 5.93kn 速度下零攻角、零漂角直航。

表 3.4 标准潜艇模型 SUBOFF 阻力试验值与 CFD 阻力计算结果

试验序号	网格（面网格/加密域/流域）	网格渐变因子	边界层	试验值	计算值	误差/%
1	36/54/540	0.5	0.2/1.54/8	102.3	185.1	80.94
2	36/54/540	0.5	0.2/1.54/10	102.3	170.9	67.08
3	36/54/540	1	0.2/1.54/10	102.3	167.3	63.55
4	27/54/540	0.5	0.2/1.54/8	102.3	152.6	49.13
5	24/36/360	0.5	0.2/1.54/8	102.3	147.1	43.79
6	27/54/540（附体加密）	0.5	0.2/1.54/8	102.3	120.2	17.46
7	27/54/540（附体加密）	1	0.2/1.54/10	102.3	104.8	2.47
8	27/50/500（附体加密）	0.95	0.2/1.54/10	102.3	106.1	3.71
9	27/non/500（取消近域）	0.95	0.2/1.54/10	102.3	114.7	12.12
10	27/non/500（取消近域）	1	0.2/1.54/10	102.3	112.6	10.07

注：表中数据基于多位有效数字后台计算。

对表 3.4 进行分析，总结如下：

(1) 从计算试验 1 中可以看出，在包含了相对主航行体尺度较小的附体以后，网格划分的参数如果不进行调整继续按照前述经验值进行划分，则计算结果有较大的误差，为 80.94%，这是不可接受的，这证明了网格尺度对计算结果有着重要影响。

(2) 从计算试验 2 中可以看出，相比试验 1 中的 8 层边界层，该次计算采用了 10 层边界层，计算结果有了较大的改善，误差从 80.94%下降到了 67.08%。

(3) 从计算试验 3 中可以看出，将网格渐变因子加大到最大(从 0.5 改为 1)，计算结果稍有改善，说明网格渐变均匀对计算结果有有益的影响。

(4) 从计算试验 4 中可以看出，加密面网格至边界层厚度等值，计算结果有明显的改善，误差降至 49.13%。

(5) 从计算试验 5 中可以看出，继续加密面网格，意义已经不大，精度提高有限，反而会增加计算资源和计算时间。

(6) 从计算试验 6 中可以看出，将附体网格加密后计算结果精度有显著的改善，误差从 49.13%降至 17.46%。

(7) 从计算试验 7 中可以看出，在加密附体网格的基础上将网格渐变因子调高至最大 1，则可以得到满意的工程求解结果，误差仅为 2.47%。

(8) 从计算试验 8 中可以看出，将网格渐变因子适当降低至 0.95，计算精度稍变差，误差升至 3.71%。

(9) 从计算试验 9 和 10 中可以看出，采用同样的网格策略，只是取消近体加密区域，则对计算结果精度产生较大的影响，误差超过了 10%。

对标准潜艇模型 SUBOFF 进行 CFD 计算验证的部分结果见图 3.8，图 3.8(a) 展示的是附体网格未加密时得到的航行体表面压力分布，图 3.8(b) 展示的是附体网格加密以后的航行体表面压力分布。从图 3.8 中可以看出，附体网格加密后的表面压力分布更趋于合理。

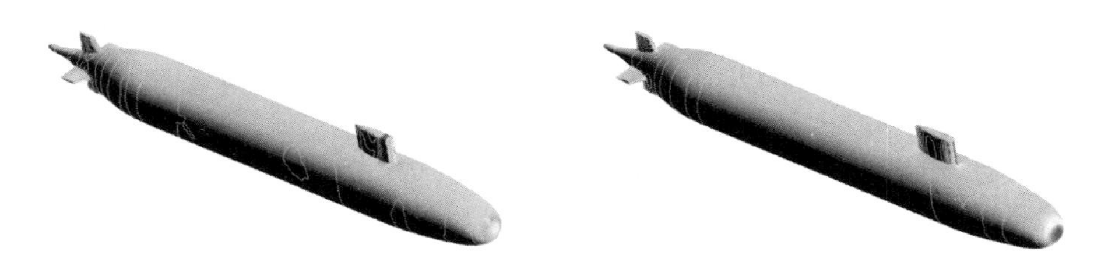

(a) 附体网格未加密　　　　(b) 附体网格加密

图 3.8　标准潜艇模型 SUBOFF CFD 计算表面压强分布(见书后彩图)

3.3.4 网格参数建议值总结

根据影响试验分析，对于多附体的水下机器人水动力 CFD 计算，面网格是关键，其尺度不宜大于边界层厚度，小尺度的附体应根据当地雷诺数加密处理。在网格均匀性方面，应考虑在计算能力允许范围之内设置网格渐变因子为 1（不宜小于 0.95），以形成均匀过渡的流场。

综上所述，水下机器人水动力 CFD 计算时的网格参数设置建议如下。

(1) 边界层第一层网格厚度 Δy：$\Delta y \leqslant L\Delta y^{+}\sqrt{80Re_L^{-13/14}}$。对于采用壁面函数法的湍流模型 $20 \leqslant \Delta y^{+} \leqslant 100$，对于采用低雷诺数法的湍流模型，$\Delta y^{+} \leqslant 2$。

(2) 边界层总厚度δ：$\delta \geqslant 0.064LRe_L^{-1/7}$。

(3) 边界层层数 N：对于采用壁面函数法的湍流模型 $N \geqslant 10$，对于采用低雷诺数法的湍流模型，$N \geqslant 15$。

(4) 面网格尺度ΔS：对于无附体几何模型，$\Delta S \leqslant \dfrac{4}{3}\delta$，对于有附体几何模型，$\Delta S \leqslant \delta$。

(5) 体网格尺度ΔV：$\Delta V \leqslant B\delta$，$B$ 为流域的阻塞系数，一般可取 B=20。

为保证黏压阻力计算的准确，物体附近区域的体网格需要适当加密，加密区域的网格尺寸可取为 $\Delta V_a \leqslant b\Delta S$，$b$ 为加密区域的阻塞系数，可取 1.5～2。

需要注意的是，面网格尺度过大会造成数值发散；第一个节点离壁面的距离对摩擦阻力的影响很大，在高雷诺数（10^7 以上）时，由于真实水下机器人的边界层与平板的差异，Δy 可能比公式估算值更小，应在完成计算后在结果处理中查看 Δy^{+} 是否在要求范围之内。

3.4 本章小结

长期以来 CFD 计算的可信度问题是 CFD 学者关注的重要领域，在空气动力学领域美国航空与航天学会、在水动力学领域国际拖曳水池协会均发布过 CFD 计算可信度验证的相关规程。CFD 计算的可信度问题分为两个层面：一个是求解器内部代码层面；另一个是求解器使用方法层面。本章研究了求解器使用方法层面的问题。

本章首先介绍了 CFD 计算的基本原理和基本流程，指出 CFD 计算本质上是求解 RANS 方程。由于该方程的不封闭性，引出了众多湍流模型假设。在众多湍流模型中 k-ε 模型和 k-ω 模型在工程上得到了广泛的应用，其中 k-ω 模型在求解旋转流动或存在大面积边界层分离的流动问题时优于 k-ε 模型。本章的计算是基于这两种标准湍流模型进行的。

根据 CFD 计算的基本原理，以标准潜艇模型 SUBOFF 为对象，从阻力计算入手，本章重点探讨了在 CFD 求解器使用方法层面影响求解精度的两个主要因素：流域参数和网格参数。本章根据参考文献以及计算试验对流域参数的设置进行了研究，得出了流域尺度大小和流域边界位置等流域参数设置的量化准则，如流域入口到计算对象前端面的距离 L_f 不小于 $10D$、计算对象后端面到流域出口边界的距离 L_b 不小于 $15D$、四周边界的相互距离 L_d 不小于 $20D$ 等。这种设置避免了类似拖曳水池试验中的池壁效应干扰。

关于网格参数的影响，本章总结了网格划分的一般原则，并基于边界层理论详细阐述了边界层模拟和边界层网格参数设置的指导准则。在面网格和体网格方面，基于标准潜艇模型 SUBOFF 进行了多方案非结构化网格计算试验，基于边界层网格参数归纳了面网格、体网格参数设置的一般原则和建议值。这些基本原则主要包括：面网格尺度不宜大于边界层厚度，边界层厚度应满足 y^+ 的要求，网格渐变因子不宜小于 0.95，近体加密区域宜设置为 1.5～2 倍面网格，小尺度附体需进行加密处理等。遵循这些基本原则和量化公式，可避免网格划分的盲目性，减少过多的网格无关性试验，从而迅速开展水下机器人的水动力计算分析。

参 考 文 献

[1] AIAA. AIAA guide for the verification and validation of computational fluid dynamics simulations[R]. Resten: American Institute of Aeronautics and Astronautics, 1998.

[2] ITTC. Uncertainty analysis in CFD, uncertainty assessment methodology[R]. Zürich: ITTC-Quality Manual, 1999.

[3] ITTC. Uncertainty analysis in CFD, guidelines for RANS codes[R]. Zürich: ITTC-Quality Manual, 1999.

[4] ITTC. Uncertainty analysis in CFD, verification and validation methodology and procedure[R]. Zürich: ITTC-Quality Manual, 2002.

[5] 王福军. 计算流体动力学分析: CFD 软件原理与应用[M]. 北京: 清华大学出版社, 2004.

[6] Anderson J D. Computional Fluid Dynamics: The Basics with Applications[M]. New York: McGraw Hill, 1995.

[7] Huang T T, Liu H L, Groves N C. Experiments of the DARPA suboff program[R]. West Bethesda: David Taylor Research Center, 1990.

[8] Liu H L, Huang T T. Summary of DARPA suboff experimental program data[R]. West Bethesda: David Taylor Research Center, 1990.

[9] Gowing S. Pressure and shear stress measurement uncertainty for DARPA SUBOFF experiment[R]. West Bethesda: David Taylor Research Center, 1990.

[10] Roddy R F. Investigation of the stability and control characteristics of several configurations of the DARPA SUBOFF model（DTRC model 5470）from captive model experiments[R]. West Bethesda: David Taylor Research Center: Ship Hydromechanics Department Departmental Report, 1990.

[11] Liu H L, Jiang C W, Fry D J, et al. Installation and pretest analysis of DARPA suboff model in the DTRC anechoic

wind tunnel[R]. West Bethesda: David Taylor Research Center, 1990.

[12] Gorski J J, Coleman R M, Haussing H J. Computation of incompressible flow around the DARPA SUBOFF bodies[R]. West Bethesda: David Taylor Research Center, 1990.

[13] Groves N C, Huang T T,Chang M S. Geometric characteristic of DARPA SUBOFF models[R]. West Bethesda: David Taylor Research Center, 1989.

[14] Sohankar A, Norberg C, Davidson L. Low-Reynolds-number flow around a square cylinder at incidence: Study of blockage, onset of vortex shedding and outlet boundary condition[J]. International Journal for Numerical Methods in Fluids, 1998, 26: 39-56.

4 基于运动变换的黏性类水动力数值计算方法

水下机器人受到的水动力中，与速度(线速度和角速度)相关的部分称为黏性类水动力。黏性类水动力在水下机器人水动力研究中占主要地位。

与直接模拟平面运动机构和旋臂水池等试验不同，本章根据相对运动原理，提出基于运动变换的黏性类水动力 CFD 计算方法，在保持水下机器人相对静止的状态下，实现对斜航拖曳水池、低速风洞试验和旋臂水池试验的 CFD 模拟，并达到工程上满意的计算精度。

4.1 节概述水下机器人黏性类水动力的基础知识，并对黏性类水动力的试验研究方法进行介绍。4.2 节～4.4 节提出并研究基于运动变换的三种水下机器人黏性类水动力 CFD 计算方法，即旋转坐标系法、附加动量源法和在旋转坐标系下的附加动量源法(本书称为旋转动量源法)，分别对这三种 CFD 计算方法进行计算验证，证明了这三种方法的可行性和准确性。当水下机器人在水面/近水面运动时，自由液面的影响不可忽略，4.5 节对水下机器人在水面/近水面状态下黏性类水动力 CFD 计算的处理方法进行总结。

4.1 黏性类水动力概述

4.1.1 黏性类水动力分类

不考虑操纵力，水下机器人的水动力可用函数表达为

$$\boldsymbol{F}=f\left(\boldsymbol{V},\ \dot{\boldsymbol{V}},\ \boldsymbol{\Omega},\ \dot{\boldsymbol{\Omega}}\right) \tag{4.1}$$

式中，$\boldsymbol{V}$ 为线速度；$\boldsymbol{\Omega}$ 为角速度；· 代表对时间的导数，即相应的加速度。将线速度和角速度的分量代入式(4.1)可得

$$\boldsymbol{F}=f(u,\ v,\ w,\ p,\ q,\ r,\ \dot{u},\ \dot{v},\ \dot{w},\ \dot{p},\ \dot{q},\ \dot{r}) \tag{4.2}$$

式中，u、v、w 分别为水下机器人线速度在随体坐标系 x、y、z 轴上的投影；p、q、r 为水下机器人角速度的相应投影。

参考潜艇等船舶行业的惯例，按照多元函数泰勒展开原理，选择水下机器人等速直航的平衡状态为基准运动，并假设加速度与速度的耦合项、加速度的二阶项、速度的三阶以上项为高阶小量，令除纵向速度 $u_0 \neq 0$ 以外，展开点处其余项的初值均为 0，并用符号 Y_v 表示偏微分 $\partial Y/\partial v$（其余符号以此类推），可得水下机器人各方向上水动力的展开表达式，如垂向水动力的无因次表达式[1]为

$$\begin{aligned}
Z=&\frac{\rho}{2}L^4\left(Z'_{\dot{q}}\dot{q}+Z'_{pp}p^2+Z'_{rr}r^2+Z'_{rp}rp+Z'_{q|q|}q|q|\right)\\
&+\frac{\rho}{2}L^3\left(Z'_{\dot{w}}\dot{w}+Z'_{vr}vr+Z'_{vp}vp\right)\\
&+\frac{\rho}{2}L^3\left[Z'_{q}uq+Z'_{|q|\delta_h}u|q|\delta_h+Z'_{w|q|}\frac{w}{|w|}\left|\left(v^2+w^2\right)^{\frac{1}{2}}\right||q|\right]\\
&+\frac{\rho}{2}L^2\left[Z'_{*}u^2+Z'_{w}uw+Z'_{w|w|}w\left|\left(v^2+w^2\right)^{\frac{1}{2}}\right|\right]\\
&+\frac{\rho}{2}L^2\left[Z'_{|w|}u|w|+Z'_{ww}\left|w\left(v^2+w^2\right)^{\frac{1}{2}}\right|\right]+\frac{\rho}{2}L^2Z'_{vv}v^2
\end{aligned} \tag{4.3}$$

分析式(4.3)中各项水动力系数，可以分为三类：只与线速度(u、v、w)有关的项、只与角速度(p、q、r)有关的项、与线速度和角速度均有关的项。我们称第一类为位置力，称第二类为旋转力，称第三类为耦合类水动力。

4.1.2 黏性类水动力试验研究方法

在船舶行业，传统上主要是通过水动力模型试验获得潜艇、水面舰船、鱼雷等各种工况下的水动力，对试验数据回归分析得到各种水动力系数。水下机器人水动力研究也采用类似方法，主要应用的试验设施包括拖曳水池、低速风洞、旋臂水池[2-4]等，如图 4.1 所示。

拖曳水池主要用来测量水下机器人的进退、升沉、侧移三个方向的航行阻力，由于水池较长且测量的姿态较少，其组合工况较少，一般为 30～50 个工况。其中，人们最关心的是前进方向的阻力数据。在进行 CFD 计算时，由于几何模型和流域是相同的，所以针对各个工况进行网格划分的工作量会小很多。所以，在应用 CFD 计算方法进行快速性研究中，由多工况计算引起的工作量不大，重点在于计算的准确性。

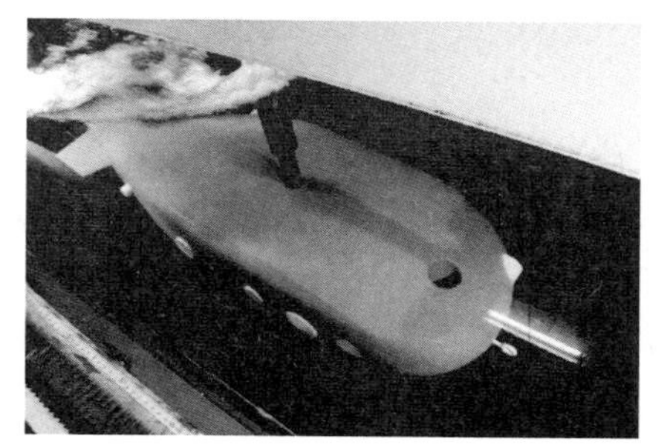

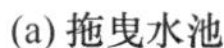
(a) 拖曳水池

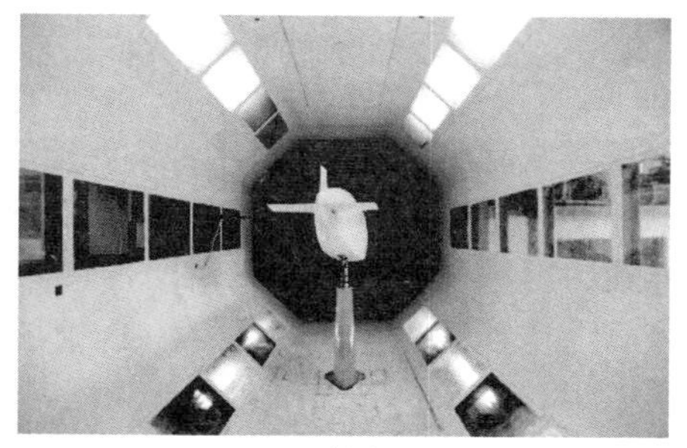

(b) 低速风洞

(c) 旋臂水池

图 4.1 水动力试验设施(见书后彩图)

利用低速风洞、旋臂水池进行黏性类水动力研究主要服务于水下机器人的操纵性研究，从水下机器人水动力表达式[式(4.3)]中可以看出，黏性类水动力为主要项。由于回归水动力表达式中的黏性类水动力系数所需的试验工况较多，包括攻角、漂角、横倾角、舵角、角速度等多种变化，组合工况很多，可达几百个。其中，低速风洞主要用来测量位置力，旋臂水池用来测量旋转力和耦合力。

黏性类水动力试验工况需要根据不同的水下机器人外形设计不同组方案，如回转体可利用对称性简化较多试验工况。一个典型的水下机器人黏性类水动力试验工况设计(低速风洞)如表 4.1 所示，该试验对象由于上下不对称增多了较多试验工况。

表 4.1 水下机器人黏性类水动力试验工况设计(低速风洞)

水平面	β =−3°、0°、3°、6°、9°、12°，加做±1°(α =0°， δ =0°)
垂直面	α =−12°、−9°、−6°、−3°、0°、3°、6°、9°、12°，加做±1°(β =0°， δ =0°)
升降舵	δ_e =0°、±5°、±10°、±15°、±20°、±25°、±30°、±35°(α =0°， β =0°)
方向舵	δ_r =0°、±5°、±10°、±15°、±20°、±25°、±30°、±35°(α =0°， β =0°)
空间	α =−12°，−9°、−6°、−3°、0°、3°、6°、9°、12°(β =−3°、0°、3°、6°、9°、12°)

4.1.3 黏性类水动力 CFD 计算方法

在对水动力试验(拖曳水池、低速风洞、旋臂水池)的 CFD 计算中，需要完整模拟水动力试验的全部工况，如表 4.1 和表 4.2 所示。旋臂水池由变半径、变姿态等导致工况数目较大，若每种工况的计算流域均需重建，则将为网格划分等工作带来巨大重复性工作。因此，CFD 模拟水动力试验的主要难点和重点是对旋臂水池的模拟。

表 4.2 水下机器人黏性类水动力试验工况设计(旋臂水池)

水平面	5 个旋转半径(正反旋转)，β=−3°、0°、3°、6°、9°、12°(α=0°，δ=0°)
垂直面	5 个旋转半径(正反旋转)，α=−12°、−9°、−6°、−3°、0°、3°、6°、9°、12°(β=0°，δ=0°)
空间(水平)	5 个旋转半径(正反旋转)，α=0°、±5°、±10°、±12°
	5 个旋转半径(正反旋转)，φ=0°、±5°、±10°、±15°
空间(垂直)	5 个旋转半径(正反旋转)，β=0°、±5°、±10°、±12°
	5 个旋转半径(正反旋转)，φ=0°、±5°、±10°、±15°

在充分研究水下机器人黏性类水动力模型试验方法的基础上，本书提出三种基于运动变换的黏性类水动力 CFD 计算方法，分别是基于旋转坐标系的黏性类水动力计算方法、基于附加动量源的黏性类水动力计算方法、基于旋转动量源的黏性类水动力计算方法。下面将详细阐述这三种方法。

4.2 基于旋转坐标系的黏性类水动力计算方法

4.2.1 位置力计算方法

位置力的 CFD 计算方法来源于模拟低速风洞试验。在风洞试验时，风向不变，通过调整试验模型支架从而改变模型相对风向的夹角，以模拟水下机器人运动姿态的改变，如攻角、漂角、横倾角等。此时模型的随体坐标系随着支架调整发生了改变，测力传感器测得的数据通过内部变换换算得到正确的六分力(矩)表达(X、Y、Z、K、M、N)。

当采用 CFD 方法模拟风洞试验时，为避免对计算结果进行额外的数据变换，可保持水下机器人几何模型不动，而反向改变流域的朝向，从而实现对不同攻角、漂角、横倾角的模拟。

建立如图 4.2 所示的流域模拟风洞模型试验。流域为长方体(其大小和边界相对位置参见第 3 章的计算公式)，纵向与水下机器人轴向形成一定角度，也就是使来流与水下机器人形成一定的攻角和漂角。设攻角为α、漂角为β，则水下机器人的各线速度分量满足关系式(4.4)：

$$\begin{cases} u = V_{\text{in}} \cos\beta\cos\alpha \\ v = -V_{\text{in}} \sin\beta \\ w = V_{\text{in}} \cos\beta\sin\alpha \end{cases} \tag{4.4}$$

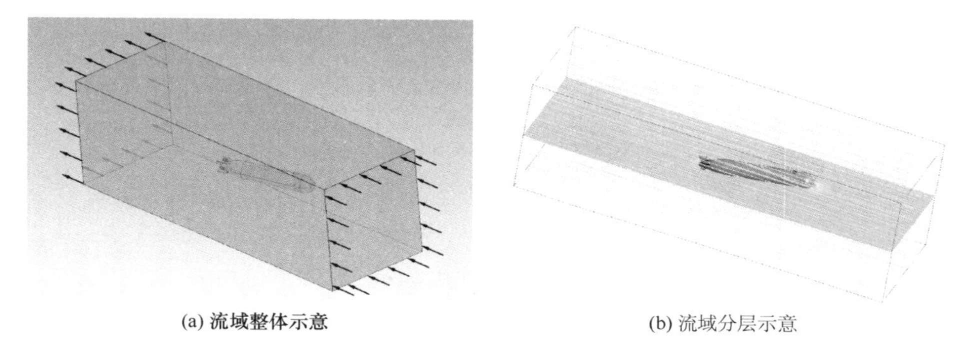

(a) 流域整体示意　　(b) 流域分层示意

图 4.2　位置力计算流域(见书后彩图)

在网格划分软件中，通过反向旋转流域可以得到不同的攻角、漂角、横倾角等。保持来流速度 V_{in} 不变，计算不同攻角、漂角、横倾角工况下的水动力，进行回归分析便可以得到相应水动力系数。

4.2.2 旋转力和耦合力计算方法

旋转力和耦合力的 CFD 计算方法来源于模拟旋臂水池试验。建立如图 4.3 所示的流域，流域为环形，由一长方形绕水下机器人的回转运动中心轴旋转而成，流域横截面大小和出入口边界位置仍参照第 3 章建议值给定。所不同的是，出入口边界位置需根据回转半径变换为旋转角度，流域则由横截面旋转对应角度得到。构建与回转半径相适应的环形流域的目的在于保证流域侧边界与未受扰动的自由流线一致，降低侧边界对计算结果的影响。与位置力计算相同，不同攻角、漂角、横倾角等工况由反向旋转流域实现，而不同回转半径的模拟则由直接改变环形流域的中心半径来实现。计算时，可令整个流域绕回转中心轴做定常回转运动，将旋臂水池试验的模拟变换为类似旋转机械的水动力计算。

设水下机器人随体坐标系原点 O 的速度为 $\boldsymbol{V}$，攻角为α，漂角为β，则速度坐标系到随体坐标系的变换矩阵 $\boldsymbol{T}$ 为

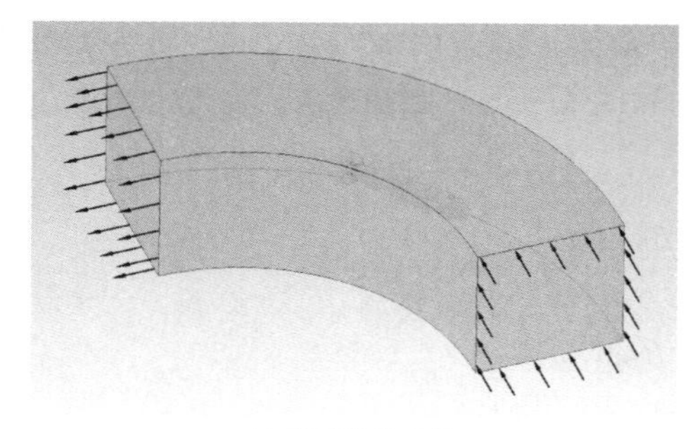

(a) 流域整体示意

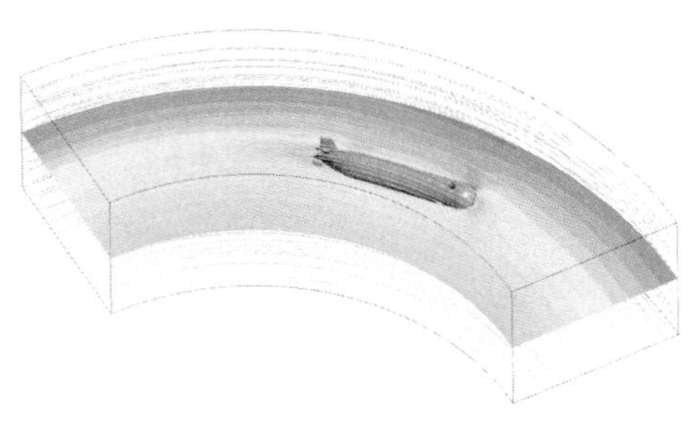

(b) 流域分层示意

图 4.3　旋转力计算流域(见书后彩图)

$$\boldsymbol{T}=\begin{bmatrix}\cos\alpha\cos\beta & \cos\alpha\sin\beta & -\sin\alpha\\ -\sin\beta & \cos\beta & 0\\ \sin\alpha\cos\beta & \sin\alpha\sin\beta & \cos\alpha\end{bmatrix} \tag{4.5}$$

设水下机器人绕速度坐标系的回转角速度为$\boldsymbol{\omega}$，回转半径为 R，则 $\boldsymbol{V}=\boldsymbol{\omega} R$。如果水下机器人绕速度坐标系的 z 轴回转，则角速度在水下机器人随体坐标系中的各分量(p、q、r)为

$$\begin{bmatrix}p\\ q\\ r\end{bmatrix}=\boldsymbol{T}\begin{bmatrix}0\\ 0\\ \omega\end{bmatrix}=\begin{bmatrix}-\omega\sin\alpha\\ 0\\ \omega\cos\alpha\end{bmatrix} \tag{4.6}$$

同理可得水下机器人绕速度坐标系的 x 轴、y 轴回转时的各角速度分量。

CFX 系统变量默认的取值参考系为水下机器人所在的随体坐标系，即流域中各点的坐标值 x、y、z 在随体坐标系下取值，因而需要采用式(4.5)进行坐标变换，求得入口处的速度 $\boldsymbol{V}_{\text{in}}$，求解公式如下：

$$\begin{bmatrix}x'\\ y'\\ z'\end{bmatrix}=\begin{bmatrix}x\cos\alpha\cos\beta-y\sin\beta+z\sin\alpha\cos\beta\\ x\cos\alpha\sin\beta+y\cos\beta+z\sin\alpha\sin\beta\\ -x\sin\alpha+z\cos\alpha\end{bmatrix} \tag{4.7}$$

$$R_{\text{arbitrary}}=\sqrt{(x'-R_x)^2+(y'-R_y)^2+(z'-R_z)^2} \tag{4.8}$$

$$\boldsymbol{V}_{\text{in}}=\boldsymbol{\Omega}R_{\text{arbitrary}} \tag{4.9}$$

式中，$R_{\text{arbitrary}}$ 为空间任意点到回转轴的距离；R_x、R_y、R_z 为旋转坐标系(回转轴所在坐标系，实际为速度坐标系平移距离 $R_{\text{arbitrary}}$ 后的坐标系)的原点在速度坐标系中的坐标。当水下机器人做水平面回转时，$R_x=R_z=0$，$R_y=\pm R$(右侧为正)；当水下机器人做垂直面回转时，$R_x=R_y=0$，$R_z=\pm R$(向下为正)。

为了获得水下机器人旋转力相关的水动力系数，保持 $\boldsymbol{V}$ 不变，计算不同回转半径、不同攻角、不同漂角的组合工况下水下机器人受力。本计算采用 k-ω 湍流模型，并且定义整个流体域以角速度 $\boldsymbol{\omega}$ 绕回转轴旋转。因此，CFX 实际上是在求解旋转坐标系下的 RANS 方程。

4.2.3 计算方法验证

1. 计算对象

采用中国科学院沈阳自动化研究所研制的“CR-02”6000m 水下机器人作为上述计算方法的验证对象。该水下机器人是继“CR-01”后我国第二台 6000m 自主水下机器人。

“CR-02”AUV 几何参数如表 4.3 所示，其外形如图 4.4 所示。

表 4.3 “CR-02”AUV 几何参数

参数项	长度/m	直径/m	排水体积/m^3	$\nabla^{\frac{2}{3}}$/m^2	横截面积/m^2
参数值	4.4	0.8	1.9	1.534	0.5

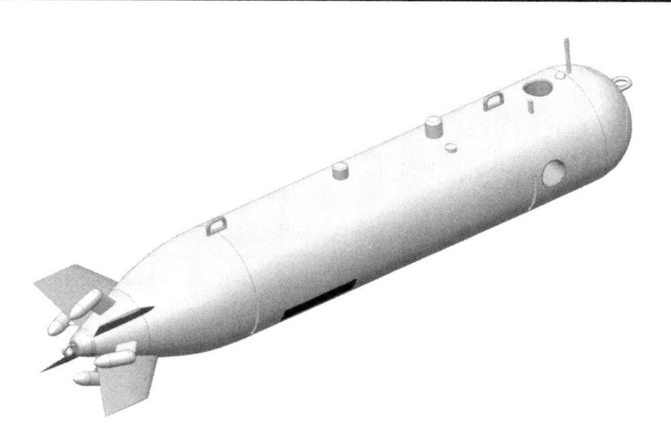

图 4.4 “CR-02”AUV 外形

2. 网格划分及边界条件设置

网格划分采用 Gridgen，边界层网格、面网格、近体区域网格、体网格等网格参数根据第 3 章的建议公式求取，参数计算时取速度 V=2kn。“CR-02”AUV 面网格划分效果如图 4.5 所示。

边界条件设置方面参考第 3 章建议，取流域入口设为速度条件，入口速度值根据式(3.4)或式(3.9)计算得到；流域出口为压力出口，相对压力为零；流域侧边界为自由滑移壁面；“CR-02” AUV 表面为无滑移壁面。

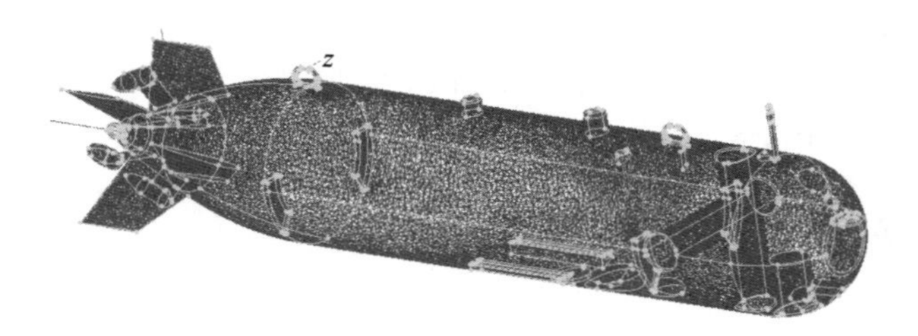

图 4.5 “CR-02” AUV 面网格划分效果(见书后彩图)

在计算位置力时，令流域静止；在计算旋转力和耦合力时，令流域绕回转中心轴以角速度ω回转。无论哪种水动力，均取流域的参考压力为 1 个大气压，即 1.01325×10^5Pa。为方便与试验结果比对，环境流体取近海试验时的 15℃海水，其密度为 ρ=1025.9kg/m^3，动力黏性系数为μ=1.219×10^{-3}kg/(m·s)。

3. 计算内容和计算结果

“CR-02” AUV 上下基本对称，左右对称，因此可以推测，纵向力 X 是 v、w、q、r 的偶函数；而侧向力 Y 和艏摇力矩 N 是 v、r 的奇函数；垂向力 Z 和纵倾力矩 M 是 w、q 的奇函数[X、Y、Z、K、M、N 为 AUV 所受水动力(矩)在随体坐标系 x、y、z 轴的投影]。出于验证计算方法的目的，本书只计算了“CR-02” AUV 水平面的水动力，若需计算垂直面的水动力，则计算内容与水平面类似。“CR-02” AUV 水平面水动力计算内容见表 4.4。

表 4.4 “CR-02” AUV 水平面水动力计算内容

阻力计算	V=±2.5kn、±2.0kn、±1.5kn、±1.0kn、±0.5kn， $\alpha=\beta=0°$	共 10 个模型
位置力计算	V=2kn， $\alpha=0°$， β=3°、6°、9°、12°、15°	共 5 个模型
旋转力、耦合力计算(水平面回转)	V=2kn, R=±10m、±20m、±30m、±40m、±50m $\alpha=0°$， β=0°、3°、6°、9°、12°、15° $\beta=0°$， α=3°、6°、9°、12°、15°	共 110 个模型

在位置力的计算中，设定 V_{in}=2kn；在旋转力的计算中，令 V=2kn，根据$\omega=V/R$和式(4.6)～式(4.9)编制 CEL(CFX express language)程序求解流域的回转角速度 $\boldsymbol{\omega}$ 和入口速度 $\boldsymbol{V}_{in}$。

采用高阶迎风差分算法求解 RANS 方程组，设定计算收敛条件如下：收敛精度为 1.0×10^{-4}；最大计算步数为 50。一般在 50 步以内都能达到收敛精度要求。部分计算结果详见图 4.6～图 4.9。

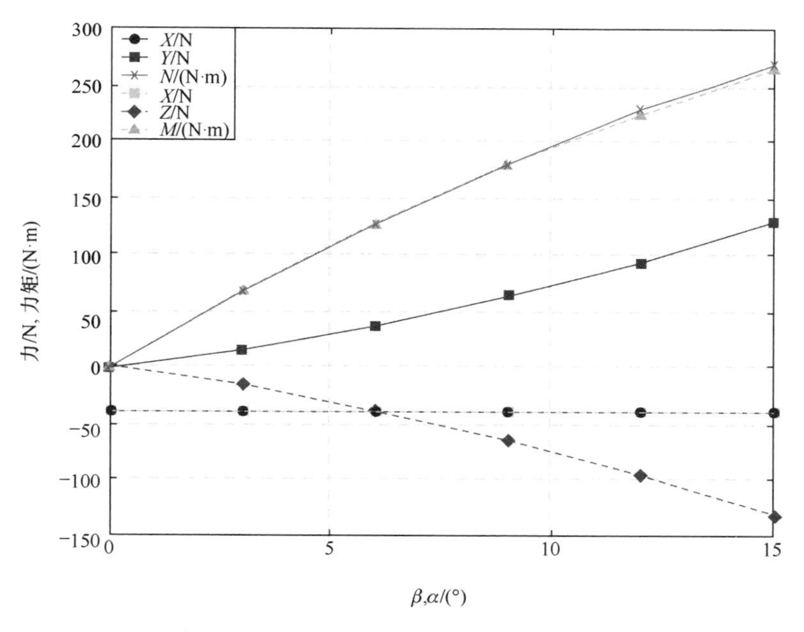

图 4.6 “CR-02”AUV 位置力随漂角/攻角的变化曲线[虚线为变攻角时的力(矩)变化曲线，实线为变漂角时的力(矩)变化曲线]

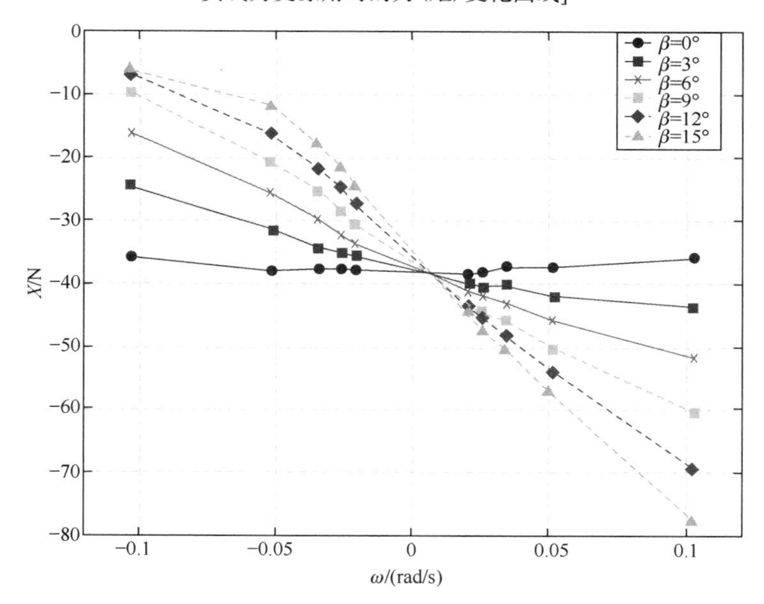

图 4.7 “CR-02”AUV 水平面回转且仅存在漂角时纵向力 X 随角速度变化曲线(左下到左上对应漂角从 0°到 15°变化)

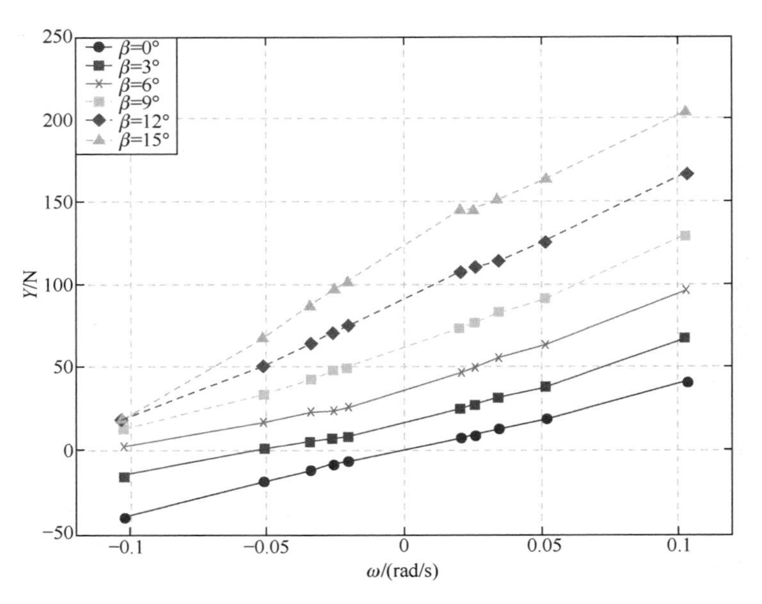

图 4.8　“CR-02”AUV 水平面回转且仅存在漂角时侧向力 Y 随角速度变化曲线(左下到左上对应漂角从 0°到 15°变化)

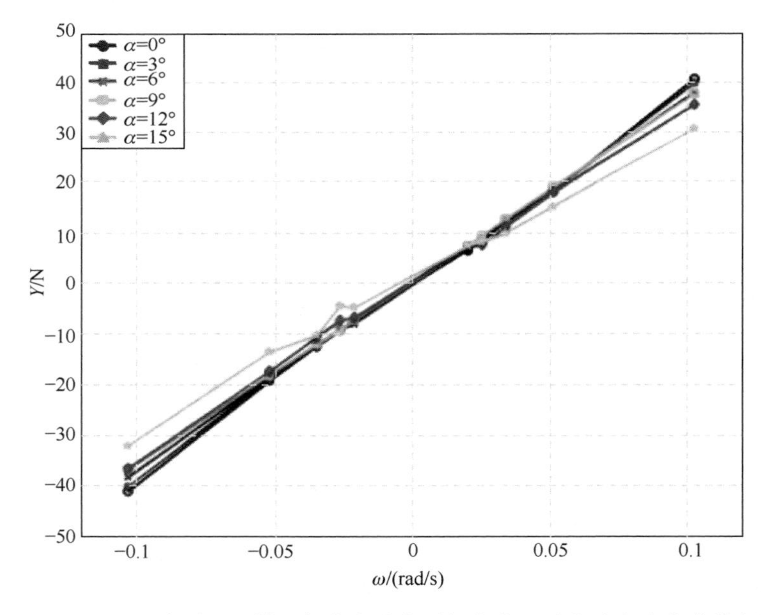

图 4.9　“CR-02”AUV 水平面回转且仅存在攻角时侧向力 Y 随角速度变化曲线(左下到左上对应攻角从 0°到 15°变化)

从图 4.6 可以看到，无论是变化趋势，还是变化幅度，变攻角和变漂角(图 4.6 中实线为变漂角水动力，虚线为变攻角水动力)对“CR-02”AUV 水动力产生的影响均是一致的，这充分说明水平面的水动力完全可以变换映射到垂直面。

从图 4.9 可以看出，攻角对“CR-02”AUV 水平面受力 Y 的影响可以忽略，尤其是当攻角小于 10°时。也就是说，在 10°攻角范围内，Y 主要取决于 v 和 r(图 4.8)，受 w 和 q 的影响很小。N 也有类似的规律。

4.3 基于附加动量源的黏性类水动力计算方法

旋转坐标系法将位置力计算和旋转力计算分别进行处理，充分利用了通用 CFD 软件的已有功能，尤其是旋转力的计算，通过流域的合理设置将旋臂水池试验的模拟巧妙地变换为 CFD 软件通常具有的旋转机械定常模拟。其计算简单，收敛性较好，但是当水下机器人做其他非定常斜航或非定常回转等运动时，该方法将不再适用。

本节将探索一种更加通用的计算方法，将位置力和旋转力在统一方法下进行计算，并可扩展到计算其他非定常运动时的水动力。

4.3.1 随体坐标系下的 N-S 方程

CFD 软件求解的是惯性坐标系下的 N-S 方程。当水下机器人做定常斜航运动时，随体坐标系为惯性坐标系；当水下机器人做定常回转运动时，随体坐标系为非惯性坐标系；当水下机器人做任意机动时，随体坐标系一般也不是惯性坐标系。因此，在不采用动态网格法、重叠网格法等可直接模拟水下机器人运动的方法的前提下(这些方法计算量大、收敛精度不高，不利于水下机器人操纵性水动力的快速准确预报)，若假设水下机器人静止、流体运动，则需推导随体坐标系下的 N-S 方程。

设大地坐标系(惯性坐标系)为 $Oxyz$ ，随体坐标系为 $O'x'y'z'$ ，其坐标原点 O' 的平动速度为 $\boldsymbol{U}_o$，坐标系转动角速度为 $\boldsymbol{\Omega}$。先考虑坐标系 $Ox'y'z'$ 的坐标基变化率，以 k' 为例。设坐标基 k' 的端点为 A，如图 4.10(a)所示，则

$$\begin{cases}\dfrac{\mathrm{d}\boldsymbol{r}_{o'}}{\mathrm{d}t}=\boldsymbol{U}_o\\ \boldsymbol{r}_A=\boldsymbol{r}_{o'}+\boldsymbol{r}'_A=\boldsymbol{r}_{o'}+k'\\ \boldsymbol{U}_A=\dfrac{\mathrm{d}\boldsymbol{r}_A}{\mathrm{d}t}=\boldsymbol{U}_o+\boldsymbol{\Omega}\times k'\end{cases} \tag{4.10}$$

$$\frac{\mathrm{d}\boldsymbol{r}_{o'}}{\mathrm{d}t}+\frac{\mathrm{d}k'}{\mathrm{d}t}=\boldsymbol{U}_o+\boldsymbol{\Omega}\times k' \tag{4.11}$$

$$\Rightarrow \boldsymbol{U}_o+\frac{\mathrm{d}k'}{\mathrm{d}t}=\boldsymbol{U}_o+\boldsymbol{\Omega}\times k' \tag{4.12}$$

$$\Rightarrow \frac{\mathrm{d}k'}{\mathrm{d}t}=\boldsymbol{\Omega}\times k' \tag{4.13}$$

同理可得

$$\frac{\mathrm{d}i'}{\mathrm{d}t}=\boldsymbol{\Omega}\times i' \tag{4.14}$$

$$\frac{\mathrm{d}j'}{\mathrm{d}t}=\boldsymbol{\Omega}\times j' \tag{4.15}$$

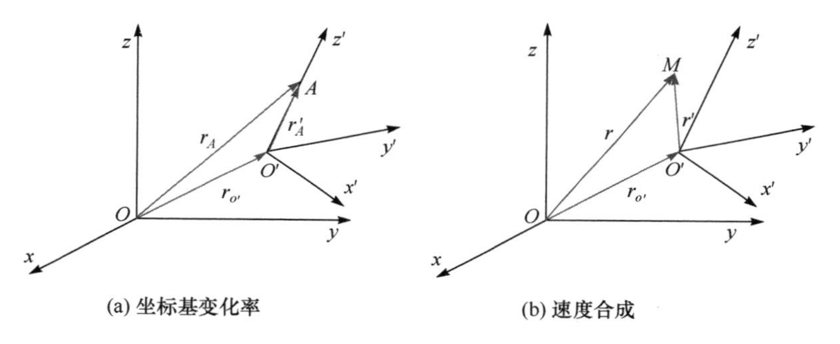

图 4.10　绝对变化与相对变化

对于空间任意质点 M，如图 4.10(b)所示，设其绝对速度为 $\boldsymbol{U}_a$，相对速度为 $\boldsymbol{U}_r$，牵连速度为 $\boldsymbol{U}_e$，由理论力学点的速度合成定理知，$\boldsymbol{U}_a=\boldsymbol{U}_r+\boldsymbol{U}_e$，且 $\boldsymbol{U}_e=\boldsymbol{U}_o+\boldsymbol{\Omega}\times\boldsymbol{r}'$，$\boldsymbol{r}'$ 为质点 M 的相对矢径(在随体坐标系中的位置向量)。对速度求导，得

$$\frac{\mathrm{d}\boldsymbol{U}_a}{\mathrm{d}t}=\frac{\mathrm{d}\boldsymbol{U}_r}{\mathrm{d}t}+\frac{\mathrm{d}\boldsymbol{U}_e}{\mathrm{d}t} \tag{4.16}$$

式中，

$$\begin{aligned}\frac{\mathrm{d}\boldsymbol{U}_r}{\mathrm{d}t}&=\frac{\mathrm{d}}{\mathrm{d}t}\left(U'_{rx}i'+U'_{ry}j'+U'_{rz}k'\right)\\&=\frac{\mathrm{d}U'_{rx}}{\mathrm{d}t}i'+\frac{\mathrm{d}U'_{ry}}{\mathrm{d}t}j'+\frac{\mathrm{d}U'_{rz}}{\mathrm{d}t}k'+U'_{rx}\frac{\mathrm{d}i'}{\mathrm{d}t}+U'_{ry}\frac{\mathrm{d}j'}{\mathrm{d}t}+U'_{rz}\frac{\mathrm{d}k'}{\mathrm{d}t}\\&=\frac{\tilde{\mathrm{d}}\boldsymbol{U}_r}{\mathrm{d}t}+U'_{rx}(\boldsymbol{\Omega}\times i')+U'_{ry}(\boldsymbol{\Omega}\times j')+U'_{rz}(\boldsymbol{\Omega}\times k')=\frac{\tilde{\mathrm{d}}\boldsymbol{U}_r}{\mathrm{d}t}+\boldsymbol{\Omega}\times\boldsymbol{U}_r\end{aligned} \tag{4.17}$$

$$\begin{aligned}\frac{\mathrm{d}\boldsymbol{U}_e}{\mathrm{d}t}&=\frac{\mathrm{d}\boldsymbol{U}_o}{\mathrm{d}t}+\frac{\mathrm{d}\boldsymbol{\Omega}}{\mathrm{d}t}\times\boldsymbol{r}'+\boldsymbol{\Omega}\times\frac{\mathrm{d}\boldsymbol{r}'}{\mathrm{d}t}=\frac{\mathrm{d}\boldsymbol{U}_o}{\mathrm{d}t}+\frac{\mathrm{d}\boldsymbol{\Omega}}{\mathrm{d}t}\times\boldsymbol{r}'+\boldsymbol{\Omega}\times(\boldsymbol{\Omega}\times\boldsymbol{r}'+\boldsymbol{U}_r)\\&=\frac{\tilde{\mathrm{d}}\boldsymbol{U}_o}{\mathrm{d}t}+\boldsymbol{\Omega}\times\boldsymbol{U}_o+\frac{\tilde{\mathrm{d}}\boldsymbol{\Omega}}{\mathrm{d}t}\times\boldsymbol{r}'+\boldsymbol{\Omega}\times\boldsymbol{\Omega}+\boldsymbol{\Omega}\times(\boldsymbol{\Omega}\times\boldsymbol{r}'+\boldsymbol{U}_r)\\&=\frac{\tilde{\mathrm{d}}\boldsymbol{U}_o}{\mathrm{d}t}+\frac{\tilde{\mathrm{d}}\boldsymbol{\Omega}}{\mathrm{d}t}\times\boldsymbol{r}'+\boldsymbol{\Omega}\times(\boldsymbol{\Omega}\times\boldsymbol{r}')+\boldsymbol{\Omega}\times\boldsymbol{U}_o+\boldsymbol{\Omega}\times\boldsymbol{U}_r\end{aligned}\tag{4.18}$$

式(4.17)和式(4.18)中，～表示随体坐标系下的局部导数。在式(4.17)和式(4.18)中，除最后一项$\boldsymbol{\Omega}\times\boldsymbol{U}_r$外，剩余部分相应的分别为$\boldsymbol{a}_r$、$\boldsymbol{a}_e$。令$\boldsymbol{a}_c=2\boldsymbol{\Omega}\times\boldsymbol{U}_r$，称为科里奥利加速度，等于随体坐标系角速度矢量与点的相对速度矢量的外积的2倍。于是，得到绝对加速度$\boldsymbol{a}_a$为相对加速度$\boldsymbol{a}_r$、牵连加速度$\boldsymbol{a}_e$及科里奥利加速度$\boldsymbol{a}_c$之和，即

$$\boldsymbol{a}_a=\boldsymbol{a}_r+\boldsymbol{a}_e+\boldsymbol{a}_c\tag{4.19}$$

式中，

$$\begin{cases}\boldsymbol{a}_a=\dfrac{\mathrm{d}\boldsymbol{U}_a}{\mathrm{d}t}\\\boldsymbol{a}_r=\dfrac{\tilde{\mathrm{d}}\boldsymbol{U}_r}{\mathrm{d}t}\\\boldsymbol{a}_e=\dfrac{\tilde{\mathrm{d}}\boldsymbol{U}_o}{\mathrm{d}t}+\dfrac{\tilde{\mathrm{d}}\boldsymbol{\Omega}}{\mathrm{d}t}\times\boldsymbol{r}'+\boldsymbol{\Omega}\times(\boldsymbol{\Omega}\times\boldsymbol{r}')+\boldsymbol{\Omega}\times\boldsymbol{U}_o\\\boldsymbol{a}_c=2\boldsymbol{\Omega}\times\boldsymbol{U}_r\end{cases}\tag{4.20}$$

将$\boldsymbol{U}_a=\boldsymbol{U}_r+\boldsymbol{U}_e$、$\boldsymbol{a}_a=\boldsymbol{a}_r+\boldsymbol{a}_e+\boldsymbol{a}_c$代入N-S方程，得

$$\begin{aligned}&\rho\frac{\mathrm{d}\boldsymbol{U}_a}{\mathrm{d}t}=\rho\boldsymbol{f}+\nabla\cdot\left\{-p\boldsymbol{\delta}+\mu\left[\nabla\boldsymbol{U}_a+\frac{1}{3}(\nabla\boldsymbol{U}_a)^{\mathrm{T}}\right]\right\}\\\Rightarrow&\rho\frac{\tilde{\mathrm{d}}\boldsymbol{U}_r}{\mathrm{d}t}=\rho\boldsymbol{f}+\nabla\cdot\left\{-p\boldsymbol{\delta}+\mu\left[\nabla\boldsymbol{U}_r+\frac{1}{3}(\nabla\boldsymbol{U}_r)^{\mathrm{T}}\right]\right\}-\rho\boldsymbol{a}_e-\rho\boldsymbol{a}_c\end{aligned}\tag{4.21}$$

方程(4.21)已经变换到随体坐标系中，因此可略去～和r。在随体坐标系下，连续方程变为

$$\begin{aligned}&\frac{\partial\rho}{\partial t}+\nabla\cdot(\rho\boldsymbol{U}_a)=0\\\Rightarrow&\frac{\partial\rho}{\partial t}+\nabla\cdot[\rho(\boldsymbol{U}_e+\boldsymbol{U}_r)]=0\\\Rightarrow&\frac{\partial\rho}{\partial t}+\nabla\cdot(\rho\boldsymbol{U}_e)+\nabla\cdot(\rho\boldsymbol{U}_r)=0\\\Rightarrow&\frac{\partial\rho}{\partial t}+\nabla\cdot(\rho\boldsymbol{U}_r)=0\end{aligned}\tag{4.22}$$

可见，连续方程的形式没有发生改变。按照守恒型 N-S 方程的推导方法，可得

$$\frac{\partial(\rho\boldsymbol{U})}{\partial t}+\nabla\cdot(\rho\boldsymbol{U}\otimes\boldsymbol{U})=\rho\boldsymbol{f}+\nabla\cdot\left\{-p\boldsymbol{\delta}+\mu\left[\nabla\boldsymbol{U}+\frac{1}{3}(\nabla\boldsymbol{U})^{\mathrm{T}}\right]\right\}-\rho\boldsymbol{a}_e-\rho\boldsymbol{a}_c \tag{4.23}$$

4.3.2 附加动量源

对比随体坐标系下的 N-S 方程和惯性坐标系下的 N-S 方程可知，只需在原方程中增加如下附加动量源，即可在惯性坐标系下求解获得水下机器人在不同运动状态的水动力。

$$\mathrm{MS}=-\rho[\dot{\boldsymbol{V}}+\dot{\boldsymbol{\Omega}}\times\boldsymbol{r}+\boldsymbol{\Omega}\times(\boldsymbol{\Omega}\times\boldsymbol{r})+\boldsymbol{\Omega}\times\boldsymbol{V}]-2\rho(\boldsymbol{\Omega}\times\boldsymbol{U}) \tag{4.24}$$

展开为

$$\begin{cases}\mathrm{MS}_x=-\rho\left[\dot{u}_o+(\dot{q}z-\dot{r}y)+p(qy+rz)-(q^2+r^2)x+(qw_o-rv_o)+2(qw-rv)\right]\\ \mathrm{MS}_y=-\rho\left[\dot{v}_o+(\dot{r}x-\dot{p}z)+q(px+rz)-(p^2+r^2)y+(ru_o-pw_o)+2(ru-pw)\right]\\ \mathrm{MS}_z=-\rho\left[\dot{w}_o+(\dot{p}y-\dot{q}x)+r(px+qy)-(p^2+q^2)z+(pv_o-qu_o)+2(pv-qu)\right]\end{cases} \tag{4.25}$$

将附加动量源公式集成到现有的 CFD 代码中，并施加合适的边界条件，就可在静态网格下求解获得水下机器人各种运动状态的水动力。

4.3.3 计算方法验证

1. 计算对象

为了验证这种基于附加动量源的 CFD 计算方法的正确性，本小节根据第 3 章中所研究的湍流模型以及流域参数、网格参数的规则，对中国科学院沈阳自动化研究所开发的水下机器人进行黏性类水动力计算验证。水下机器人具有完整的水动力试验数据，因此可以对本节计算方法的计算精度进行验证。

水下机器人主要用于海洋资源探测。该水下机器人的主推进器为对转螺旋桨以提高推进效率，艉部设置十字形舵用于操纵控制，艏部安装垂向槽道推力器以提高垂直面机动能力。

2. 计算内容和计算结果

为了验证本节提出的计算方法以及满足水下机器人开发中对操纵性分析和优化设计的实际需求，本节对该型水下机器人进行多工况水动力 CFD 计算，基于 CFX 软件分别模拟风洞试验和旋臂水池试验。利用最小二乘法对计算结果进行回

归分析，得到相应的操纵性水动力系数。与试验值相比，计算精度较好。

CFD 计算分为水平面运动模拟和垂直面运动模拟，具体计算工况设置如表 4.5 和表 4.6 所示，共计 132 个计算工况。在计算工况设计中，由于 AUV 可以近似认为上下对称、左右对称，所以对于攻角和漂角可以只计算一侧，攻角和漂角的取值为–3°～12°(间隔 3°取点)。模拟旋臂水池计算旋转力工况设计中，无量纲角速度为 0.2～0.5(选取 5 个旋转半径)。

表 4.5　模拟风洞试验的计算内容

平面	参数值
水平面	$\beta = 0°, \pm 3°, 6°, 9°, 12°, \alpha = 0°$
垂直面	$\alpha = 0°, \pm 3°, 6°, 9°, 12°, \beta = 0°$

表 4.6　模拟旋臂水池试验的计算内容

平面	参数值
水平面	$R = \pm 16\text{m}, \pm 19\text{m}, \pm 23\text{m}, \pm 29\text{m}, \pm 40\text{m}(\beta = 0°, \pm 3°, 6°, 9°, 12°, \alpha = 0°)$
垂直面	$R = \pm 16\text{m}, \pm 19\text{m}, \pm 23\text{m}, \pm 29\text{m}, \pm 40\text{m}(\alpha = 0°, \pm 3°, 6°, 9°, 12°, \beta = 0°)$

表 4.5 中，α 为攻角，β 为漂角；R 为模拟旋臂水池旋转半径，$+R$ 表示正转，$-R$ 表示反转。所有的计算工况中 AUV 航速均设置为 5kn。

实际计算中附加动量源按照式(4.25)进行设置加载到 CFX 求解器中，入口边界条件设置为速度条件，在笛卡儿坐标系下，速度的分量如式(4.26)所示：

$$\begin{cases} u = V\cos\alpha\cos\beta \\ v = -V\sin\beta \\ w = V\sin\alpha\cos\beta \end{cases} \tag{4.26}$$

按照工程实践需求，采用国际拖曳水池协会推荐的流体参数，本组计算对流场的设置为：流场介质取为 15℃海水，密度 $\rho = 1025.9\text{kg/m}^3$，黏度 $\mu = 1.219 \times 10^{-3}\text{kg/(m}\cdot\text{s)}$。根据密度以及黏度信息，参照第 3 章中研究的网格参数取值准则，对水下机器人的 CFD 计算网格进行相关取舍，最终确定的网格参数为：边界层首层厚度 $\Delta y = 0.015\text{mm}$，边界层厚度 $\Delta q = 1.5169\text{mm}$，面网格最大尺度 $\Delta S = 28\text{mm}$，体网格最大尺度 $\Delta V = 950\text{mm}$。为保证计算精度，自 AUV 艏 $1D$ 至艉 $2D$(共计长度 $4D$)区域内进行近体网格加密，加密区体网格最大尺度为 80mm。网格采用非结构化网格，划分完毕之后共计 147 万个网格。

CFD 求解器采用二阶迎风差分格式，残差设定为 10^{-4}，湍流模型采用 k-ω 模型。全部工况利用 HP xW8400 工作站(配两个 Intel Xeon 5130 双核 CPU、4GB 内存)，每个工况计算消耗 9.5CPU 小时，四核分担后计 2.5 机时。

全部预设工况计算完毕之后，得到 132 组水动力数据。水下机器人的试验数据为无量纲表达，为了便于进行对比，将所有的计算结果进行无量纲化处理。无量纲化处理基于以下公式进行：

$$\begin{cases} X' = \dfrac{X}{0.5\rho V^2 L^2}, \quad Y' = \dfrac{Y}{0.5\rho V^2 L^2}, \quad Z' = \dfrac{Z}{0.5\rho V^2 L^2} \\ M' = \dfrac{M}{0.5\rho V^2 L^3}, \quad N' = \dfrac{N}{0.5\rho V^2 L^3} \end{cases} \tag{4.27}$$

式中，X 为纵向力；Y 为横向力；Z 为垂直力；M 为俯仰力矩；N 为偏航力矩。

将计算结果进行汇总，即可得到各种攻角相关、漂角相关、角速度相关的水动力(矩)曲线，为了行文简略，本书只给出部分典型计算值与试验值进行对比，以验证计算方法的准确性。图 4.11～图 4.13 展示模拟风洞计算的水动力(矩)，图 4.14～图 4.16 展示漂角 β 分别为−3°、0°、3°时模拟旋臂水池不同角速度的水动力(矩)。在图 4.11～图 4.16 中，实线为 CFD 计算值，虚线为试验值。

从图中可以看出，纵向力 X 的计算偏差较大(图 4.11、图 4.14)，但是从图中可以明显看出，试验曲线规律性不强，而计算值则展示了较好的规律，因此可以初步判断试验值有一定的问题。在其余四项水动力(矩)的对比中，CFD 计算值与试验值吻合得较好，尤其是在小攻角等现行区域范围内。另外，从图中可以看出，当水下机器人机动幅度较大时，CFD 计算值相较试验值偏大。CFD 计算值与试验值相比，平均计算误差约为 8.6%，处于工程上可接受的范围内。

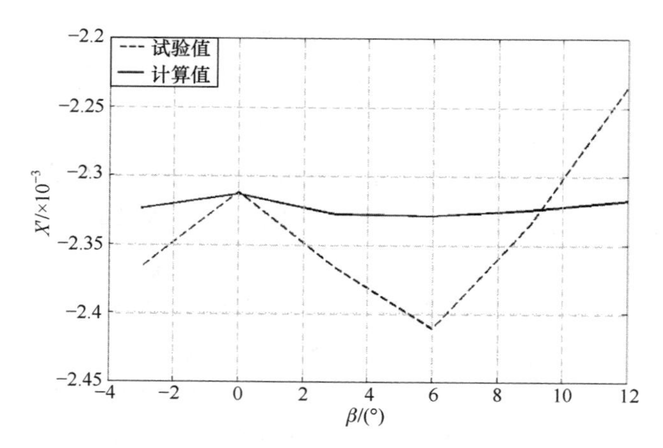

图 4.11 纵向力 X 随漂角变化曲线(V=5kn)

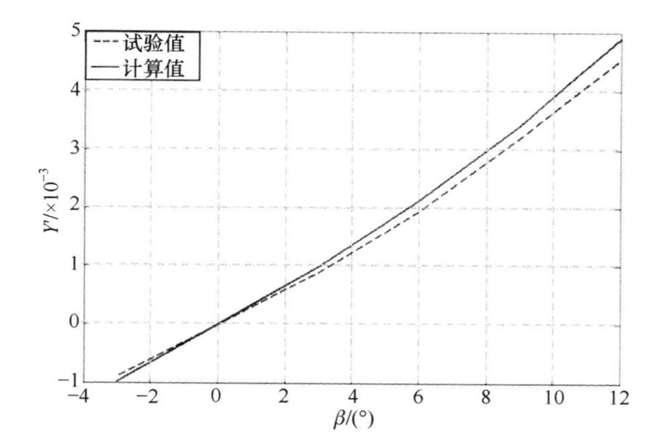

图 4.12　侧向力 Y 随漂角变化曲线（V=5kn）

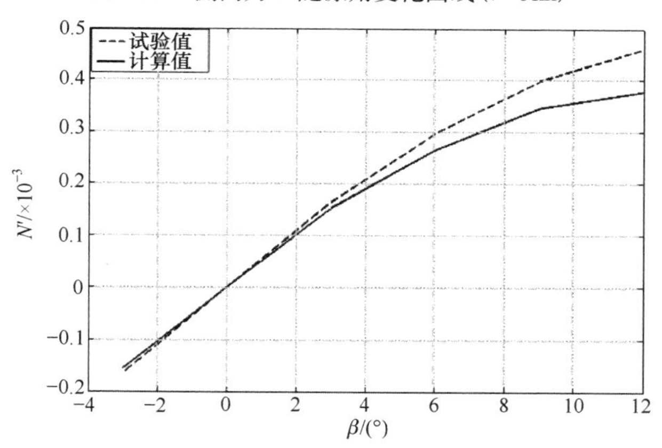

图 4.13　偏航力矩 N 随漂角变化曲线（V=5kn）

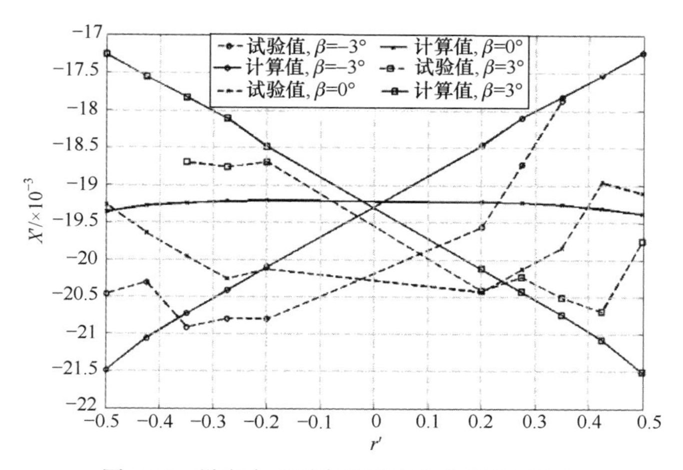

图 4.14　纵向力 X 随角速度变化曲线（V=5kn）

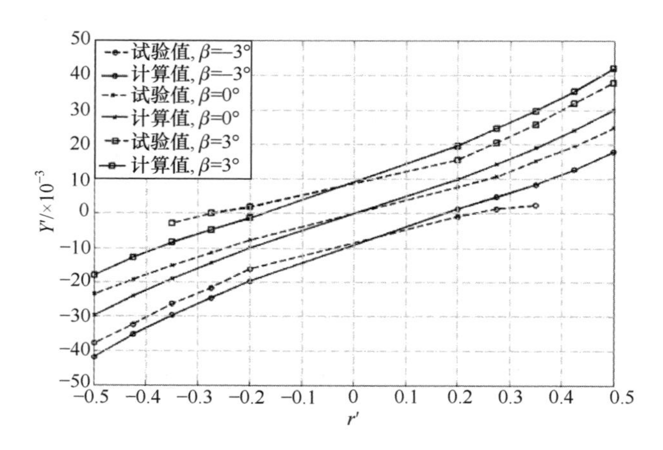

图 4.15　侧向力 Y 随角速度变化曲线（V=5kn）

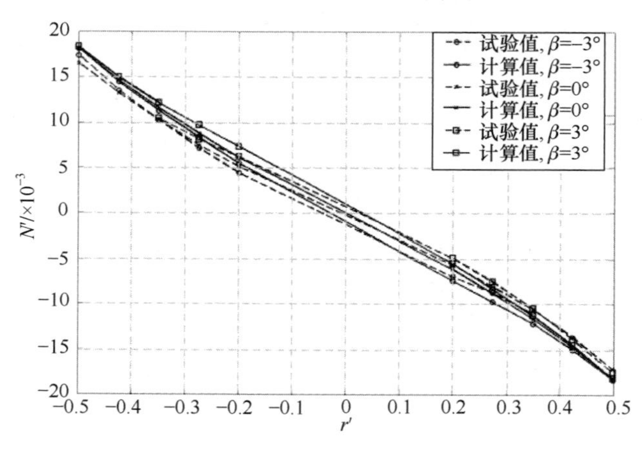

图 4.16　偏航力矩 N 随角速度变化曲线（V=5kn）

对经过计算得到的 132 组水动力(矩)数据利用最小二乘法进行回归分析，即可得到完整的水下机器人的所有水动力系数。回归的目标方程为类似于式 (4.3)的水动力六自由度表达方程组，需要注意的是式(4.3)仅为垂向力表达式，限于篇幅纵向力 X、横向力 Y、横摇力矩 K、俯仰力矩 M 和偏航力矩 N 未列出。回归分析基于平面运动假设，将水下机器人的运动分解为水平面运动和垂直面运动分别进行回归，最终得到的部分水平面水动力系数如表 4.7 所示，部分垂直面水动力系数如表 4.8 所示。需要注意的是，表中列出的水动力导数是用于稳定性判别的部分线性项系数，限于篇幅未列出全部水动力系数。

从表 4.7 和表 4.8 中可以看出，CFD 计算值与试验值相比吻合度较好，尤其是垂直面的水动力导数误差很小，仅 M'_w 的误差超过了 1%(为 1.9%)，其余三项均未超过 0.5%。水平面的水动力误差最大为 6.5%，未超过 10%，处于工程上可接受的范围内。

表 4.7 水平面水动力导数计算值与试验值比较

参数项	计算值/×10⁻³	试验值/×10⁻³	相对误差/%
Y'_v	−17.325	−16.835	2.9
N'_v	−3.083	−3.299	6.5
Y'_r	4.807	5.113	6.0
N'_r	−3.061	−2.974	2.9

表 4.8 垂直面水动力导数计算值与试验值比较

参数项	计算值/×10⁻³	试验值/×10⁻³	相对误差/%
Z'_w	−66.746	−66.969	0.3
M'_w	35.507	34.851	1.9
Z'_q	−17.902	−17.888	0.1
M'_q	−6.010	−6.042	0.5

通过本节的研究，证明了本书提出的基于附加动量源的黏性类水动力计算方法理论上是正确的；通过将水下机器人的黏性类水动力 CFD 计算值与试验值对比可以证明，该计算方法在工程上的应用具有较高的精度。

4.4 基于旋转动量源的黏性类水动力计算方法

附加动量源法建立了一种统一框架下的水下机器人水动力通用数值计算方法，但是如前述表 4.1 和表 4.2 所示，水下机器人水动力计算中需要计算的工况数量众多，达几百个工况，尤其是对旋臂水池的模拟计算中工况较多，这几百个工况的计算中，每一个工况均需要重新建立几何模型和重新划分，相似工作过多会导致难以避免的错误。此外，从计算效率来看，几百个工况的建模与网格划分工作会占用较多机时(从实际经验来看，基本与 CPU 计算时间相等)，不利于水下机器人外形方案的快速设计和快速评估，更无法做到水下机器人外形的参数化优化设计。

以 CFD 模拟旋臂水池计算为例，如图 4.17 所示，在传统的 CFD 模拟旋臂水池计算中，一般是根据水池试验参数在 CFX 中构建一个圆环形状的旋臂水池来完全模拟试验流域，通过求解相对坐标系下的 N-S 方程来获得水下机器人旋转类水动力。旋臂水池试验一般需要进行 5 个不同半径的试验，每个试验半径下需要进行不同攻角、漂角、倾角等的正反转试验，因此在 CFD 模拟的时候同样需要对这众多组合工况进行独立的建模与划分网格，工作量很大，且无法实现水下机器人外形参数化优化设计。

为了解决水下机器人水动力数值计算中这种方法体系上的滞后问题，本节提出一种采用单套网格计算所有工况的水下机器人水动力数值计算的新方法：旋转坐标系下的附加动量源法——旋转动量源法，该方法在处理旋臂水池的 CFD 模拟中尤其能体现出优势。如图 4.18 所示，采用旋转坐标系下的附加动量源法，计算时将旋转坐标系和惯性坐标系相结合，实现用给定计算域模拟不同半径的旋臂水池水动力，在满足工程预报精度的要求下，能够大大减少工作量。

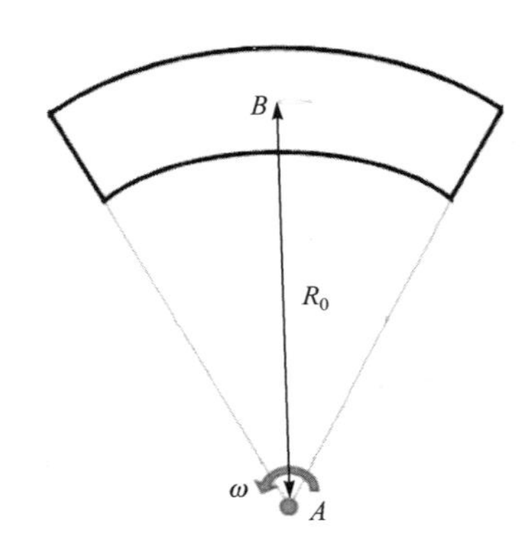

图 4.17　旋转坐标系法或附加动量源法

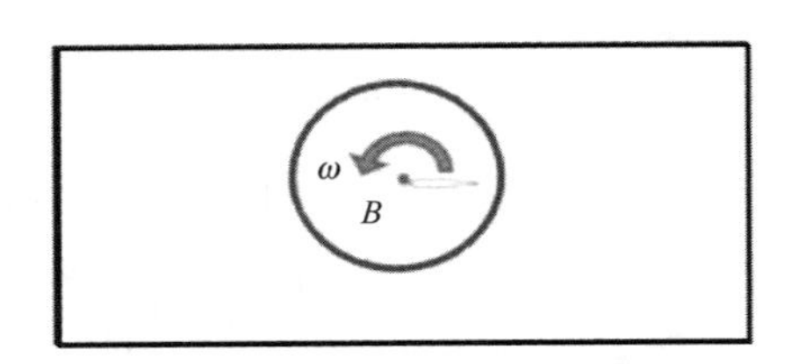

图 4.18　旋转坐标系下的附加动量源法

4.4.1　两种坐标系下的 N-S 方程

1. 基于随体坐标系方法的 N-S 方程

CFD 模拟旋臂水池计算是一个典型的非定常问题。水下机器人旋转会产生向心加速度，因此水下机器人的随体坐标系为非惯性坐标系。CFD 软件中求解 N-S 方程的计算过程都是在惯性坐标系下进行的，当进行非惯性坐标系的计算时，必须将 N-S 方程变换至非惯性坐标系下进行求解。经推导，随体坐标系下的 N-S 方程可以表示为

$$\rho\frac{\mathrm{d}\boldsymbol{U}}{\mathrm{d}t}=\rho\boldsymbol{f}+\nabla\cdot\left\{-p\boldsymbol{\delta}+\mu\left[\nabla\boldsymbol{U}+\frac{1}{3}(\nabla\boldsymbol{U})^{\mathrm{T}}\right]\right\}-\rho\boldsymbol{a}_e-\rho\boldsymbol{a}_c \tag{4.28}$$

式中，ρ 为密度；t 为时间；$\boldsymbol{U}$ 为绝对速度矢量；$\boldsymbol{f}$ 为微元体体积力；∇ 为哈密顿算子；p 为压力；$\boldsymbol{\delta}$ 为单位矩阵；μ 为动力黏度；上标 T 表示矩阵转置运算；$\boldsymbol{a}_e$ 为牵连加速度；$\boldsymbol{a}_c$ 为科里奥利加速度。

已知惯性坐标系 N-S 方程为

$$\rho\frac{\mathrm{d}\boldsymbol{U}}{\mathrm{d}t}=\rho\boldsymbol{f}+\nabla\cdot\left\{-p\boldsymbol{\delta}+\mu\left[\nabla\boldsymbol{U}+\frac{1}{3}(\nabla\boldsymbol{U})^{\mathrm{T}}\right]\right\} \tag{4.29}$$

可见由坐标系变换增加的动量源项表达式为

$$\mathrm{MS}=-\rho\boldsymbol{a}_e-\rho\boldsymbol{a}_c=-\rho[\dot{\boldsymbol{V}}+\dot{\boldsymbol{\Omega}}\times\boldsymbol{r}+\boldsymbol{\Omega}\times(\boldsymbol{\Omega}\times\boldsymbol{r})+\boldsymbol{\Omega}\times\boldsymbol{V}]-2\rho(\boldsymbol{\Omega}\times\boldsymbol{U}_r) \tag{4.30}$$

式中，$\boldsymbol{V}$ 为平动速度；$\boldsymbol{\Omega}$ 为坐标系的角速度；$\boldsymbol{r}$ 为动点相对于动坐标系原点的位置矢量。

2. 基于旋转坐标系方法的 N-S 方程

由于旋转问题的广泛性，CFD 软件中对此提供了旋转坐标系、滑移网格和动网格等解决办法。由于滑移网格和动网格方法计算消耗资源非常大，所以其对于水下机器人水动力计算并不适用，本书采用旋转坐标系的方法进行水下机器人 CFD 模拟旋臂计算。

旋转坐标系中的 N-S 方程为

$$\frac{\partial}{\partial t}(\rho\boldsymbol{U}_r)+\nabla\cdot(\rho\boldsymbol{U}_r\boldsymbol{U}_r)+\rho[2\boldsymbol{\Omega}\times\boldsymbol{U}_r+\boldsymbol{\Omega}(\boldsymbol{\Omega}\times\boldsymbol{r})]=-\nabla p+\nabla\cdot\overline{\tau}_r+\boldsymbol{F} \tag{4.31}$$

和惯性坐标系下的 N-S 方程相比，增加的动量源项为

$$\mathrm{MS}'=\rho[2\boldsymbol{\Omega}\times\boldsymbol{U}_r+\boldsymbol{\Omega}\times(\boldsymbol{\Omega}\times\boldsymbol{r})] \tag{4.32}$$

4.4.2 旋转动量源

当流体为纯旋转流动时，$V=0$，$\boldsymbol{\Omega}=\mathrm{const}$，此时随体坐标系 N-S 方程中动量源项可简化为

$$\mathrm{MS}=-\rho[\boldsymbol{\Omega}\times(\boldsymbol{\Omega}\times\boldsymbol{r})+2\boldsymbol{\Omega}\times\boldsymbol{U}_r] \tag{4.33}$$

旋转坐标系（单参考系（SRF）或多重参考系（MRF））中的动量源项为

$$\mathrm{MS}'=-\rho[2\boldsymbol{\Omega}\times\boldsymbol{U}_r+\boldsymbol{\Omega}\times(\boldsymbol{\Omega}\times\boldsymbol{r})] \tag{4.34}$$

此时 $\mathrm{MS}=\mathrm{MS}'$，两种方法具有等效性。在实际计算过程中，基于随体坐标系方法需要在计算时增加动量源实现对 N-S 方程的变换，而基于旋转坐标系方法仅采用 CFD 软件中自带的方法即可实现。因此，本书采用旋转坐标系方法来实现水

下机器人纯旋转运动条件下 N-S 方程的随体坐标系变换。

在图 4.17 中，旋转轴中心位于 A 点，采用旋转坐标系方法对增加的动量源项展开得

$$\begin{cases}\mathrm{MS}_x = -\rho\{\boldsymbol{\Omega}\times[\boldsymbol{\Omega}\times(x-x_A)]+2\boldsymbol{\Omega}\times\boldsymbol{U}_r\} \\ \mathrm{MS}_y = -\rho\{\boldsymbol{\Omega}\times[\boldsymbol{\Omega}\times(y-y_A)]+2\boldsymbol{\Omega}\times\boldsymbol{U}_r\} \\ \mathrm{MS}_z = -\rho\{\boldsymbol{\Omega}\times[\boldsymbol{\Omega}\times(z-z_A)]+2\boldsymbol{\Omega}\times\boldsymbol{U}_r\}\end{cases} \tag{4.35}$$

在图 4.18 中，旋转轴中心位于 B 点，采用旋转坐标系方法对增加的动量源项展开得

$$\begin{cases}\mathrm{MS}_x = -\rho\{\boldsymbol{\Omega}\times[\boldsymbol{\Omega}\times(x-x_B)]+2\boldsymbol{\Omega}\times\boldsymbol{U}_r\} \\ \mathrm{MS}_y = -\rho\{\boldsymbol{\Omega}\times[\boldsymbol{\Omega}\times(y-y_B)]+2\boldsymbol{\Omega}\times\boldsymbol{U}_r\} \\ \mathrm{MS}_z = -\rho\{\boldsymbol{\Omega}\times[\boldsymbol{\Omega}\times(z-z_B)]+2\boldsymbol{\Omega}\times\boldsymbol{U}_r\}\end{cases} \tag{4.36}$$

式中，(x,y,z) 为计算域中任意一点坐标；(x_A,y_A,z_A) 为图 4.17 旋转轴中心 A 点坐标；(x_B,y_B,z_B) 为图 4.18 旋转轴中心 B 点坐标。旋转轴为 z 轴，则 $x_B=x_A$ 、$|y_B-y_A|=R_0$ 、$z_B=z_A$ ，可以求得由旋转轴中心改变而引起的动量源项增加量如式(4.37)所示，将该动量源项添加至 CFX 求解器中即可实现在旋转坐标系下附加动量源法计算。

$$\varDelta=(\mathrm{MS}_y)_A-(\mathrm{MS}_y)_B=-\rho\boldsymbol{\Omega}\times(\boldsymbol{\Omega}\times R_0) \tag{4.37}$$

可见，经过坐标变换后，实现了在旋转坐标系中利用一套网格模拟旋臂水池多工况水动力的数值模拟，大大减少了工作量，提高了工程预报的及时性。

4.4.3 计算方法验证

1. 标准潜艇模型 SUBOFF 试验

为了验证本节提出的基于旋转动量源法的水动力数值计算方法的正确性，同样采用第 2 章中介绍的美国海军泰勒水池的标准潜艇模型 SUBOFF 试验作为参照进行计算验证。

标准潜艇模型SUBOFF操纵性试验得到的横向力导数 $Y_r'=\dfrac{Y/\boldsymbol{\Omega}}{0.5\rho\boldsymbol{V}L^3}=-0.006324$ ，偏航力矩导数 $N_r'=\dfrac{N/\boldsymbol{\Omega}}{0.5\rho\boldsymbol{V}L^4}=-0.003064$ 。其中，$\boldsymbol{\Omega}$ 为航行体旋转角速度，rad/s；ρ 为流体密度；$\boldsymbol{V}$ 为平动速度；L 为潜艇的特征长度；Y 为横向力，N 为偏航力矩。

2. 边界条件设置

按照旋转动量源法，将计算区域的边界条件分为入口边界条件、出口边界条

件、壁面边界条件；流体区域分为内部流体区域和外部流体区域两部分，如图 4.19 所示。入口边界条件为速度入口，速度大小为标准潜艇模型 SUBOFF 旋转角速度和旋臂水池半径的乘积。出口边界条件为压力出口，表压为 0。壁面采用无滑移边界条件。内部流体区域采用 MRF 方法，旋转中心坐标为(2.013,0,0)，此外需要增加由相对运动产生的附加动量源项，如式(4.37)所示。外部流体区域采用绝对坐标系方法。

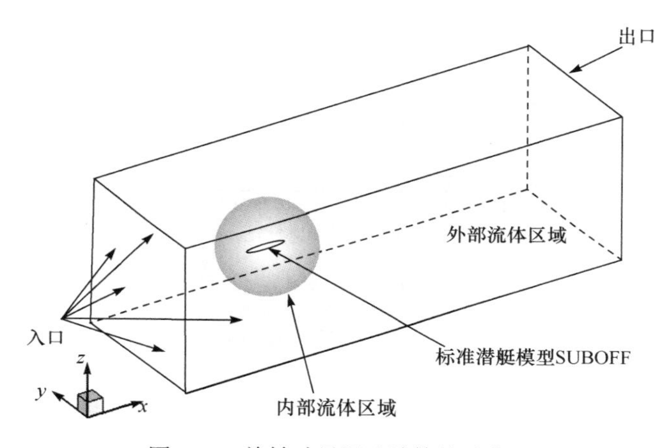

图 4.19　旋转动量源法计算域示意图

3. SUBOFF 带艉舵模型计算结果比较

1) 不同旋转角速度条件下水动力计算结果

为了验证本章提出方法的精度，首先对 SUBOFF 带艉舵模型的操纵性进行数值计算。其中，旋转半径为 18m，旋转角速度为 0.08～2.22rad/s。图 4.20 为 SUBOFF

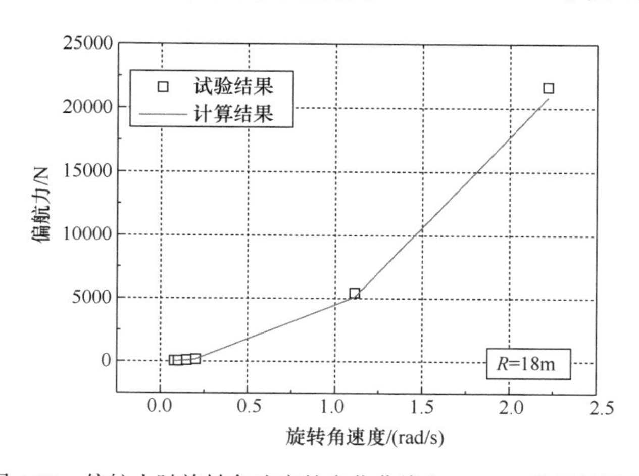

图 4.20　偏航力随旋转角速度的变化曲线(SUBOFF 带艉舵模型)

带艉舵模型所受偏航力随旋转角速度的变化曲线，图 4.21 为偏航力矩随旋转角速度的变化曲线。从图中可以看出，计算结果和试验结果[5]吻合良好，证明了这种基于相对坐标系的操纵性计算方法的可行性和可靠性。

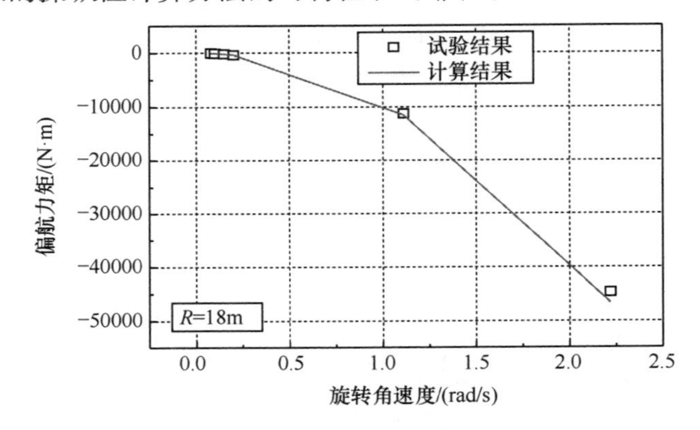

图 4.21　偏航力矩随旋转角速度的变化曲线（SUBOFF 带艉舵模型）

从图 4.20 和图 4.21 中的曲线拟合得到了 SUBOFF 带艉舵模型的稳定性导数，如表 4.9 所示，包含计算结果和试验结果。表 4.9 中，$Y_r' = \dfrac{Y/\omega}{0.5\rho V L^3}$ 为偏航力的旋转导数，$N_r' = \dfrac{N/\omega}{0.5\rho V L^4}$ 为偏航力矩的旋转导数，计算结果和试验结果的相对偏差分别为 4.49%和 4.11%。

表 4.9　SUBOFF 带艉舵模型稳定性导数

分离导数项	计算结果	试验结果	相对偏差/%
Y_r'	0.00604	0.006324	4.49
N_r'	−0.00319	−0.003064	4.11

2) 不同漂角条件下水动力计算结果

图 4.22 为 SUBOFF 带艉舵模型所受偏航力矩系数随漂角的变化曲线。图 4.22 中直线代表计算结果，方块代表试验结果。$N' = \dfrac{N}{0.5\rho V^2 L^3}$ 为无量纲偏航力矩系数，$N_v' = -\dfrac{N'}{\cos\beta \sin\beta}$ 为偏航力矩对漂角的导数。计算得到的 $N_v' = -0.01153$，试验结果为−0.011254，计算结果与试验结果的差异为 2.45%。

4. SUBOFF 全附体模型计算结果比较

SUBOFF 全附体模型含艇身、艉舵和指挥台。其中，在试验测试过程中模型艉部有一个环形翼。本章进行数值计算的过程中不考虑圆环的影响，对应的试验结果中也去掉了环形翼部分的影响。

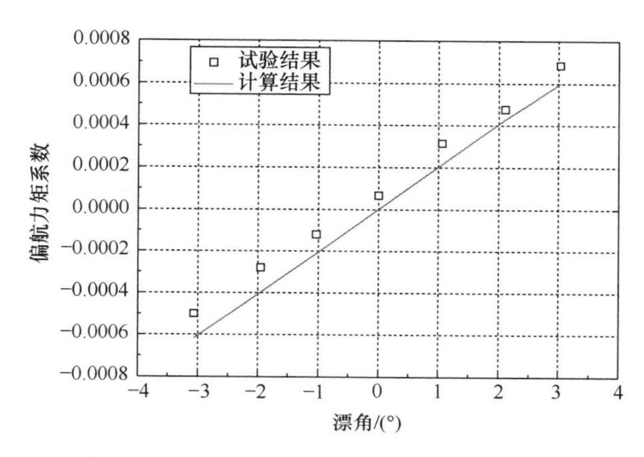

图 4.22 偏航力矩系数随漂角的变化曲线(SUBOFF 带艉舵模型)

1)静水直航的水动力结果

图 4.23 为 SUBOFF 全附体模型所受阻力随航速的变化曲线，图中试验结果取自文献[5]。从图 4.23 中数据可以看出，计算结果和试验结果吻合良好，最大偏差为 4.8%。

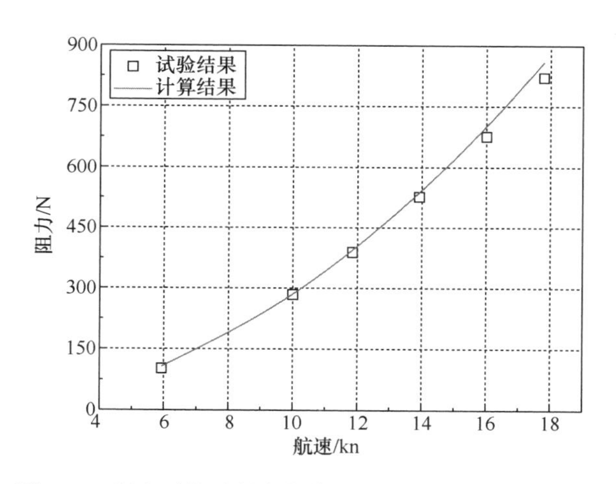

图 4.23 阻力随航速的变化曲线(SUBOFF 全附体模型)

2)不同漂角、攻角和旋转角速度对应的水动力结果

SUBOFF 全附体模型的线性水动力系数可由图 4.24～图 4.27 得到。其中，图 4.24 为 SUBOFF 全附体模型所受偏航力系数随漂角的变化曲线，图 4.25 为偏

航力矩系数随漂角的变化曲线。$Y'_v = -\dfrac{Y'}{\cos\beta\sin\beta}$ 为偏航力系数对漂角的导数，$N'_v = -\dfrac{N'}{\cos\beta\sin\beta}$ 为偏航力矩系数对漂角的导数。图 4.26 为俯仰力系数随攻角的变化曲线，图 4.27 为俯仰力矩系数随攻角的变化曲线。$Z'_w = -\dfrac{Z'}{\cos\alpha\sin\alpha}$ 为俯仰力系数对攻角的导数，$M'_w = -\dfrac{M'}{\cos\alpha\sin\alpha}$ 为俯仰力矩系数对攻角的导数。图 4.28 为模型所受偏航力随旋转角速度的变化曲线，图 4.29 为偏航力矩随旋转角速度的变化曲线，旋转半径为 18m。$Y'_r = \dfrac{Y/\omega}{0.5\rho VL^3}$ 为偏航力的旋转导数，$N'_r = \dfrac{N/\omega}{0.5\rho VL^4}$ 为偏航力矩的旋转导数。SUBOFF 全附体模型稳定性导数计算结果与试验结果比较如表 4.10 所示。因为在试验测试过程中 SUBOFF 全附体模型的艉部有一环形翼，所以在进行比较之前对表 4.10 中的试验结果进行了进一步的处理，去掉环形翼的影响。计算公式为 $\phi_f = \phi_{f+\text{R.W.}} + \phi_{\text{B.H.}} - \phi_{\text{B.H.+R.W.}}$，其中，$\phi_f$ 为表 4.10 中 SUBOFF 全附体模型（含艇身、艉舵和指挥台）的试验结果，$\phi_{f+\text{R.W.}}$ 为带艉部圆环的 SUBOFF 全附体模型的试验结果，$\phi_{\text{B.H.}}$ 为仅艇身模型的试验结果，$\phi_{\text{B.H.+R.W.}}$ 为艇身加艉部圆环模型的试验结果。假设圆环的影响和其他因素之间是相互独立的，则从表 4.10 中可以看出，计算结果和试验结果的误差大部分能控制在 10%以内，说明本章中采用的计算方法的精度是可以满足要求的。

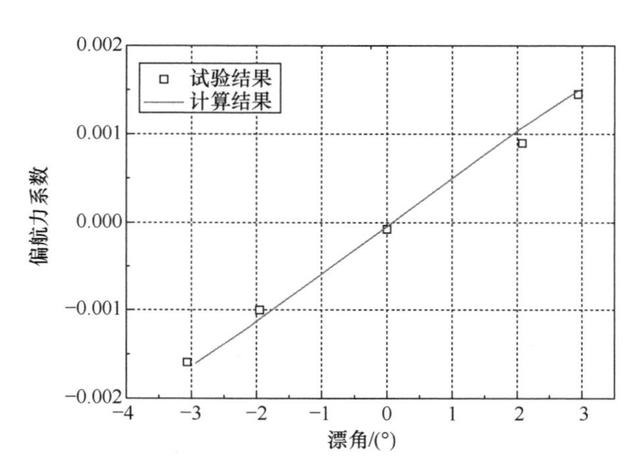

图 4.24　偏航力系数随漂角的变化曲线（SUBOFF 全附体模型）

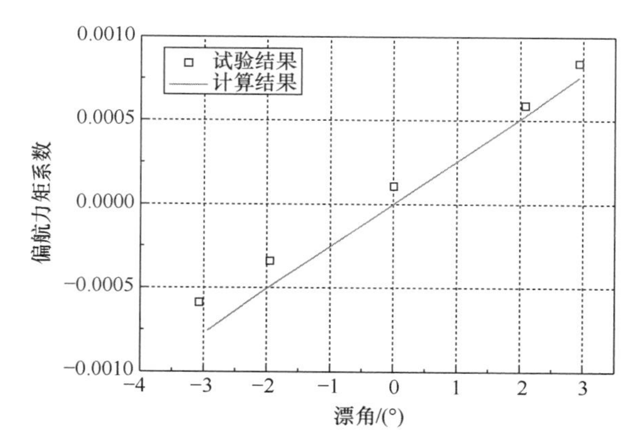

图 4.25　偏航力矩系数随漂角的变化曲线(SUBOFF 全附体模型)

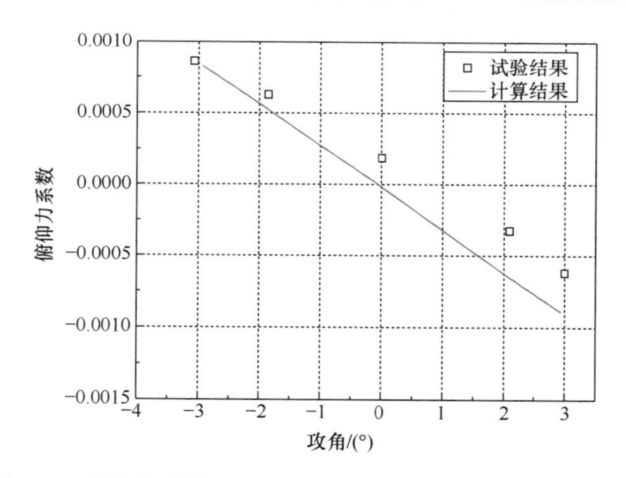

图 4.26　俯仰力系数随攻角的变化曲线(SUBOFF 全附体模型)

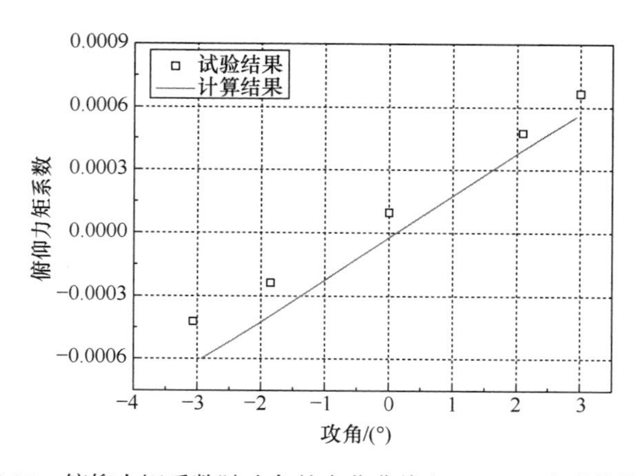

图 4.27　俯仰力矩系数随攻角的变化曲线(SUBOFF 全附体模型)

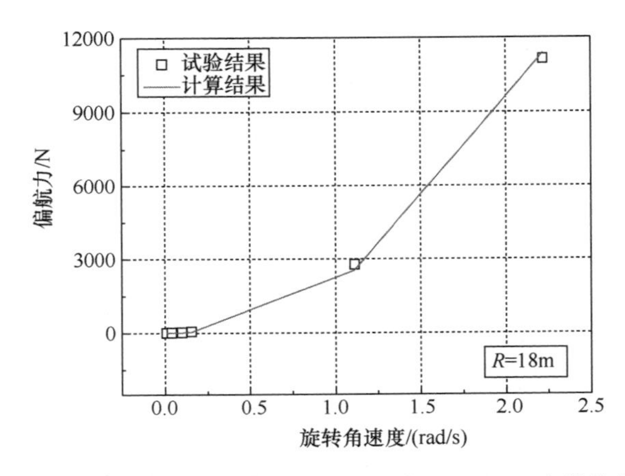

图 4.28 偏航力随旋转角速度的变化曲线(SUBOFF 全附体模型)

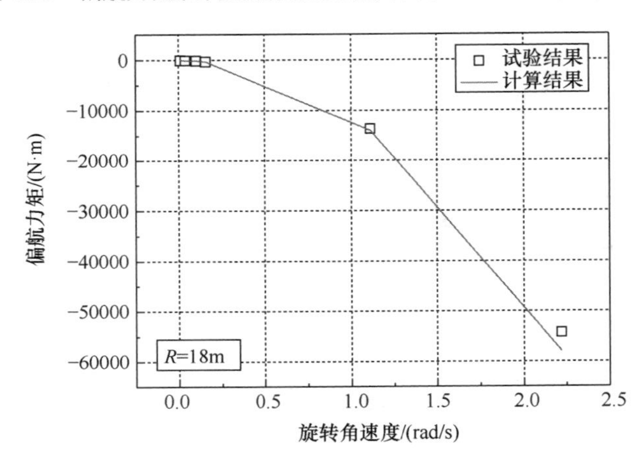

图 4.29 偏航力矩随旋转角速度的变化曲线(SUBOFF 全附体模型)

表 4.10 SUBOFF 全附体模型稳定性导数计算结果与试验结果比较

分离导数项	计算结果	试验结果[5]	相对偏差/%
Y'_v	−0.03046	−0.027839	8.6
N'_v	−0.01470	−0.013504	8.9
Z'_w	−0.01685	−0.013915	21.0
M'_w	0.01135	0.010468	8.4
Y'_r	0.00339	0.003251	4.3
N'_r	−0.00400	−0.003716	7.6

从上述计算结果中可以看出，本书提出的基于旋转动量源法的计算方法是可

行的，满足工程预报要求。该方法仅需要一套网格即可完成不同攻角、不同漂角、不同旋转半径和不同旋转角速度条件下的操纵性计算，大大节约了计算时间，提高了工程预报的实时性和可靠性。

基于旋转动量源法的黏性类水动力计算方法与 4.3 节中提出的基于附加动量源法的黏性类水动力计算方法有异曲同工之妙，4.3 节的基于附加动量源法的求解已经得到了验证，证明在理论上以及实践上是正确的，本节对其进一步发展，提出的计算方法由于基于同样的原理，所以经过实际计算验证了其正确性。

4.5 本章小结

本章对水下机器人所受到的水动力进行了介绍，水下机器人所受到的水动力可以分为与速度相关的黏性类水动力和与加速度相关的惯性类水动力。本章通过对水下机器人六自由度运动数学模型的研究得出了黏性类水动力是水下机器人水动力研究的关键点。

本章对黏性类水动力的试验研究方法进行了介绍，并介绍了其主要应用为快速性研究和操纵性研究。水动力试验分为三类：拖曳水池试验主要进行快速性研究，低速风洞试验和旋臂水池试验主要进行操纵性研究。

针对试验研究存在的周期长、成本高且不具备优化设计能力的现状，本章主要研究了黏性类水动力的 CFD 计算方法。由于 CFD 计算的难点在于旋臂水池的模拟，所以本章提出了三种黏性类水动力计算方法：旋转坐标系法、附加动量源法和旋转动量源法。三种方法的数值计算精度已经在第 2 章中得到了验证，计算方法体系均在本章通过实际工程计算进行了计算验证，证明计算方法体系可行。

在旋转坐标系方法中，采用 RANS 方程，引入不同类型的湍流模型构成封闭的方程组，求解湍流要素的时均值。以“CR-02” AUV 为计算目标，在航速为 2kn、不同攻角和不同漂角的计算条件下，对 AUV 的位置力、旋转力和耦合力进行计算。计算结果表明，无论是变化趋势还是变化幅度，变攻角和变漂角对“CR-02” AUV 水动力产生的影响均是一致的。

在附加动量源法中，通过增加 N-S 方程中的附加动量源项，即可在静止坐标系下求解 AUV 在不同运动状态的水动力。经过对 AUV 水动力进行计算，将得到的计算结果与水池模型试验结果进行对比，发现二者一致性较好，验证了该计算方法的可行性。

在旋转坐标系下的附加动量源法中，采用旋转坐标系和惯性坐标系相结合的方法，实现了在旋转坐标系中一套网格多工况旋臂水池水动力的数值模拟，大大减少了工作量，提高了工程预报效率。

参 考 文 献

[1] 李殿璞. 船舶运动与建模[M]. 北京: 国防工业出版社, 2008.

[2] 4500 米级深海资源自主勘查系统模型阻力试验报告[R]. 无锡: 中国船舶重工集团公司第七〇二研究所, 2013.

[3] 4500 米级深海资源自主勘查系统风洞操纵性模型试验[R]. 无锡: 中国船舶重工集团公司第七〇二研究所, 2013.

[4] 4500 米级深海资源自主勘查系统旋臂水池操纵性模型试验[R]. 无锡: 中国船舶重工集团公司第七〇二研究所, 2013.

[5] Roddy R F. Investigation of the stability and control characteristics of several configurations of the DARPA SUBOFF model（DTRC model 5470）from captive model experiments[R]. West Bethesda: David Taylor Research Center: Ship Hydromechanics Department Departmental Report, 1990.

5 基于动量源的惯性类水动力数值计算方法

在水下机器人受到的水动力中，与加速度(线加速度和角加速度)相关的部分称为惯性类水动力，惯性类水动力也称为附加质量[1]。

惯性类水动力的研究方法主要可以分为以下几类：经验公式估算、拘束模型试验、CFD 计算。经验公式估算是根据计算对象的长、宽、高等价于当量椭球体估算，准确性不高。试验方法主要是通过平面运动机构或振荡水槽进行周期性振荡来获取的。惯性类水动力的计算传统上采用 Hess-Smith 面元法[2]，即应用势流理论的相关知识，通过推导积分方程，然后进行计算空间和积分方程的双重离散而获得。但是当水下机器人外形变得复杂时，Hess-Smith 面元法存在四边形结构化网格划分上的困难，往往导致计算失败，所以采用基于 N-S 方程的 CFD 方法成为不可替代的选择。惯性类水动力的 CFD 计算是典型的非定常计算，计算消耗资源很大，并且受限于计算方法的不完善，因此对惯性类水动力的 CFD 计算研究较少。

为避免直接模拟平面运动机构等振荡试验而导致的计算资源大、计算时间长等问题，本章基于第 4 章的相对运动变换思想，通过在流域中增加动量源的方式，求解 RANS 方程获得水下机器人惯性类水动力。鉴于圆球体和椭球体的惯性类水动力(附加质量)存在理论解，因此本章以圆球体和椭球体为研究对象。

5.1 节概述有关惯性类水动力的基础知识；5.2 节以圆球体为计算对象，探索线加速度对应的附加质量的计算方法(由于圆球体的各向同性特征，书中只计算了 λ_{11})，验证所采用方法的可行性和准确性；5.3 节以椭球体为计算对象，除进一步验证线加速度对应的附加质量计算方法外(计算了 λ_{11} 和 λ_{33}，λ_{22} 与 λ_{33} 相同)，重点探索与角加速度对应的附加质量的计算方法，并以 λ_{55} 的求解为代表验证了计算方法；最后，总结基于 CFD 技术的惯性类水动力(附加质量)计算方法。

5.1 惯性类水动力概述

5.1.1 流体惯性力的理论表达

任意形状的物体在理想流体中做非定常运动时所受到的水动力，其大小与物体运动的加速度成比例，方向与加速度方向相反，比例常数称为附加质量，用符号 λ_{ij} 表示。广义的附加质量 λ_{ij} 可以理解为在 i 方向以单位(角)加速度运动时，在 j 方向的附加质量、附加质量静矩和附加质量惯性矩，即 λ_{ij} 是物体在理想流体中以单位(角)加速度运动时所受到的流体惯性力[3]。

一般规定，沿 x、y、z 方向的平动用下标 1、2、3 表示，绕 x、y、z 方向的转动用下标 4、5、6 表示。则有流体惯性力为

$$R_j = -\lambda_{ij}\dot{v}_i, \quad i,j = 1,2,3,4,5,6 \tag{5.1}$$

一个任意形状的物体共有 36 个附加质量，写成矩阵形式为

$$\boldsymbol{\lambda} = \begin{bmatrix} \lambda_{11} & \lambda_{12} & \lambda_{13} & \lambda_{14} & \lambda_{15} & \lambda_{16} \\ \lambda_{21} & \lambda_{22} & \lambda_{23} & \lambda_{24} & \lambda_{25} & \lambda_{26} \\ \lambda_{31} & \lambda_{32} & \lambda_{33} & \lambda_{34} & \lambda_{35} & \lambda_{36} \\ \lambda_{41} & \lambda_{42} & \lambda_{43} & \lambda_{44} & \lambda_{45} & \lambda_{46} \\ \lambda_{51} & \lambda_{52} & \lambda_{53} & \lambda_{54} & \lambda_{55} & \lambda_{56} \\ \lambda_{61} & \lambda_{62} & \lambda_{63} & \lambda_{64} & \lambda_{65} & \lambda_{66} \end{bmatrix} \tag{5.2}$$

在势流理论中，有

$$\lambda_{ij} = -\rho \iint_s \varphi_i \frac{\partial \varphi_i}{\partial n} \mathrm{d}s, \quad i,j = 1,2,3,4,5,6 \tag{5.3}$$

式中，s 为物体的表面积；n 为物体表面微元面积 $\mathrm{d}s$ 的外法线方向；φ_1、φ_2、φ_3 分别为物体沿坐标轴 x、y、z 以单位速度平移运动时所引起的流体速度势；φ_4、φ_5、φ_6 分别为物体以单位角速度绕 x、y、z 轴做单纯转动所引起的流体速度势。

λ_{ij} 只取决于物体的形状和坐标轴的选择，而与物体的运动情况无关。

根据势流理论可以证明

$$\lambda_{ij} = \lambda_{ji} \tag{5.4}$$

即式(5.2)中主对角线以下的各项与主对角线以上的各对应项相等，亦即只有 21 个独立量。

考虑到物体左右对称，对于 λ_{ij} 中所有下标和为奇数的项皆为 0，只剩下 12 个量是独立的，即

$$\boldsymbol{\lambda}=\begin{bmatrix}\lambda_{11} & 0 & \lambda_{13} & 0 & \lambda_{15} & 0\\ 0 & \lambda_{22} & 0 & \lambda_{24} & 0 & \lambda_{26}\\ \lambda_{31} & 0 & \lambda_{33} & 0 & \lambda_{35} & 0\\ 0 & \lambda_{42} & 0 & \lambda_{44} & 0 & \lambda_{46}\\ \lambda_{51} & 0 & \lambda_{53} & 0 & \lambda_{55} & 0\\ 0 & \lambda_{62} & 0 & \lambda_{64} & 0 & \lambda_{66}\end{bmatrix} \tag{5.5}$$

对于具有三个对称面的规则几何体，只剩下 6 个附加质量不等于 0，它们位于方阵的对角线上，如式(5.6)所示。而对于圆球体，$\lambda_{11}=\lambda_{22}=\lambda_{33}$，其他项为 0；对于椭球体，$\lambda_{22}=\lambda_{33}$，$\lambda_{55}=\lambda_{66}$。

$$\boldsymbol{\lambda}=\begin{bmatrix}\lambda_{11} & 0 & 0 & 0 & 0 & 0\\ 0 & \lambda_{22} & 0 & 0 & 0 & 0\\ 0 & 0 & \lambda_{33} & 0 & 0 & 0\\ 0 & 0 & 0 & \lambda_{44} & 0 & 0\\ 0 & 0 & 0 & 0 & \lambda_{55} & 0\\ 0 & 0 & 0 & 0 & 0 & \lambda_{66}\end{bmatrix} \tag{5.6}$$

5.1.2　水下机器人惯性类水动力表达

如第 1 章和 4.1 节所述，不考虑操纵力，水下机器人的水动力可用函数表达为

$$\boldsymbol{F}=f(\boldsymbol{V},\dot{\boldsymbol{V}},\boldsymbol{\Omega},\dot{\boldsymbol{\Omega}}) \tag{5.7}$$

代入各速度分量，得到

$$\boldsymbol{F}=f(u,v,w,p,q,r,\dot{u},\dot{v},\dot{w},\dot{p},\dot{q},\dot{r},\delta) \tag{5.8}$$

假设速度与加速度没有耦合，则有

$$\boldsymbol{F}=g(u,v,w,p,q,r)+h(\dot{u},\dot{v},\dot{w},\dot{p},\dot{q},\dot{r}) \tag{5.9}$$

式中，后半部分与加速度(线加速度、角加速度)相关的水动力即惯性类水动力。根据流体力学的知识，惯性类水动力与加速度成正比，即

$$\boldsymbol{F}_{\text{inertial}}=h(\dot{u},\dot{v},\dot{w},\dot{p},\dot{q},\dot{r})=\boldsymbol{M}_{6\times6}\left[\dot{u},\dot{v},\dot{w},\dot{p},\dot{q},\dot{r}\right]^{\mathrm{T}} \tag{5.10}$$

式中，$\dot{u}$、$\dot{v}$、$\dot{w}$ 分别为水下机器人线加速度在随体坐标系 x、y、z 轴上的投影；$\dot{p}$、$\dot{q}$、$\dot{r}$ 为水下机器人角加速度的相应投影。惯性类水动力系数矩阵 $\boldsymbol{M}_{6\times6}$ 展开为

$$\boldsymbol{M}_{6\times 6}=\begin{bmatrix} X_{\dot{u}} & X_{\dot{v}} & X_{\dot{w}} & X_{\dot{p}} & X_{\dot{q}} & X_{\dot{r}} \\ Y_{\dot{u}} & Y_{\dot{v}} & Y_{\dot{w}} & Y_{\dot{p}} & Y_{\dot{q}} & Y_{\dot{r}} \\ Z_{\dot{u}} & Z_{\dot{v}} & Z_{\dot{w}} & Z_{\dot{p}} & Z_{\dot{q}} & Z_{\dot{r}} \\ K_{\dot{u}} & K_{\dot{v}} & K_{\dot{w}} & K_{\dot{p}} & K_{\dot{q}} & K_{\dot{r}} \\ M_{\dot{u}} & M_{\dot{v}} & M_{\dot{w}} & M_{\dot{p}} & M_{\dot{q}} & M_{\dot{r}} \\ N_{\dot{u}} & N_{\dot{v}} & N_{\dot{w}} & N_{\dot{p}} & N_{\dot{q}} & N_{\dot{r}} \end{bmatrix} \tag{5.11}$$

根据前述流体惯性力的理论推导中应用的研究对象对称性原理，水下机器人由于其左右对称性，独立的惯性类水动力系数同样只剩下 12 个[式(5.5)]。考虑到横摇附加转动惯量为小量，常规回转体水下机器人惯性类水动力系数只剩下 9 个，其中独立量为 7 个，如式(5.12)所示：

$$\boldsymbol{M}_{6\times 6}=\begin{bmatrix} X_{\dot{u}} & 0 & 0 & 0 & 0 & 0 \\ 0 & Y_{\dot{v}} & 0 & 0 & 0 & Y_{\dot{r}} \\ 0 & 0 & Z_{\dot{w}} & 0 & Z_{\dot{q}} & 0 \\ 0 & 0 & 0 & 0 & 0 & 0 \\ 0 & 0 & M_{\dot{w}} & 0 & M_{\dot{q}} & 0 \\ 0 & N_{\dot{v}} & 0 & 0 & 0 & N_{\dot{r}} \end{bmatrix} \tag{5.12}$$

式中，

$$M_{\dot{w}}=Z_{\dot{q}},\quad N_{\dot{v}}=Y_{\dot{r}}$$

下面以圆球体和椭球体为研究对象，采用附加动量源法在随体坐标系下研究附加质量的计算方法。

5.2 圆球体附加质量计算

圆球体具有各向同性的特征，其附加质量矩阵的独立量只有一个，即 λ_{11}，也就是圆球体沿 x 轴非定常运动时产生的纵向附加质量。以圆球体为研究对象可获得关于线加速度对应的惯性类水动力的数值计算方法。

5.2.1 计算设置

计算设置包括网格划分、流域属性、动量源等参数的选择和设定。

1. 圆球体附加质量理论解

计算对象为直径 400mm 的圆球体。根据势流理论可知，圆球体的附加质量等于其排水体积的 1/2。因此，对于本例，其附加质量的理论值为

$$\lambda_{11} = M_{\text{added}} = \frac{1}{12}\rho\pi D^3 = \frac{1}{12}\times 997\times\pi\times 0.4^3 \approx 16.7(\text{kg}) \tag{5.13}$$

2. 网格划分及流域设置

第 3 章对黏性类水动力计算的流域参数、网格参数进行了研究，并给出了相关建议值。由于惯性类水动力产生的机理与黏性类水动力截然不同，根据势流理论的计算经验，其网格要求较黏性类水动力低。为节省计算时间，计算附加质量所用流域相对较小、网格较粗。

用于计算方法研究的圆球体直径 D=0.4m，设定流域长 7.5D，宽、高均为 5D。流域左右、上下对称，入口边界平面距离球心 2.5D。设置圆球体面网格尺度为 0.03m，其他表面网格尺度为 0.1m，体网格尺度为 0.1m，并在圆球体处设置 5 层棱柱形膨胀网格以模拟边界层。圆球体附加质量计算流域和网格划分分别如图 5.1 和图 5.2 所示。

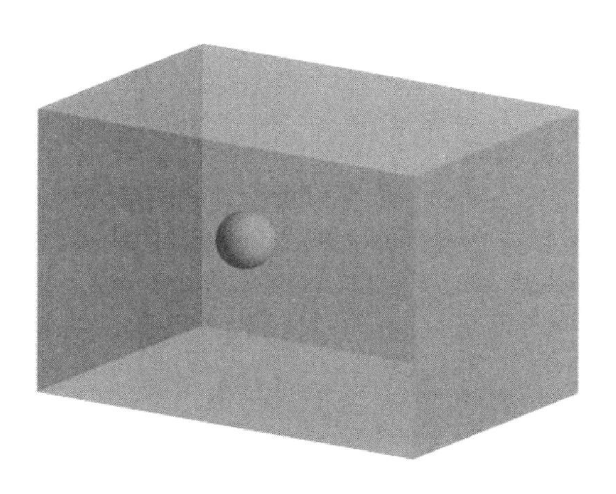

图 5.1 圆球体附加质量计算流域

3. 动量源设置

附加质量是与加速度有关的水动力。假设圆球体以加速度 $\boldsymbol{a}$、速度 $\boldsymbol{V}$ 在流场中运动，显然，这是一个非定常问题。对于非定常问题的求解，常规方法是采用动网格技术，这需要耗费大量的计算资源，并且容易导致计算溢出。

参考第 4 章中提出的附加动量源思想，在计算这种具有加速度的流场时，通过坐标变换，将求解模式变换为球不动、流体加速运动的情形。此时流场的参考

系是一个非惯性坐标系，以加速度 $\boldsymbol{a}$ 变速运动，根据附加动量源公式，此时需在 CFD 求解器(本书所用求解器为 CFX)中设置一个强度为$-\rho\boldsymbol{a}$ 的动量源，该动量源充满整个流域。

圆球体附加质量计算的边界条件设置见图 5.3，入口速度为$-\boldsymbol{V}$，出口相对压力为零。流场中的流体为水，ρ=997.0kg/m^3，μ=0.0008899kg/(m·s)。

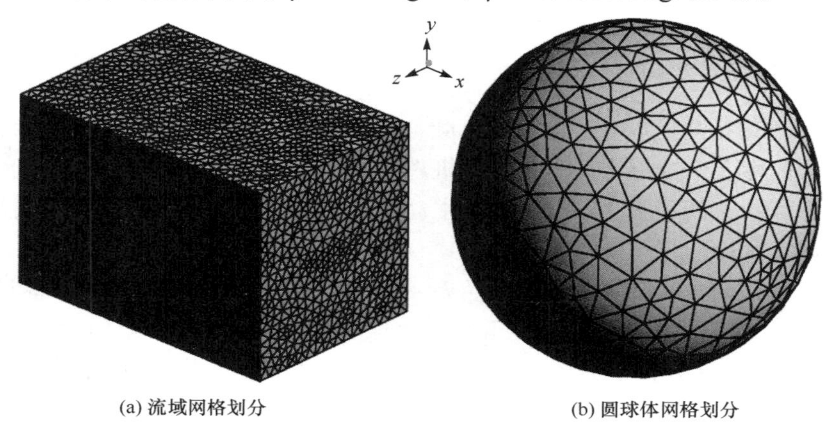

图 5.2　圆球体网格划分

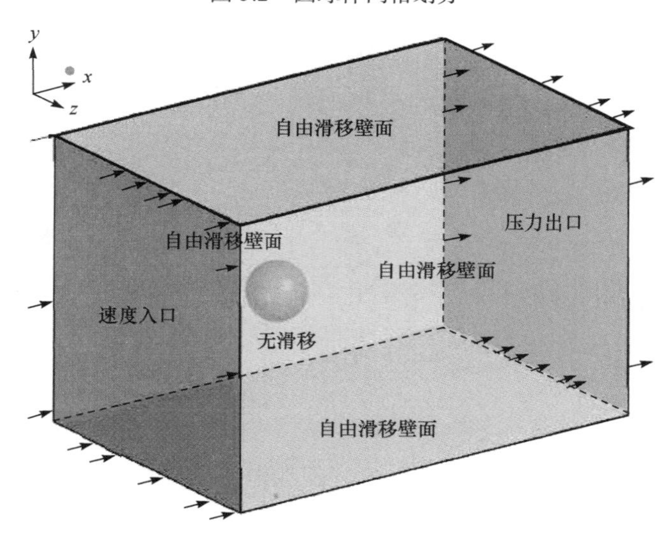

图 5.3　圆球体附加质量计算的边界条件设置

从上述设置可知，圆球体附加质量 λ_{11} 的计算关键在于入口速度$-\boldsymbol{V}$ 的变化规律，而影响 λ_{11} 计算精度的重点在于非定常计算的时间步长和网格大小等参数。根据势流理论，水的黏性对附加质量没有影响，下面也将从是否考虑湍流模型两个方面对计算方法做出评价。

5.2.2 基于湍流模型的计算验证

考虑了两种入口速度变化规律，即匀加速度变化和变加速度变化，并探索了时间步长和网格大小对附加质量计算结果的影响。

1. 匀加速度计算验证

假设圆球体的加速度 a=−0.1m/s^2，初速度为 0.1m/s，则速度为 v=−0.1+at。圆球体的运动既存在速度，也存在加速度，因此其受到的所有水动力中，除了与加速度有关的惯性类水动力外，还包含黏性类水动力。

因此在计算附加质量之前，首先采用 k-ε 湍流模型对圆球体的阻力进行预报，预报结果如表 5.1 所示。

表 5.1 圆球体阻力（直径 D=0.4m）

速度 v/(m/s)	0.1	0.2	0.3	0.4	0.5	0.6	0.7	0.8	0.9	1.0
阻力 R/N	0.093	0.343	0.712	1.194	1.793	2.513	3.347	4.297	5.364	6.548

对上述阻力数据进行数据拟合，得到阻力公式为

$$R = 0.5993v + 5.9577v^2 \tag{5.14}$$

理论上，圆球体受到恒定加速度以后，非定常运动的受力应该满足式(5.15)：

$$R = f(v) + M_{\text{added}}\dot{v} \tag{5.15}$$

式中，$f(v)$ 为定常运动下的阻力。

添加动量源之后，计算得到的圆球体非定常运动下受力随时间变化历程如图 5.4 所示。计算中，a=−0.1m/s^2，v=−0.1+at，时间步长Δt=0.1s，计算周期 T=10s。

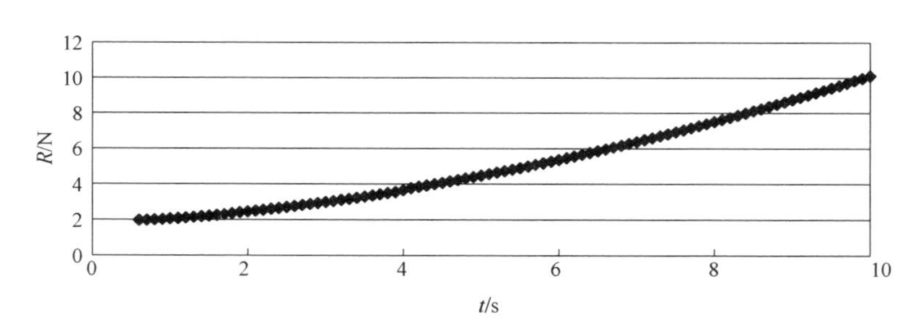

图 5.4 圆球体非定常运动下受力随时间变化历程（速度匀加速度变化）

对图 5.4 的数据按照式(5.15)进行一次性回归得到

$$R = 1.4194v + 5.8252v^2 + 15.2\dot{v} \tag{5.16}$$

即，回归得到的附加质量为 M_{added}=15.2kg，约为理论值的 91%。

式(5.16)对图 5.4 的回归相对误差如图 5.5 所示，相对误差控制在 2%以内，拟合度较好。从式(5.16)反推圆球体的黏性类水动力相对预报误差如图 5.6 所示，从图中可以看出，该公式反推黏性类水动力误差较大。由此可见，计算惯性类水动力时获得的黏性类水动力系数精度较差，仍然需要采用第 3 章和第 4 章所述方法准确计算黏性类水动力。

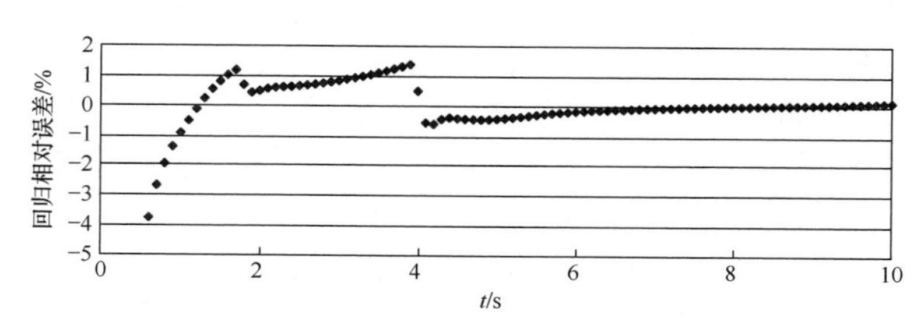

图 5.5　式(5.16)对图 5.4 的回归相对误差

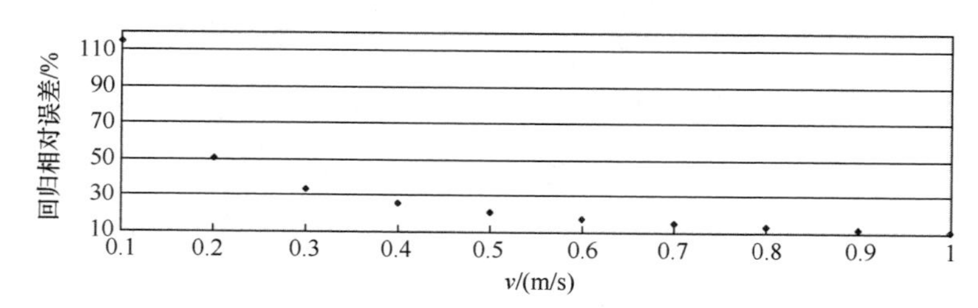

图 5.6　式(5.16)对表 5.1 中阻力的相对预报误差

2. 变加速度计算验证

匀加速度计算模拟的是拖曳水池匀加速度试验，下面假设速度按谐波变化(正弦变化或余弦变化)以模拟振荡试验，从而计算获得圆球体的附加质量。

假设圆球体的运动参数为

$$\begin{cases} a=-A\sin(wt),\ v=-0.1+\dfrac{A}{w}[\cos(wt)-1] \\ \Delta t=0.1\text{s},\ T=10\text{s},\ A=0.1,\ w=6\pi/T \end{cases} \tag{5.17}$$

圆球体的加速度正弦变化，速度余弦变化，计算得到其受力则按正弦变化，如图 5.7 所示，对受力回归分析得到

$$R=-0.1606v+10.5542v^2+18.0\dot{v} \tag{5.18}$$

从式(5.18)可知，附加质量为 18.0kg，比理论值大了约 7.8%。

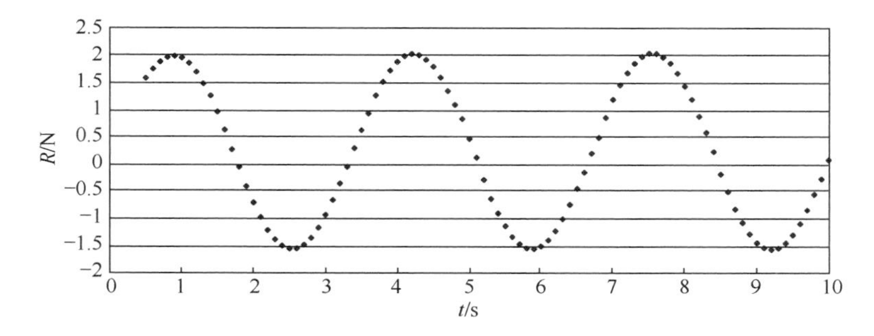

图 5.7　圆球体受力随时间变化历程(速度和加速度谐波变化)

从计算过程可以看到，计算得到的圆球体受力很好地跟踪了速度和加速度的变化，但是计算精度却稍嫌不够。

3. 优化计算精度验证

从时间步长Δt、网格尺度两个因素入手提高附加质量的计算精度。

1) 缩短时间步长

将时间步长从 0.1s 缩短到 0.02s，计算结果见图 5.8，回归得到的圆球体附加质量约为 17.3kg[式(5.19)]，比理论值偏大约 3.6%，结果令人满意。

$$R = 0.4283v + 6.8472v^2 + 17.3\dot{v} \tag{5.19}$$

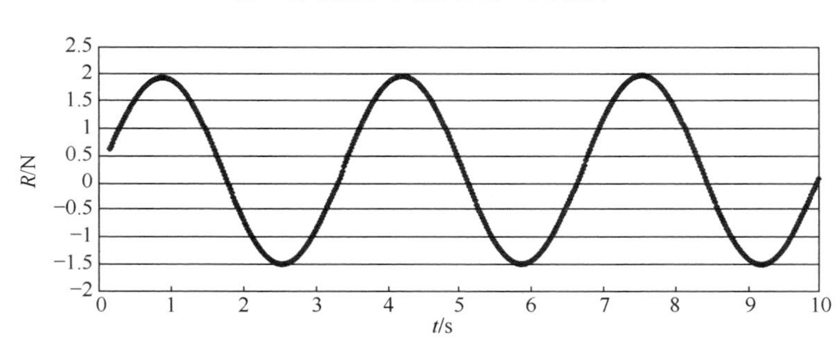

图 5.8　圆球体受力随时间变化历程(缩短时间步长)

2) 网格加密

圆球体面网格尺度减小 1/2, 体网格也相应减小, 时间步长按 0.1s 计算, 考察网格对结果的影响。圆球体受力见图 5.9, 回归得到的附加质量为 18.1kg [式 (5.20)], 与未加密网格前的计算结果几乎一样, 精度并没有得到提高。

$$R = 1.9931v - 2.0350v^2 + 18.1\dot{v} \tag{5.20}$$

3) 网格加密同时缩短时间步长

对加密后的网格, 以时间步长 0.02s 计算, 对计算结果(图 5.10)回归分析得到圆球体附加质量为 17.3kg[式(5.21)]，相比式(5.19)，精度确实没有得到改善。

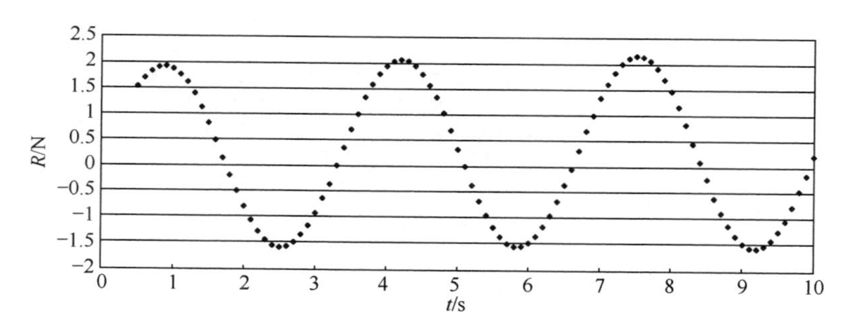

图 5.9　圆球体受力随时间变化历程(加密网格)

$$R = 2.2615v + 3.8995v^2 + 17.3\dot{v} \tag{5.21}$$

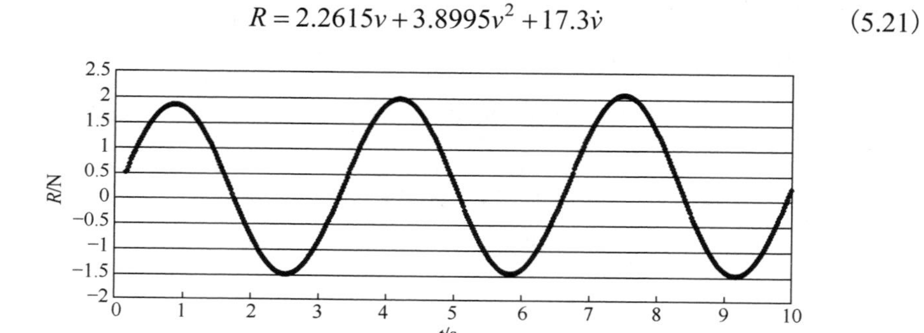

图 5.10　圆球体受力随时间变化历程(加密网格同时缩短时间步长)

因而可以得出结论：在网格适当的情况下，加密网格并不能改善附加质量的计算精度，改善的关键在于时间步长，短的时间步长可以得到更精确的解。

5.2.3　基于层流模型的计算验证

附加质量一般根据势流理论计算，即可以不考虑水的黏性。在以下 CFD 计算验证中，不引入湍流模型，并忽略流体黏性。

1. 层流模型计算验证

仍然假设加速度正弦变化，时间步长为 0.02s，对未加密的网格采用层流模型求解。计算得到的圆球体受力随时间变化历程见图 5.11，回归得到附加质量为 17.2kg [式 (5.22)]，这个结果与式(5.19)中的附加质量相当。

$$R = -0.3792v + 7.6659v^2 + 17.2\dot{v} \tag{5.22}$$

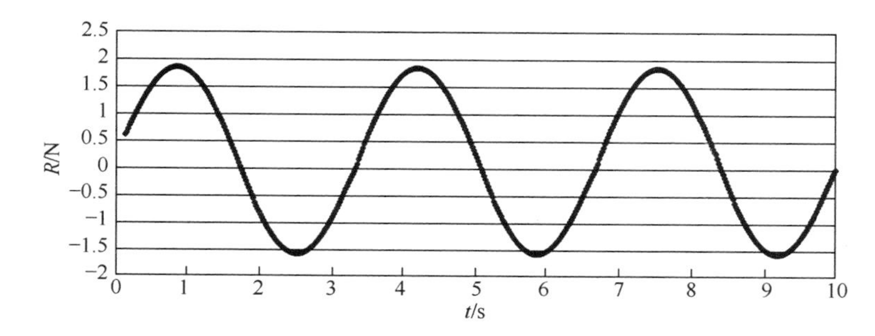

图 5.11　圆球体受力随时间变化历程(层流模型)

2. 理想流体计算验证

根据理想流体假设，设定流体的动力黏性系数为零。此时，圆球体表面按理想流体假设设置成自由滑移边界。计算结果见图 5.12 和式(5.23)，得到的附加质量为 17.1kg，与层流模型计算基本一致。

$$R = -0.5798v + 8.0393v^2 + 17.1\dot{v} \tag{5.23}$$

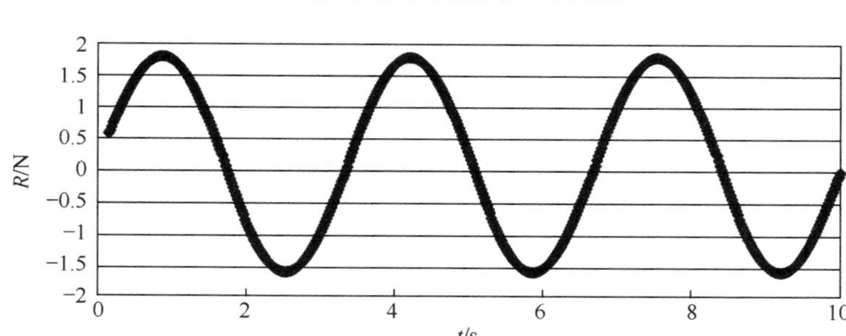

图 5.12　圆球体受力随时间变化历程(理想流体)

5.2.4　圆球体附加质量计算结果小结

对圆球体附加质量计算的上述结果进行汇总，见表 5.2。

表 5.2　圆球体附加质量计算结果汇总

编号	湍流模型	网格	加速度	时间步长/s	仿真时间/s	附加质量/kg	精度/%	CPU 时间
1	k-ε	初始	常数	0.1	10	15.2	9.0↓	1 小时 4 分
2	k-ε	初始	指数	0.1	10	15.3	8.4↓	40 分
3	k-ε	初始	正弦	0.1	10	18.0	7.8↑	1 小时 36 分
4	k-ε	初始	正弦	0.02	10	17.3	3.6↑	6 小时 6 分
5	k-ε	加密	正弦	0.1	10	18.1	8.4↑	3 小时 9 分

续表

编号	湍流模型	网格	加速度	时间步长/s	仿真时间/s	附加质量/kg	精度/%	CPU 时间
6	k-ε	加密	正弦	0.02	10	17.3	3.6↑	10h 9min
7	—	初始	正弦	0.02	10	17.2	3.0↑	4h 17min
8	μ=0	初始	正弦	0.02	10	17.1	2.4↑	4h 10min

据此，可以得出如下结论：

(1)应对计算结果进行一次性回归分析，一次性回归分析得到的阻力系数不适于阻力(定常状态)的预报。

(2)实际计算的时候为节省计算资源可以采用层流模型计算附加质量，并可设定流体的动力黏性系数为零，也可引入湍流模型，但是耗费 CPU 时间相对较长，计算精度却没有得到提高。

(3)当采用层流模型计算附加质量时，几何模型可不含有边界层网格，但这样做不会带来精度的提高和计算时间的节省。因而，为减少建模的工作量，建议采用与黏性类水动力计算相同的几何模型。

(4)时间步长对附加质量的计算结果影响很大，应适当缩短，但不宜太短，太短的时间步长则会耗费太多的 CPU 时间。

(5)网格对附加质量的计算影响并不大，只要网格尺度适当即可。

5.3 椭球体附加质量

圆球体附加质量的计算结果充分证明了附加动量源法计算附加质量的可行性，并且说明了只要边界条件设置得当，并采取适当的时间步长和计算网格，计算结果将具有很高的精度。但圆球体的附加质量只与线加速度相关，为进一步验证附加动量源法用于计算与角加速度相关的附加质量的可行性，下面以椭球体为对象，探索椭球体附加质量的计算方法，重点在于 λ_{55} 的计算。

5.3.1 计算设置

与圆球体附加质量计算类似，椭球体计算设置包括网格划分、流域属性、动量源等参数的选择和设定。

1. 椭球体附加质量理论值

本次计算验证选取一个长轴半径 a=0.6m、短轴半径 b=c=0.2m 的椭球体为研

究对象。根据 Lamb 用势流理论计算得到的椭球体附加质量的理论曲线，查得本例椭球体的附加质量系数为

$$\frac{\partial(\rho\varepsilon)}{\partial t}+\nabla\cdot(\rho\bar{\boldsymbol{U}}\varepsilon)=\nabla\cdot\left[\left(\mu+\frac{\mu_t}{\sigma_\varepsilon}\right)\nabla\varepsilon\right]+\frac{\varepsilon}{k}(C_{\varepsilon1}\boldsymbol{P}_k-C_{\varepsilon2}\rho\varepsilon) \tag{5.24}$$

其中，

$$\boldsymbol{P}_k=\mu_t\nabla\cdot\bar{\boldsymbol{U}}\cdot(\nabla\cdot\bar{\boldsymbol{U}}+\nabla\cdot\bar{\boldsymbol{U}}^{\mathrm{T}})-\frac{2}{3}\nabla\cdot\bar{\boldsymbol{U}}(3\mu_t\nabla\cdot\bar{\boldsymbol{U}}+\rho k) \tag{5.25}$$

令λ为椭球体的附加质量；m 为椭球体的排水质量；I 为椭球体排水量的转动惯量，即

$$m=\frac{4}{3}\pi\rho abc,\quad I_y=\frac{4}{15}\pi\rho abc(a^2+c^2),\quad I_z=\frac{4}{15}\pi\rho abc(a^2+b^2) \tag{5.26}$$

式中，ρ为流体的密度。

根据查文献[3]得到的本例椭球体的附加质量系数，可以得到其附加质量为

$$\lambda_{11}\approx 13.0\mathrm{kg},\quad \lambda_{22}=\lambda_{33}\approx 81.2\mathrm{kg},\quad \lambda_{55}=\lambda_{66}\approx 3.7\mathrm{kg}\cdot\mathrm{m}^2 \tag{5.27}$$

2. 动量源设置

动量源根据椭球体的运动情况，由附加动量源公式[式(4.25)]计算得到，该动量源充满整个流域。

3. CFD 计算网格划分及流场设置

根据计算对象的几何尺度、椭球体长轴半径、短轴半径，确定椭球体表面网格尺度为 0.02m，并设有厚度为 0.1m 的棱柱形膨胀网格(5 层)，椭球体网格划分效果见图 5.13。

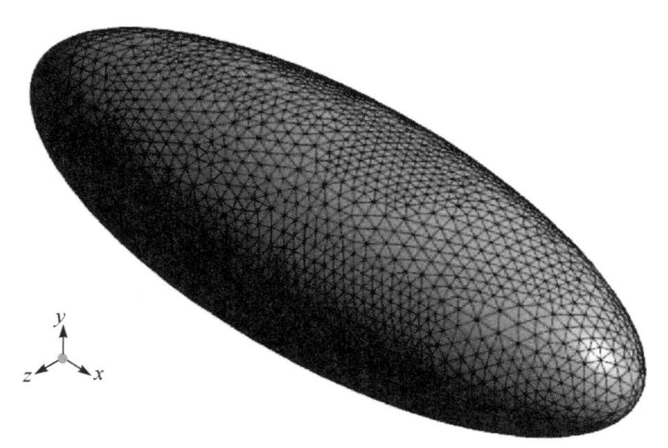

图 5.13　椭球体网格划分效果

与圆球体的附加质量计算类似，设置速度入口、压力出口等边界，四周侧壁为自由滑移壁面，椭球体表面为无滑移壁面。

根据点的速度合成定理可知，某一质点的绝对速度 $\boldsymbol{U}_a$ 等于相对速度 $\boldsymbol{U}_r$ 与牵连速度 $\boldsymbol{U}_e$ 之和。对于无穷远处未受扰动的流体，$\boldsymbol{U}_a=0$，于是得到入口速度为$-\boldsymbol{U}_e$，出口相对压力为零。流域中流体为水，$\rho=997.0\text{kg/m}^3$，$\mu=0.0008899\text{kg/(m}\cdot\text{s)}$。采用层流模型计算。

根据圆球体的计算经验，以下所有的计算中，时间步长均为 0.02s。

5.3.2 λ_{11} 和 λ_{33} 的计算验证

λ_{11}、λ_{22}、λ_{33} 这三个量的计算与圆球体附加质量的计算类似，设置椭球体沿相应的坐标轴做正弦加速运动。根据椭球体的对称性易知 $\lambda_{22}=\lambda_{33}$，所以可只计算其中之一，这里计算 λ_{33}。

1. λ_{11} 的计算

对于 λ_{11}，建立如下的计算流域(图 5.14)，流域长 4.8m，宽和高均为 2m，入口端面距椭球体球心 1.8m。

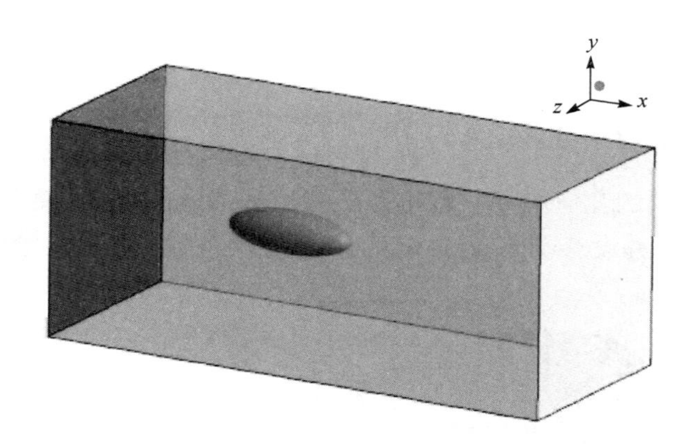

图 5.14　椭球体 λ_{11} 的计算流域

令椭球体的速度为

$$u_0=-0.1,\quad \dot{u}=-0.1\sin\left(\frac{2\pi}{3}t\right)\quad \Rightarrow u=u_0-\frac{0.3}{2\pi}\left[1-\cos\left(\frac{2\pi}{3}t\right)\right]\tag{5.28}$$

其他为零。

对计算得到的纵向力进行傅里叶分析(图 5.15)，得到

$$X = 0.092 - 0.0597\cos\left(\frac{2\pi}{3}t\right) + 1.357\sin\left(\frac{2\pi}{3}t\right) \tag{5.29}$$

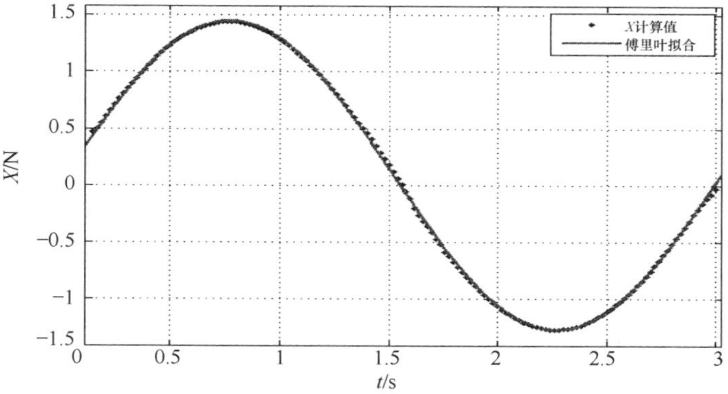

图 5.15　椭球体λ_{11}计算结果与分析

式(5.29)中的正弦分量即与加速度有关的项，于是得到附加质量λ_{11}为

$$\lambda_{11} = -1.357 / (-0.1) \approx 13.6 \tag{5.30}$$

该值比 Lamb 的理论值偏大约 4.6%。

2. λ_{33}的计算

对于λ_{33}的计算，建立如图 5.16 所示的计算流域，流域长 6m、宽 4.8m、高 2m，入口端面距椭球体球心 2m。令椭球体的速度为

$$w_0 = -0.1,\quad \dot{w} = -0.1\sin\left(\frac{2\pi}{3}t\right) \quad \Rightarrow w = w_0 - \frac{0.3}{2\pi}\left[1 - \cos\left(\frac{2\pi}{3}t\right)\right] \tag{5.31}$$

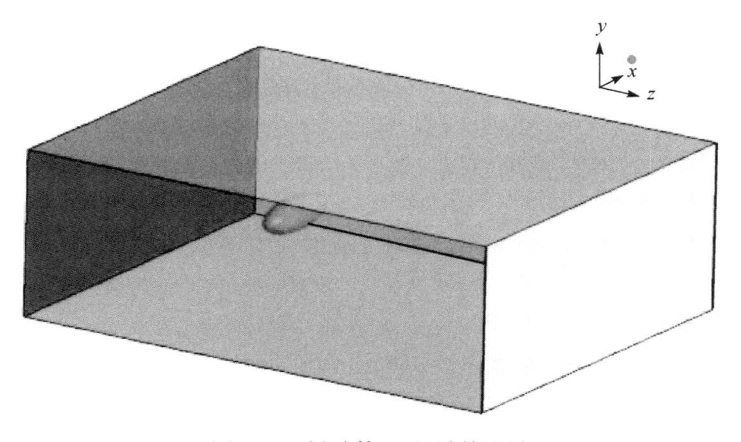

图 5.16　椭球体λ_{33}的计算流域

同理，对 z 方向的受力进行傅里叶分析(图 5.17)得到

$$Z = 0.599 - 0.461\cos\left(\frac{2\pi}{3}t\right) + 8.299\sin\left(\frac{2\pi}{3}t\right) \tag{5.32}$$

于是得到附加质量 λ_{33} 约为 83.0kg，比理论值偏大约 2.2%。

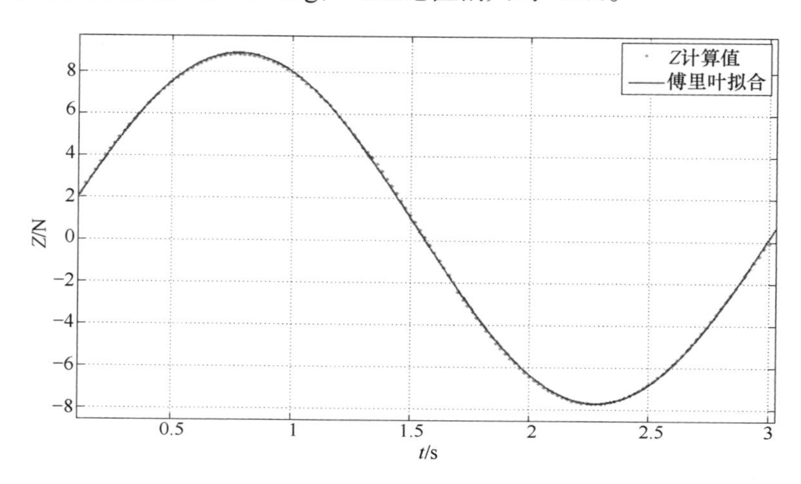

图 5.17 椭球体 λ_{33} 计算结果与分析

5.3.3 λ_{55} 的计算验证

λ_{55} 与 λ_{66} 的计算是椭球体与圆球体不同的关键，也是通过椭球体的附加质量计算所要重点研究的地方。对于本例，因为 λ_{55} 等于 λ_{66}，所以可计算其中之一。

对于这种由角加速度引起的惯性力，最简单的方法就是，设置椭球体进行单自由度的变速旋转，就像计算 λ_{11}、λ_{22} 和 λ_{33} 一样。当涉及旋转运动时，根据第 4 章中形成的经验，流域的选择是关键，若流域选择不恰当，则计算结果将难以收敛。

首先采用 λ_{11} 计算中所使用的方形流域进行试算，结果发现流域的壁面效应过于显著，导致 CFX 求解器溢出，计算无法进行。当在方形流域中增加动量源模拟类似于平面运动机构实现的振荡运动时，计算发现，采用附加动量源法无法得到可靠的解，求解结果误差大。

因此，本书采用模拟旋臂水池和单自由度纯旋转法计算 λ_{55}。

1. 模拟旋臂水池计算 λ_{55}

建立如图 5.18 所示的流域。该流域的横截面是一个长、宽均为 4m 的正方形，侧壁的曲率半径为 8m。

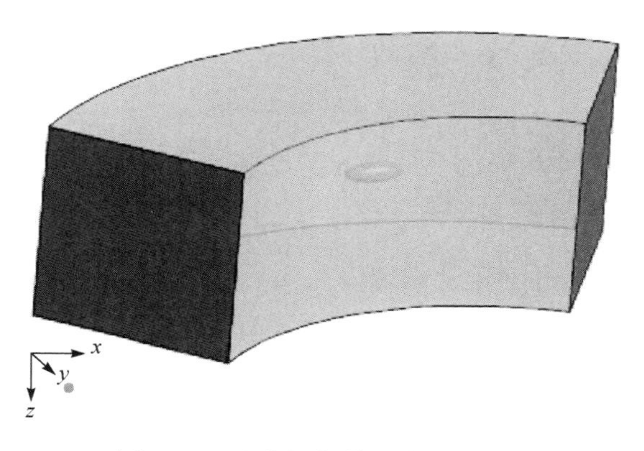

图 5.18 环形流域(旋臂水池模拟)

设置椭球体的运动速度为

$$
\begin{aligned}
&u_0 = 1.6,\quad \dot{u} = 0.4\sin\left(\frac{2\pi}{5}t\right),\quad u = u_0 - \frac{1}{\pi}\left[\cos\left(\frac{2\pi}{5}t\right) - 1\right] \\
&r_0 = 0.2,\quad \dot{r} = 0.05\sin\left(\frac{2\pi}{5}t\right),\quad r = r_0 - \frac{0.125}{\pi}\left[\cos\left(\frac{2\pi}{5}t\right) - 1\right]
\end{aligned}
\tag{5.33}
$$

对计算结果进行傅里叶分析(图 5.19)得到

$$
M = -0.2521 + 0.0744\cos\left(\frac{2\pi}{5}t\right) - 0.249\sin\left(\frac{2\pi}{5}t\right) + \cdots \tag{5.34}
$$

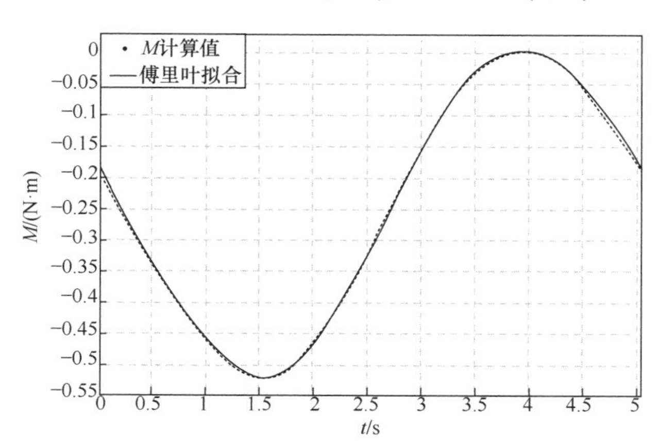

图 5.19 椭球体λ_{55}计算结果与分析(环形流域)

分析式(5.34)可见，椭球体的运动中有两项加速度项，虽然从理论上讲，与加速度$\dot{u}$有关的项应该为零。但是，计算不可避免地会存在误差，经回转半径 R 放大后，其值变得不可忽略，如式(5.35)所示。若要获得 $N_{\dot{r}}$ 的值，必须计算不同回转半径的流域，得到关于 $N_{\dot{u}}$ 、$N_{\dot{r}}$ 的方程组。

$$8N_{\dot{u}}+N_{\dot{r}}=-4.98 \tag{5.35}$$

分别计算回转半径为 6m、7m、9m 的流域，得到

$$6N_{\dot{u}}+N_{\dot{r}}=-4.60,\quad 7N_{\dot{u}}+N_{\dot{r}}=-4.86,\quad 9N_{\dot{u}}+N_{\dot{r}}=-5.02 \tag{5.36}$$

对这些方程采用最小二乘法求解得

$$N_{\dot{u}}=-0.14,\quad N_{\dot{r}}=-3.82 \tag{5.37}$$

即，$\lambda_{66}=3.82\text{kg}\cdot\text{m}^2$，这与理论值非常接近，偏大约 3.2%。

由此可见，模拟旋臂水池计算可以得到附加转动惯量，但是为了修正由旋转半径放大的计算误差，必须进行多组计算，导致计算量增大了数倍。因而，还需要摸索更适宜的计算方法。

2. 单自由度纯旋转法计算λ_{55}

旋臂水池的计算表明，满足期望要求的流场是获得正确解的前提条件，为减少计算次数，可采用纯旋转模拟的情况，采用如图 5.20 所示流域，圆柱形直径为 7m。

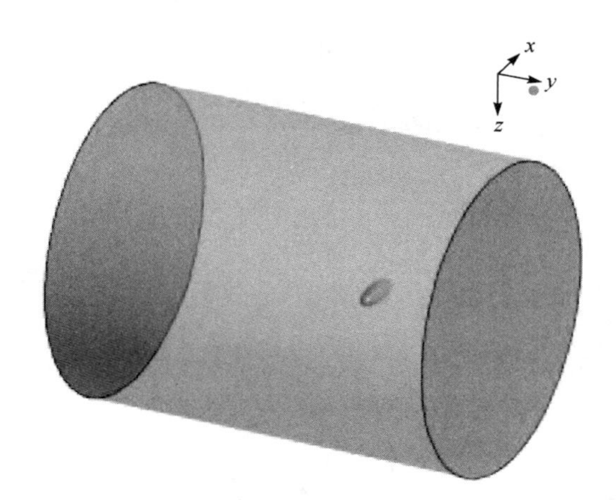

图 5.20　圆柱形流域(纯旋转模拟)

设置椭球体的运动线速度为零，只有旋转速度，令椭球体的角速度为

$$q_0=0.2,\quad \dot{q}=0.05\sin\left(\frac{2\pi}{5}t\right),\quad q=q_0-\frac{0.125}{\pi}\left[\cos\left(\frac{2\pi}{5}t\right)-1\right] \tag{5.38}$$

对计算结果进行傅里叶分析(图 5.21)得到

$$M=-0.06593+0.01532\cos\left(\frac{2\pi}{5}t\right)-0.1871\sin\left(\frac{2\pi}{5}t\right)+\cdots \tag{5.39}$$

据此得到附加转动惯量为 3.74kg·m^2，与理论值几乎一致。单自由度纯旋转法可一次获得附加转动惯量λ_{55}，比旋臂水池模拟要节省计算次数。

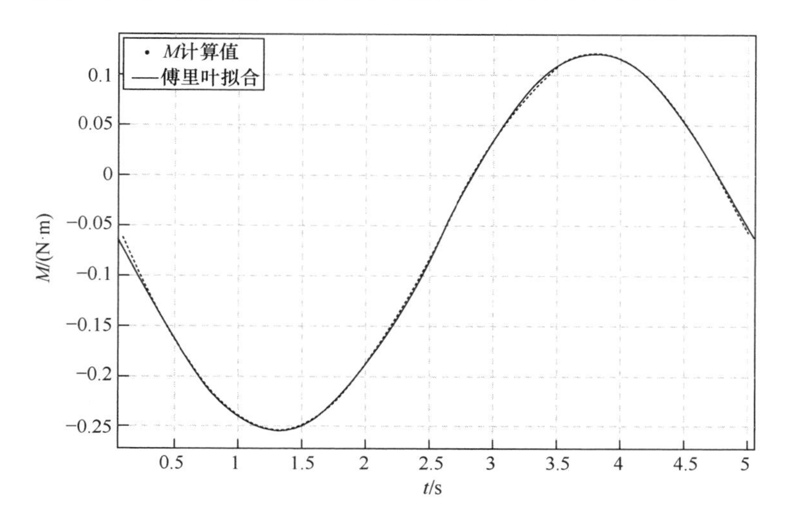

图 5.21　椭球体λ_{55}计算结果与分析(圆柱形流域)

需要注意的是，在圆柱形流域下，椭球体必须做纯旋转运动，即进口流速必须为零，否则同样会产生计算误差。

5.3.4　附加质量计算方法总结

从椭球体附加质量的计算结果看，与转动有关的附加质量可以通过旋臂水池模拟、单自由度纯旋转法模拟两种途径获得。但是，从计算量上来说，应采用单自由度纯旋转模拟法来计算，此时，需要令椭球体没有前进速度。

为了建模简单，在计算λ_{11}、λ_{33}、λ_{55}的时候可以只建立圆柱形流域，这样计算旋转和平动引起的附加质量可以共用同一个模型，分别设置椭球体只有线速度或角速度即可。因而，对所有的附加质量系数，最多需要建立三个模型，进行六次计算。

根据以上计算，以及圆球体附加质量的计算，对附加质量的计算可以给出下列结论：

(1)应该采用层流模型计算附加质量，以节省计算时间。

(2)流域应为圆柱形，并令物体单自由度运动，即只能设置一个速度或角速度正弦或余弦变化。

(3)时间步长对计算精度影响很大，应尽量缩短，但又不能太短，太短则耗费太多的 CPU 时间，一般取周期的 0.5%即可。

(4) 网格对计算精度的影响不是很大，适当就行，如取特征尺度的 5%～10%。

(5) 为了获得一个较好的初始值，最好在开始瞬态计算之前按初始状态进行稳态计算。

(6) 对仿真计算结果进行傅里叶分析，提取出与加速度同相位、同频率的项，即可获得所求的附加质量。

5.4 本章小结

本章对水下机器人所受到的惯性类水动力(附加质量)进行了介绍，水下机器人所受到的惯性类水动力(附加质量)指的是与加速度相关的水动力。在惯性类水动力的研究方法，主要是通过经验公式估算以及水动力试验的方法进行研究。

针对试验研究存在的周期长、成本高并且不具备优化设计能力的现状，本章主要研究了惯性类水动力的 CFD 计算方法。由于其为非定常计算，耗费计算资源且对其研究较少，现有的计算方法中，利用势流理论进行计算是主流，但是为了与黏性类水动力计算方法相一致，本章研究了利用 CFD 方法计算惯性类水动力的方法。

由于惯性类水动力 CFD 计算是典型的非定常计算，非常消耗计算资源，所以为了简化计算，并且最关键的是与理论值有比对参照，本章选用了圆球体和椭球体进行附加质量 CFD 计算方法验证。

在计算之前，本章先推导了惯性类水动力(附加质量)在水下机器人运动模型中的表达形式，得到了附加质量矩阵，并通过理论分析和简化，最终得到了实际用于水下机器人的 9 个惯性类水动力系数。

为了验证计算方法的可行性，本章利用椭球体为研究对象，计算了椭球体的附加质量，计算方法为模拟拖曳水池的匀加速度和模拟平面运动机构的正弦变加速度。计算结果表明，这两种方法均能够得到圆球体的附加质量，但是需要注意在这种非定常计算中得到的阻力值不能用于稳态分析。通过圆球体的计算验证，统一了黏性类水动力与惯性类水动力的计算方法，使得其统一于一个计算框架体系之下。

在圆球体的计算验证可行之后，本章研究了类似于 AUV 的椭球体的惯性类水动力(附加质量)的计算方法。在椭球体的附加质量计算中，对λ_{11}、λ_{33}和λ_{55}的计算方法分别进行了研究，最终证明了圆柱形流域是最适合进行惯性类水动力计算的流域设置方案。并且在λ_{55}的计算中证明了计算误差的存在与消除方法。通过椭球体的附加质量计算证明水下机器人的附加质量是可以通过 CFD 计算方法来获取的。

通过本章的研究，验证了 CFD 方法计算惯性类水动力的可行性，并得到了提高准确度的方法，最重要的是与黏性类水动力的计算方法得到了统一，为搭建大规模自动化计算环境提供了方法准备。

参考文献

[1] 李天森. 鱼雷操纵性[M]. 2 版. 北京：国防工业出版社, 2007.

[2] Hess J L, Smith A M O. Calculation of nonlifting potential flow about arbitrary three-dimensional bodies[J]. Journal of Ship Research, 1964, 8(2) : 22-24.

[3] 李殿璞. 船舶运动与建模[M]. 北京：国防工业出版社，2008.

6 水下机器人水动力系数辨识

为了实时计算出机器人所受到的各种水动力，发展出如第 2 章空间运动方程所示的近似水动力模型。这种近似水动力模型将机器人所受到的水动力看作机器人运动状态的函数，并通过泰勒展开得到了水动力的解析表达式[1]。

$$
\begin{aligned}
\boldsymbol{F} &= \boldsymbol{F}_0 + \frac{\partial \boldsymbol{F}}{\partial \boldsymbol{U}}\Delta \boldsymbol{U} + \frac{\partial \boldsymbol{F}}{\partial \dot{\boldsymbol{U}}}\Delta \dot{\boldsymbol{U}} + \frac{\partial \boldsymbol{F}}{\partial \boldsymbol{\Omega}}\Delta \boldsymbol{\Omega} + \frac{\partial \boldsymbol{F}}{\partial \dot{\boldsymbol{\Omega}}}\Delta \dot{\boldsymbol{\Omega}} + \cdots \\
&= \boldsymbol{F}_0 + \boldsymbol{F}_U \Delta \boldsymbol{U} + \boldsymbol{F}_{\dot{U}} \Delta \dot{\boldsymbol{U}} + \boldsymbol{F}_{\Omega} \Delta \boldsymbol{\Omega} + \boldsymbol{F}_{\dot{\Omega}} \Delta \dot{\boldsymbol{\Omega}} + \cdots
\end{aligned}
$$

式中，$\frac{\partial \boldsymbol{F}}{\partial \boldsymbol{U}}$、$\frac{\partial \boldsymbol{F}}{\partial \dot{\boldsymbol{U}}}$、$\frac{\partial \boldsymbol{F}}{\partial \boldsymbol{\Omega}}$、$\frac{\partial \boldsymbol{F}}{\partial \dot{\boldsymbol{\Omega}}}$等为水动力系数，只与水下机器人的外形以及运动状态有关。机器人运动过程中的速度 $\boldsymbol{U}$、加速度 $\dot{\boldsymbol{U}}$、角速度 $\boldsymbol{\Omega}$、角加速度 $\dot{\boldsymbol{\Omega}}$ 等运动参数是可测量得到的，可看作已知量，因而要想实时计算出机器人所受到的水动力，只需要知道水动力系数的值，然而水动力系数是不可量测的，只能通过辨识的手段获得。

水动力系数的辨识可看作水动力计算的逆过程，是通过机器人给定运动状态下测量得到的水动力及运动参数，通过一定的辨识算法来求解未知的水动力系数。水动力系数的辨识对水下机器人的运动性能预报与分析、总体设计与优化、运动控制与仿真等研究有着重要的作用，其基本流程如图 6.1 所示。

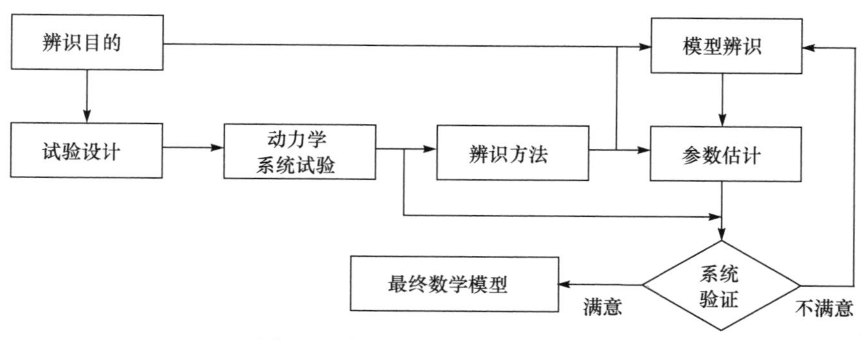

图 6.1　水动力系数辨识基本流程

系统辨识方法在水下机器人以及飞机、导弹、舰船、潜艇、鱼雷等其他运动体的研制中有着重要应用，飞机设计阶段经常采用的风洞试验以及舰船设计阶段采用的水池试验等都属于系统辨识的范畴[1-3]。

6.1 水动力系数辨识原理

水动力系数辨识属于系统辨识的一种，系统辨识的基本思想是：根据系统运行或试验测得的数据，按照给定的“系统等价准则”，从一群候选数学模型集合中，确定出一个与系统特性等价的数学模型[2]。系统辨识的流程包括模型辨识、试验设计、辨识试验、辨识算法以及辨识结果验证几个部分。

系统辨识中一个非常重要的环节就是辨识试验设计，试验设计直接决定了数据获取的方式，目前在水动力系数辨识中常用的数据获取手段包括模型试验、CFD 计算以及实航试验。模型试验最为有效和可靠，目前在国内外应用较为广泛，但试验费用高，周期长，更重要的是无法嵌入基于计算机的综合优化设计流程中。因此，水动力系数辨识比较常用的手段是基于 CFD 计算以及实航试验的辨识[3]。

6.1.1 动力学模型结构与参数估计

水下机器人的完整水动力模型如第 2 章所述，理论上包含无穷多项，在实际使用中十分不便，为了便于工程应用，必须对完整水动力模型进行必要的简化。机器人的水动力模型结构与其外形有很大关系，不同外形的机器人在动力学模型结构上有较大差别，主要表现为起主要作用的水动力系数会发生变化，因而简化后的水动力模型结构也会发生很大变化[4]。

因此，对于传统的回转体式水下机器人可借鉴潜艇运动模型的结构，而对于日渐出现的扁平式、立扁式、圆碟形以及翼身融合体等非回转体式水下机器人，其外形与传统的回转体式有很大的差别，对于此类机器人的水动力系数辨识，不能简单借用回转体的动力学结构，必须首先对其进行动力学结构的辨识。

动力学结构辨识主要是确定泰勒展开式中起主要作用的水动力项，其主要过程就是根据机器人不同运动状态下测得的水动力，从一系列候选的模型集中，选取对水动力预测最为准确的模型。

在模型结构辨识之后，数学模型的结构即被确定，整个辨识问题变成根据辨识准则函数和试验数据求取模型中的待定参数，也就是参数估计问题，这是系统辨识定量研究的核心阶段[5,6]。参数估计包括辨识准则函数的确定和优化算法两部分，辨识准则将参数估计问题变换为求一个泛函极值的问题。目前，常用的辨识准则有最大似然准则[7,8]、贝叶斯准则[9]、最小方差准则[10]等。

6.1.2 辨识算法

1. 基本原理

以易理解的线性系统为例：

$$\boldsymbol{y}=\boldsymbol{X\theta}+\boldsymbol{\varepsilon} \tag{6.1}$$

式中，$\boldsymbol{y}$ 为观测矢量；$\boldsymbol{X}$ 为参数灵敏度系数矩阵；$\boldsymbol{\theta}$ 为待估参数；$\boldsymbol{\varepsilon}$ 为测量噪声。

2. 最小二乘法

水下机器人实际使用的辨识算法以最小二乘法居多。在实际计算中，系统输出的观测值与模型输出之差称为残差，使残差平方和最小的方法即最小二乘法。

残差平方和为

$$\boldsymbol{J}=\boldsymbol{v}^{\mathrm{T}}\boldsymbol{v}=(\boldsymbol{y}-\boldsymbol{X}\hat{\boldsymbol{\theta}})^{\mathrm{T}}\boldsymbol{B}^{-1}(\boldsymbol{y}-\boldsymbol{X}\hat{\boldsymbol{\theta}}) \tag{6.2}$$

令 $\partial\boldsymbol{J}/\partial\hat{\boldsymbol{\theta}}=0$，求出 $\hat{\boldsymbol{\theta}}=\hat{\boldsymbol{\theta}}_L$，即最小二乘估计值：

$$\hat{\boldsymbol{\theta}}_L=(\boldsymbol{X}^{\mathrm{T}}\boldsymbol{B}^{-1}\boldsymbol{X})^{-1}\boldsymbol{X}^{\mathrm{T}}\boldsymbol{B}^{-1}\boldsymbol{y} \tag{6.3}$$

当噪声为白噪声且等方差时，$\boldsymbol{B}=\sigma^2\boldsymbol{I}$，则有

$$\hat{\boldsymbol{\theta}}_L=(\boldsymbol{X}^{\mathrm{T}}\boldsymbol{X})^{-1}\boldsymbol{X}^{\mathrm{T}}\boldsymbol{y} \tag{6.4}$$

最小二乘法的两个基本特性如下：

估计值是无偏的，即

$$E(\hat{\boldsymbol{\theta}}_L)=(\boldsymbol{X}^{\mathrm{T}}\boldsymbol{B}^{-1}\boldsymbol{X})^{-1}\boldsymbol{X}^{\mathrm{T}}\boldsymbol{B}^{-1}E(\boldsymbol{y})=(\boldsymbol{X}^{\mathrm{T}}\boldsymbol{B}^{-1}\boldsymbol{X})^{-1}\boldsymbol{X}^{\mathrm{T}}\boldsymbol{B}^{-1}[\boldsymbol{X\theta}+E(\boldsymbol{v})]=\boldsymbol{\theta} \tag{6.5}$$

估计值的协方差为

$$\mathrm{cov}(\hat{\boldsymbol{\theta}}_L)=E[(\boldsymbol{\theta}-\hat{\boldsymbol{\theta}}_L)(\boldsymbol{\theta}-\hat{\boldsymbol{\theta}}_L)^{\mathrm{T}}]=(\boldsymbol{X}^{\mathrm{T}}\boldsymbol{B}^{-1}\boldsymbol{X})^{-1} \tag{6.6}$$

在测量噪声为等方差、白噪声情况下，有

$$\mathrm{cov}(\hat{\boldsymbol{\theta}}_L)=\sigma^2(\boldsymbol{X}^{\mathrm{T}}\boldsymbol{X})^{-1} \tag{6.7}$$

6.2 基于 CFD 计算的水动力系数辨识

6.2.1 水下机器人实例

接下来本节通过一个实际辨识例子来说明通过 CFD 计算进行水动力系数辨

识的流程。某型水下机器人外形如图 6.2 所示，该机器人是中国科学院沈阳自动化研究所研制的某型 AUV，机器人外形为典型的回转体构型，因而，其水动力模型结构采用经典的潜艇动力学结构，并进行适当修正。

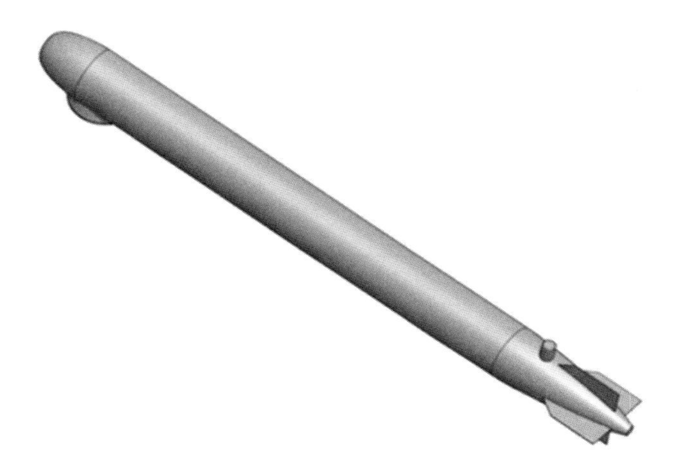

图 6.2　某型水下机器人外形

由于辨识计算工况众多，所以采用批处理的方式进行计算，这样省去了很多重复的网格划分及边界条件设置的工作。计算结束后便可以根据每个工况计算得到的水动力及力矩进行水动力系数的辨识工作。

由于水动力系数众多，所以辨识分步进行，如表 6.1 所示，分步辨识也可称为解耦辨识，就是通过设置机器人的运动方式，使得每次仅有一个运动方向上的水动力系数处于可辨识状态，其他运动方向上的已辨识参数作为已知数直接代入。由于回转运动时既有前向速度又有回转角速度，所以辨识时先辨识位置类水动力系数，再辨识回转类水动力系数。

表 6.1　水动力系数辨识分组

试验类别	运动方式	辨识参数
低速风洞	水平直航	X_u 、 X_{uu} 、 Z_{uu} 、 M'_{uu}
	垂直面变攻角	X_{ww} 、 Z'_{ww} 、 $Z'_{w\|w\|}$ 、 Z'_w 、 $Z'_{\|w\|}$ 、 M'_w 、 $M'_{\|w\|}$ 、 M'_{ww} 、 $M'_{w\|w\|}$
	水平面变漂角	X_{vv} 、 Y_{uv} 、 $Y_{\|v\|v}$ 、 $Z'_{vv}v^2$ 、 K'_v 、 $K'_{v\|v\|}$ 、 M'_{vv} 、 N'_v 、 $N'_{v\|v\|}$
	空间变攻角变漂角	Y'_{vw} 、 K'_{vw} 、 N'_{vw}
	变舵角	$X'_{\delta_{bl}\delta_{bl}}$ 、 $X'_{\delta_{br}\delta_{br}}$ 、 $X'_{\delta_{sl}\delta_{sl}}$ 、 $X'_{\delta_{sr}\delta_{sr}}$ 、 $Y'_{\delta_{bl}\delta_{bl}}$ 、 $Y'_{\delta_{br}\delta_{br}}$ 、 $Y'_{\delta_{sl}\delta_{sl}}$ 、 $Y'_{\delta_{sr}\delta_{sr}}$ 、 $Z'_{\delta_{bl}\delta_{bl}}$ 、 $Z'_{\delta_{br}\delta_{br}}$ 、 $Z'_{\delta_{sl}\delta_{sl}}$ 、 $Z'_{\delta_{sr}\delta_{sr}}$ 、 $K'_{\delta_{bl}\delta_{bl}}$ 、 $K'_{\delta_{br}\delta_{br}}$ 、 $K'_{\delta_{sl}\delta_{sl}}$ 、 $K'_{\delta_{sr}\delta_{sr}}$ 、 $M'_{\delta_{bl}\delta_{bl}}$ 、 $M'_{\delta_{br}\delta_{br}}$ 、 $M'_{\delta_{sl}\delta_{sl}}$ 、 $M'_{\delta_{sr}\delta_{sr}}$ 、 $N'_{\delta_{bl}\delta_{bl}}$ 、 $N'_{\delta_{br}\delta_{br}}$ 、 $N'_{\delta_{sl}\delta_{sl}}$ 、 $N'_{\delta_{sr}\delta_{sr}}$

续表

试验类别	运动方式	辨识参数
旋臂水池水平面回转	变漂角变半径	X'_{rr}、X'_{vr}、Y'_{r}、$Y'_{v\|r\|}$、$Y'_{r\|r\|}$、Z'_{rr}、M'_{rr}、M'_{vr}、$N'_{\dot{r}}$、$N'_{r\|r\|}$、$N'_{\|v\|r}$
	变攻角变半径	Y'_{wr}、$Z'_{w\|r\|}$、K'_{p}、$M'_{w\|r\|}$、N'_{wr}
	变横倾角变半径	—
旋臂水池垂直面回转	变攻角变半径	X'_{qq}、X'_{wq}、$Z'_{q\|q\|}$、Z'_{q}、$Z'_{w\|q\|}$、$M'_{\dot{q}}$、$M'_{q\|q\|}$、M'_{q}、$M'_{\|w\|q}$
	变漂角变半径	Y'_{vq}、$Z'_{\|v\|q}$、$M'_{\|v\|q}$、N'_{vq}
	变横倾角变半径	—

6.2.2 速度类水动力系数辨识

1. 纵向力系数

计算 X_u、X_{uu}、Z'_{uu}、M'_{uu}，由于此时机器人匀速直航，无攻角、漂角、舵角，所以此时的水动力公式变为

$$\begin{cases} X = X_u u + X_{uu} u^2 \\ Z = \dfrac{\rho}{2} L^2 Z'_{uu} u^2 \\ M = \dfrac{\rho}{2} L^3 M'_{uu} u^2 \end{cases} \tag{6.8}$$

将不同速度下的 X 方向作用力代入，得到

$$\begin{bmatrix} X_1 \\ X_2 \\ \vdots \\ X_n \end{bmatrix} = \begin{bmatrix} u_1 & u_1|u_1| \\ u_2 & u_2|u_2| \\ \vdots & \vdots \\ u_n & u_n|u_n| \end{bmatrix} \begin{bmatrix} X_u \\ X_{u|u|} \end{bmatrix} \tag{6.9}$$

将其写为通用矩阵方程的形式得到

$$\boldsymbol{Y} = \boldsymbol{A}\boldsymbol{X} \tag{6.10}$$

由最小二乘法得到

$$\boldsymbol{X} = \left(\boldsymbol{A}^{\mathrm{T}}\boldsymbol{A}\right)^{-1}\boldsymbol{Y} \tag{6.11}$$

2. 垂向力系数

计算 X'_{ww}、Z'_{ww}、$Z'_{w|w|}$、Z'_{w}、$Z'_{|w|}$、M'_{w}、$M'_{|w|}$、M'_{ww}、$M'_{w|w|}$，此时机器人

以一定的攻角匀速航行，既有前向速度 u，又有垂向速度 w，此时，机器人各水动力方程变为

$$\begin{cases} X = X_u u + X_{uu} uu + \dfrac{\rho}{2} L^2 X'_{ww} w^2 \\ Z = \dfrac{\rho}{2} L^2 \left(Z'_{uu} u^2 + Z'_w uw + Z'_{|w|} u|w| \right) + \dfrac{\rho}{2} L^2 \left(Z'_{ww} ww + Z'_{w|w|} w|w| \right) \\ M = \dfrac{\rho}{2} L^3 \left(M'_{uu} u^2 + M'_w uw + M'_{|w|} u|w| + M'_{ww} ww + M'_{w|w|} w|w| \right) \end{cases} \tag{6.12}$$

若将方程中已经辨识出的参数看作已知，并移动至方程的左边，则上述方程变为

$$\begin{cases} X - X_u u - X_{uu} uu = \dfrac{\rho}{2} L^2 X'_{ww} w^2 \\ Z - \dfrac{\rho}{2} L^2 Z'_{uu} u^2 = \dfrac{\rho}{2} L^2 \left(Z'_w uw + Z'_{|w|} u|w| \right) + \dfrac{\rho}{2} L^2 \left(Z'_{ww} ww + Z'_{w|w|} w|w| \right) \\ M - \dfrac{\rho}{2} L^3 M'_{uu} u^2 = \dfrac{\rho}{2} L^3 \left(M'_w uw + M'_{|w|} u|w| + M'_{ww} ww + M'_{w|w|} w|w| \right) \end{cases} \tag{6.13}$$

将不同攻角时机器人的前向速度 u、垂向速度 w 以及各水动力的值代入上述方程，Z 向水动力系数为

$$\begin{bmatrix} Z_1 \\ Z_2 \\ \vdots \\ Z_n \end{bmatrix} = \frac{\rho}{2} L^2 \begin{bmatrix} (uw)_1 & (u|w|)_1 & (ww)_1 & (w|w|)_1 \\ (uw)_2 & (u|w|)_2 & (ww)_2 & (w|w|)_2 \\ \vdots & \vdots & \vdots & \vdots \\ (uw)_n & (u|w|)_n & (ww)_n & (w|w|)_n \end{bmatrix} \begin{bmatrix} Z'_w \\ Z'_{|w|} \\ Z'_{ww} \\ Z'_{w|w|} \end{bmatrix} \tag{6.14}$$

式中，下标表示不同工况下计算得到的数据。

M 向水动力系数为

$$\begin{bmatrix} M_1 \\ M_2 \\ \vdots \\ M_n \end{bmatrix} = \frac{\rho}{2} L^2 \begin{bmatrix} (uw)_1 & (u|w|)_1 & (ww)_1 & (w|w|)_1 \\ (uw)_2 & (u|w|)_2 & (ww)_2 & (w|w|)_2 \\ \vdots & \vdots & \vdots & \vdots \\ (uw)_n & (u|w|)_n & (ww)_n & (w|w|)_n \end{bmatrix} \begin{bmatrix} M_w \\ M_{|w|} \\ M_{ww} \\ M_{w|w|} \end{bmatrix} \tag{6.15}$$

式中，下标表示不同工况下计算得到的数据。

将其写为通用矩阵方程的形式得到

$$\boldsymbol{Y} = \boldsymbol{AX}$$

由最小二乘法得到

$$\boldsymbol{X} = \left(\boldsymbol{A}^{\mathrm{T}} \boldsymbol{A} \right)^{-1} \boldsymbol{Y}$$

3. 横向力系数

计算 X'_{vv} 、Y'_{v} 、$Y'_{v|v|}$ 、Z'_{vv} 、K'_{v} 、$K'_{v|v|}$ 、M'_{vv} 、N'_{v} 、$N'_{v|v|}$ ，此时机器人以一定的漂角匀速航行，既有前向速度 u，又有横向速度 v，机器人各水动力方程变为

$$\begin{cases} X - X_u u - X_{u|u|} u|u| = \dfrac{\rho}{2} L^2 X'_{vv} v^2 \\ Y = \dfrac{\rho}{2} L^2 \left(Y'_v uv + Y'_{v|v|} v|v| \right) \\ Z - \dfrac{\rho}{2} L^2 Z'_{uu} u^2 = \dfrac{\rho}{2} L^2 Z'_{vv} v^2 \\ K = \dfrac{\rho}{2} L^3 \left(K'_v uv + K'_{v|v|} v|v| \right) \\ M - \dfrac{\rho}{2} L^3 M'_{uu} u^2 = \dfrac{\rho}{2} L^3 M'_{vv} v^2 \\ N = \dfrac{\rho}{2} L^3 \left(N'_v uv + N'_{v|v|} v|v| \right) \end{cases} \tag{6.16}$$

将不同工况下的水动力及运动参数代入上述各方程，得到

$$\begin{cases} \begin{bmatrix} Y_1 \\ \vdots \\ Y_n \end{bmatrix} = \begin{bmatrix} (uv)_1 & (v|v|)_1 \\ \vdots & \vdots \\ (uv)_n & (v|v|)_n \end{bmatrix} \begin{bmatrix} Y'_v \\ Y'_{v|v|} \end{bmatrix} \\ \begin{bmatrix} K_1 \\ \vdots \\ K_n \end{bmatrix} = \begin{bmatrix} (uv)_1 & (v|v|)_1 \\ \vdots & \vdots \\ (uv)_n & (v|v|)_n \end{bmatrix} \begin{bmatrix} K'_v \\ K'_{v|v|} \end{bmatrix} \\ \begin{bmatrix} N_1 \\ \vdots \\ N_n \end{bmatrix} = \begin{bmatrix} (uv)_1 & (v|v|)_1 \\ \vdots & \vdots \\ (uv)_n & (v|v|)_n \end{bmatrix} \begin{bmatrix} N'_v \\ N'_{v|v|} \end{bmatrix} \end{cases} \tag{6.17}$$

将其写为通用矩阵方程的形式得到

$$\boldsymbol{Y} = \boldsymbol{A}\boldsymbol{X}$$

由最小二乘法得到

$$\boldsymbol{X} = \left(\boldsymbol{A}^{\mathrm{T}} \boldsymbol{A} \right)^{-1} \boldsymbol{Y}$$

4. 横向力垂向力耦合系数

计算 Y'_{vw} 、K'_{vw} 、N'_{vw} ，侧向力 Y、横滚力矩 K、偏航力矩 N，采用式(6.18)计算：

$$\begin{cases} Y-\dfrac{\rho}{2}L^2\left(Y'_v uv+Y'_{v|v|}v|v|\right)=\dfrac{\rho}{2}L^2\left(Y'_{vw}vw\right) \\ K-\dfrac{\rho}{2}L^3\left(K'_v uv+K'_{v|v|}v|v|\right)=\dfrac{\rho}{2}L^3\left(K'_{vw}vw\right) \\ N-\dfrac{\rho}{2}L^3\left(N'_v uv+N'_{v|v|}v|v|\right)=\dfrac{\rho}{2}L^3\left(N'_{vw}vw\right) \end{cases} \tag{6.18}$$

将不同算例下的水动力及运动参数代入得到

$$\begin{cases} \begin{bmatrix} Y_1 \\ \vdots \\ Y_n \end{bmatrix}-\dfrac{\rho}{2}L^2\begin{bmatrix} (uv)_1 & (v|v|)_1 \\ \vdots & \vdots \\ (uv)_n & (v|v|)_n \end{bmatrix}\begin{bmatrix} Y'_v \\ Y'_{v|v|} \end{bmatrix}=\dfrac{\rho}{2}L^2\begin{bmatrix} (vw)_1 \\ \vdots \\ (vw)_n \end{bmatrix}Y'_{vw} \\ \begin{bmatrix} K_1 \\ \vdots \\ K_n \end{bmatrix}-\dfrac{\rho}{2}L^3\begin{bmatrix} (uv)_1 & (v|v|)_1 \\ \vdots & \vdots \\ (uv)_n & (v|v|)_n \end{bmatrix}\begin{bmatrix} K'_v \\ K'_{v|v|} \end{bmatrix}=\dfrac{\rho}{2}L^3\begin{bmatrix} (vw)_1 \\ \vdots \\ (vw)_n \end{bmatrix}K'_{vw} \\ \begin{bmatrix} N_1 \\ \vdots \\ N_n \end{bmatrix}-\dfrac{\rho}{2}L^3\begin{bmatrix} (uv)_1 & (v|v|)_1 \\ \vdots & \vdots \\ (uv)_n & (v|v|)_n \end{bmatrix}\begin{bmatrix} N'_v \\ N'_{v|v|} \end{bmatrix}=\dfrac{\rho}{2}L^3\begin{bmatrix} (vw)_1 \\ \vdots \\ (vw)_n \end{bmatrix}N'_{vw} \end{cases} \tag{6.19}$$

将其写为通用矩阵方程的形式得到

$$\boldsymbol{Y}=\boldsymbol{AX}$$

由最小二乘法得到

$$\boldsymbol{X}=\left(\boldsymbol{A}^{\mathrm{T}}\boldsymbol{A}\right)^{-1}\boldsymbol{Y}$$

5. 转艏力系数

计算 X'_{rr}、Y'_r、$Y'_{r|r|}$、Z'_{rr}、M'_{rr}、$N'_{r|r|}$，机器人以不同的半径进行水平回转运动，得

$$\begin{cases} X-X_u u-X_{u|u|}u|u|=\dfrac{\rho}{2}L^4X'_{rr}r^2 \\ Y=\dfrac{\rho}{2}L^4\left(Y'_{r|r|}r|r|\right)+\dfrac{\rho}{2}L^3Y'_r ur \\ Z-\dfrac{\rho}{2}L^2Z'_{uu}u^2=\dfrac{\rho}{2}L^4Z'_{rr}r^2 \\ M-\dfrac{\rho}{2}L^3M'_{uu}u^2=\dfrac{\rho}{2}L^5M'_{rr}r^2 \\ N=\dfrac{\rho}{2}L^5N'_{r|r|}r|r|+\dfrac{\rho}{2}L^4N'_r ur \end{cases} \tag{6.20}$$

将不同算例下的水动力及运动参数代入其中得到

$$\begin{cases}\begin{bmatrix}Y_1\\ \vdots\\ Y_n\end{bmatrix}=\begin{bmatrix}\frac{\rho}{2}L^4\left(r|r|\right)_1 & \frac{\rho}{2}L^3\left(ur\right)_1\\ \vdots & \vdots\\ \frac{\rho}{2}L^4\left(r|r|\right)_n & \frac{\rho}{2}L^3\left(ur\right)_n\end{bmatrix}\begin{bmatrix}Y'_{r|r|}\\ Y'_r\end{bmatrix}\\ \begin{bmatrix}N_1\\ \vdots\\ N_n\end{bmatrix}=\begin{bmatrix}\frac{\rho}{2}L^4\left(r|r|\right)_1 & \frac{\rho}{2}L^3\left(ur\right)_1\\ \vdots & \vdots\\ \frac{\rho}{2}L^4\left(r|r|\right)_n & \frac{\rho}{2}L^3\left(ur\right)_n\end{bmatrix}\begin{bmatrix}N'_{r|r|}\\ N'_r\end{bmatrix}\end{cases} \tag{6.21}$$

将其写为通用矩阵方程的形式得到

$$\boldsymbol{Y}=\boldsymbol{AX}$$

由最小二乘法得到

$$\boldsymbol{X}=\left(\boldsymbol{A}^{\mathrm{T}}\boldsymbol{A}\right)^{-1}\boldsymbol{Y}$$

6. 横向力转艏力耦合系数

计算 X'_{vr}、$Y'_{v|r|}$、M'_{vr}、$N'_{|v|r}$，机器人以一定的漂角进行水平回转运动，得

$$\begin{cases}X-\left(X_u u+X_{u|u|}u|u|+\frac{\rho}{2}L^4X'_{rr}r^2+\frac{\rho}{2}L^2X'_{vv}v^2\right)=\frac{\rho}{2}L^3X'_{vr}vr\\ Y-\left(\frac{\rho}{2}L^4Y'_{r|r|}r|r|+\frac{\rho}{2}L^3Y'_r ur+\frac{\rho}{2}L^2Y'_v uv+\frac{\rho}{2}L^2Y'_{v|v|}v|v|\right)=\frac{\rho}{2}L^3\left(Y'_{v|r|}v|r|\right)\\ M-\left(\frac{\rho}{2}L^5M'_{rr}r^2+\frac{\rho}{2}L^3M'_{uu}u^2+\frac{\rho}{2}L^3M'_{vv}v^2\right)=\frac{\rho}{2}L^4M'_{vr}vr\\ N-\left(\frac{\rho}{2}L^5N'_{r|r|}r|r|+\frac{\rho}{2}L^4N'_r ur+\frac{\rho}{2}L^3N'_v uv+\frac{\rho}{2}L^3N'_{v|v|}v|v|\right)=\frac{\rho}{2}L^4N'_{|v|r}|v|r\end{cases} \tag{6.22}$$

将其写为通用矩阵方程的形式得到

$$\boldsymbol{Y}=\boldsymbol{AX}$$

由最小二乘法得到

$$\boldsymbol{X}=\left(\boldsymbol{A}^{\mathrm{T}}\boldsymbol{A}\right)^{-1}\boldsymbol{Y}$$

7. 垂向力转艏力耦合系数

计算 Y'_{wr}、$Z'_{w|r|}$、K'_p、$M'_{w|r|}$、N'_{wr}，水平面以一定攻角回转，得

$$\begin{cases} Y-\dfrac{\rho}{2}L^4Y'_{r|r|}r|r|-\dfrac{\rho}{2}L^3Y'_rur=\dfrac{\rho}{2}L^3Y'_{wr}wr \\ Z-\dfrac{\rho}{2}L^4Z'_{rr}r^2-\dfrac{\rho}{2}L^2\left(Z'_{uu}u^2+Z'_wuw+Z'_{|w|}u|w|\right) \\ -\dfrac{\rho}{2}L^2\left(Z'_{ww}ww+Z'_{w|w|}w|w|\right)=\dfrac{\rho}{2}L^3Z'_{w|r|}w|r| \\ K=\dfrac{\rho}{2}L^4K'_pup \\ M-\dfrac{\rho}{2}L^3\left(M'_{uu}u^2+M'_wuw+M'_{|w|}u|w|+M'_{ww}ww\right) \\ -\dfrac{\rho}{2}L^3M'_{w|w|}w|w|-\dfrac{\rho}{2}L^5M'_{rr}r^2=\dfrac{\rho}{2}L^4M'_{w|r|}w|r| \\ N-\dfrac{\rho}{2}L^5N'_{r|r|}r|r|-\dfrac{\rho}{2}L^4N'_rur-=\dfrac{\rho}{2}L^4N'_{wr}wr \end{cases} \tag{6.23}$$

将其写为通用矩阵方程的形式得到

$$\boldsymbol{Y}=\boldsymbol{AX}$$

由最小二乘法得到

$$\boldsymbol{X}=\left(\boldsymbol{A}^{\mathrm{T}}\boldsymbol{A}\right)^{-1}\boldsymbol{Y}$$

8. 俯仰力矩系数

计算 X'_{qq} 、 $Z'_{q|q|}$ 、 Z'_q 、 $M'_{\dot{q}}$ 、 $M'_{q|q|}$ 、 M'_q ，机器人进行垂直面回转，得

$$\begin{cases} X-X_uu-X_{u|u|}u|u|=\dfrac{\rho}{2}L^4X'_{qq}q^2 \\ Z-\dfrac{\rho}{2}L^3Z'_quq-\dfrac{\rho}{2}L^2Z'_{uu}u^2=\dfrac{\rho}{2}L^4Z'_{q|q|}q|q| \\ M-\dfrac{\rho}{2}L^4M'_quq-\dfrac{\rho}{2}L^3M'_{uu}u^2=\dfrac{\rho}{2}L^5M'_{q|q|}q|q| \end{cases} \tag{6.24}$$

将其写为通用矩阵方程的形式得到

$$\boldsymbol{Y}=\boldsymbol{AX}$$

由最小二乘法得到

$$\boldsymbol{X}=\left(\boldsymbol{A}^{\mathrm{T}}\boldsymbol{A}\right)^{-1}\boldsymbol{Y}$$

9. 垂向力俯仰力矩耦合系数

计算 X'_{wq} 、 $Z'_{w|q|}$ 、 $M'_{|w|q}$ ，机器人以一定攻角进行垂直面回转，得

$$\begin{cases} X-\left(X_u u+X_{u|u|}u|u|+\dfrac{\rho}{2}L^4X'_{qq}q^2+\dfrac{\rho}{2}L^2X'_{ww}w^2\right)=\dfrac{\rho}{2}L^3X'_{wq}wq \\ Z-\left[\dfrac{\rho}{2}L^4Z'_{q|q|}q|q|+\dfrac{\rho}{2}L^3Z'_q uq+\dfrac{\rho}{2}L^2\left(Z'_{uu}u^2+Z'_w uw+Z'_{|w|}u|w|\right)\right. \\ \left.+\dfrac{\rho}{2}L^2\left(Z'_{ww}ww+Z'_{w|w|}w|w|\right)\right]=\dfrac{\rho}{2}L^3Z'_{w|q|}w|q| \\ M-\left[\dfrac{\rho}{2}L^5M'_{q|q|}q|q|+\dfrac{\rho}{2}L^4M'_q uq+\dfrac{\rho}{2}L^3\left(M'_{uu}u^2+M'_w uw+M'_{|w|}u|w|\right.\right. \\ \left.\left.+M'_{ww}ww+M'_{w|w|}w|w|\right)\right]=\dfrac{\rho}{2}L^4M'_{|w|q}|w|q \end{cases} \tag{6.25}$$

将其写为通用矩阵方程的形式得到

$$\boldsymbol{Y}=\boldsymbol{A}\boldsymbol{X}$$

由最小二乘法得到

$$\boldsymbol{X}=\left(\boldsymbol{A}^{\mathrm{T}}\boldsymbol{A}\right)^{-1}\boldsymbol{Y}$$

10. 横向力俯仰力矩耦合系数

计算 Y'_{vq} 、 $Z'_{|v|q}$ 、 $M'_{|v|q}$ 、 N'_{vq} ，机器人以一定漂角回转，得

$$\begin{cases} Y-\dfrac{\rho}{2}L^2\left(Y'_v uv+Y'_{v|v|}v|v|\right)=\dfrac{\rho}{2}L^3Y'_{vq}vq \\ Z-\dfrac{\rho}{2}L^4Z'_{q|q|}q|q|-\dfrac{\rho}{2}L^3Z'_q uq-\dfrac{\rho}{2}L^2Z'_{uu}u^2 \\ -\dfrac{\rho}{2}L^2Z'_{vv}v^2=\dfrac{\rho}{2}L^3Z'_{|v|q}|v|q \\ M-\dfrac{\rho}{2}L^5M'_{q|q|}q|q|-\dfrac{\rho}{2}L^4M'_q uq-\dfrac{\rho}{2}L^3M'_{uu}u^2 \\ -\dfrac{\rho}{2}L^3M'_{vv}v^2=\dfrac{\rho}{2}L^4M'_{|v|q}|v|q \\ N-\dfrac{\rho}{2}L^3\left(N'_v uv+N'_{v|v|}v|v|\right)=\dfrac{\rho}{2}L^4N'_{vq}vq \end{cases} \tag{6.26}$$

将其写为通用矩阵方程的形式得到

$$\boldsymbol{Y}=\boldsymbol{A}\boldsymbol{X}$$

由最小二乘法得到

$$\boldsymbol{X}=\left(\boldsymbol{A}^{\mathrm{T}}\boldsymbol{A}\right)^{-1}\boldsymbol{Y}$$

11. 舵力系数

当辨识舵力系数时，一般是在匀速直航状态下，以一定间隔偏转水平舵及方向舵的舵角。此时的水动力方程为

$$\begin{cases} X - X_u u - X_{u|u|}u|u| = \dfrac{\rho}{2}L^2u^2\left(X'_{\delta_{bl}\delta_{bl}}\delta_{bl}^2 + X'_{\delta_{br}\delta_{br}}\delta_{br}^2 + X'_{\delta_{sl}\delta_{sl}}\delta_{sl}^2 + X'_{\delta_{sr}\delta_{sr}}\delta_{sr}^2\right) \\ Y = \dfrac{\rho}{2}L^2u^2\left(Y'_{\delta_{bl}}\delta_{bl} + Y'_{\delta_{br}}\delta_{br} + Y'_{\delta_{sl}}\delta_{sl} + Y'_{\delta_{sr}}\delta_{sr}\right) \\ Z - Z'_{uu}u^2 = \dfrac{\rho}{2}L^2u^2\left(Z'_{\delta_{bl}}\delta_{bl} + Z'_{\delta_{br}}\delta_{br} + Z'_{\delta_{sl}}\delta_{sl} + Z'_{\delta_{sr}}\delta_{sr}\right) \\ K = \dfrac{\rho}{2}L^3u^2\left(K'_{\delta_{bl}}\delta_{bl} + K'_{\delta_{br}}\delta_{br} + K'_{\delta_{sl}}\delta_{sl} + K'_{\delta_{sr}}\delta_{sr}\right) \\ M - M'_{uu}u^2 = \dfrac{\rho}{2}L^3u^2\left(M'_{\delta_{bl}}\delta_{bl} + M'_{\delta_{br}}\delta_{br} + M'_{\delta_{sl}}\delta_{sl} + M'_{\delta_{sr}}\delta_{sr}\right) \\ N = \dfrac{\rho}{2}L^3u^2\left(N'_{\delta_{bl}}\delta_{bl} + N'_{\delta_{br}}\delta_{br} + N'_{\delta_{sl}}\delta_{sl} + N'_{\delta_{sr}}\delta_{sr}\right) \end{cases} \tag{6.27}$$

将不同偏角条件下的水动力及舵角数值代入上述方程，并将其写为通用矩阵方程的形式得到

$$\boldsymbol{Y} = \boldsymbol{A}\boldsymbol{X}$$

由最小二乘法得到

$$\boldsymbol{X} = \left(\boldsymbol{A}^{\mathrm{T}}\boldsymbol{A}\right)^{-1}\boldsymbol{Y}$$

6.2.3 水动力系数辨识结果

经过计算得到轴向水动力系数为 $X_u = -4.9550$ 、$X_{u|u|} = -24.0914$，其他方向水动力系数如表 6.2 所示。

表 6.2 速度类水动力系数

下标	$X'/\times10^{-3}$	$Y'/\times10^{-3}$	$Z'/\times10^{-3}$	$K'/\times10^{-3}$	$M'/\times10^{-3}$	$N'/\times10^{-3}$
*	—	0	0.039	0	0.00935	0
vv	−4.491	—	−49.02	—	−6.095	—
vr	9.5218	—	−32.7788	—	−4.0661	—
ww	−2.709	—	0.7549	—	−1.0316	—
wq	−5.0398	—	—	—	—	—
v	—	−13.5310	—	—	—	−4.2843
$v\|v\|$	—	−76.0755	—	—	—	21.3351

续表

下标	$X'/\times10^{-3}$	$Y'/\times10^{-3}$	$Z'/\times10^{-3}$	$K'/\times10^{-3}$	$M'/\times10^{-3}$	$N'/\times10^{-3}$
$v\|r\|$	—	−35.8585	—	—	—	—
r	—	6.1073	—	—	—	−3.3762
$r\|r\|$	—	5.6678	—	—	—	−2.4486
p	—	—	—	−2	—	—
vw	—	16.0373	—	—	—	−4.3455
δ_r	—	−4.927	—	—	—	2.292
w	—	—	−13.2738	—	3.9608	—
$\|w\|$	—	—	0.9418	—	0.1682	—
$w\|w\|$	—	—	−74.6969	—	−21.3649	—
q	—	—	−7.0058	—	−3.8027	—
$q\|q\|$	—	—	−3.7780	—	−1.6762	—
$w\|q\|$	—	—	−11.2357	—	—	—
δ_s	—	—	−5.297	—	−2.5	—
$\|w\|q$	—	—	—	—	−13.6849	—
$\|v\|r$	—	—	—	—	—	−16.3207
wr	—	−3.7543	—	—	—	0.6873
vq	—	2.4547	—	—	—	−0.8133

6.3 基于实航试验的水动力系数辨识

水下机器人流体动力学参数的估计和预报是分析、设计和改进水下机器人性能、品质所必需的前提条件。采用现代系统辨识技术根据水下机器人实航试验或仿真试验中测得的动态响应数据估计水下机器人水动力参数和其他未知参数，具有重要意义。

目前，参数估计有众多方法与结构，它们的主要内容是解决判据和算法两个问题。在飞行器气动参数辨识中应用最广泛、并被证明有效的判据是极大似然判据[2]，最常用的算法则是修正牛顿-拉弗森法。在水下机器人动力学方程参数辨识中，极大似然也不失为一种优选方法[1,5]，针对不同的应用领域、不同的对象，可分别建立相应的简化数学模型和观测方程，进行参数辨识。

6.3.1 极大似然辨识算法

在动力学系统辨识中，极大似然估计是参数辨识的一种有效的判据，而牛顿-拉弗森法是一种较好的寻优算法。就极大似然法来说，需要构造一个以数据和未知参数为自变量的似然函数，并通过极大化这个似然函数获得模型的参数估计值，使模型输出的概率分布极大可能地逼近实际过程输出的概率分布。极大似然法的一种推广是预报误差法，它需要事先确定一个预报误差准则函数，并利用预报误差的信息来确定模型的参数。

为方便陈述，极大似然法中的有关符号定义见表 6.3。

表 6.3 极大似然法中的有关符号定义

符号	意义	符号	意义
$\boldsymbol{x}$	n 维状态矢量	$\boldsymbol{y}$	m 维观测矢量
$\boldsymbol{u}$	l 维控制矢量	ξ	m 维观测噪声矢量
$\boldsymbol{\theta}$	p 维待估计参数矢量	$\boldsymbol{\eta}$	q 维过程噪声矢量
t	时间变量	$\boldsymbol{\Gamma}$	$n\times q$ 过程噪声转移矩阵
T	终止时间	N	数据采样长度
$\boldsymbol{P}$	状态矢量的协方差矩阵	$\boldsymbol{Q}$	过程噪声的协方差矩阵
$\boldsymbol{R}$	观测噪声的协方差矩阵	v	新息
$\boldsymbol{B}$	新息的方差矩阵	J	准则函数

1. 一般非线性动力学方程

最一般的连续-离散非线性动力学系统方程具有如下形式：

$$\begin{cases}\dot{x}=f(x,u,\eta,\theta;t)\\ y(t_i)\equiv y_i=h[x(t_i),u(t_i),\xi(t_i),\theta;t_i]\end{cases}\tag{6.28}$$

而工程中常见的一种情形为

$$\begin{cases}\dot{x}=f(x,u,\theta;t)+\Gamma(\theta,t)\eta(t), & t\in[0,T]\\ y(t_i)\equiv y_i=h[x(t_i),u(t_i),\theta;t_i]+\xi(t_i), & i=1,2,\cdots,N\end{cases}\tag{6.29}$$

在系统中，假设η、ξ是互不相关的高斯白噪声，即

$$\begin{cases}E[\eta(t)]=0,E[\xi(t_i)]=0, & E[\eta(t)\xi^{\mathrm{T}}(t_i)]=0\\ E[\eta(t)\eta^{\mathrm{T}}(\tau)]=Q\delta(t-\tau), & E[\xi(t_j)\xi^{\mathrm{T}}(t_k)]=R\delta_{jk}\end{cases}\tag{6.30}$$

并且假设：

$$E[x(0)]=x_0(\theta),\quad E\{[x(0)-x_0(\theta)][x(0)-x_0(\theta)]^{\mathrm{T}}\}=P_0(\theta)\tag{6.31}$$

2. 极大似然估计

极大似然估计就是选取参数 $\hat{\theta}$ 使观测值 Y 出现的概率达到极大，即

$$\hat{\theta}=\arg\max_{\theta\in\Theta} p(Y\mid\theta) \tag{6.32}$$

对给定的观测数组 $Y_N=(y_1,y_2,\cdots,y_N)$，y_i 是 m 维观测矢量，当其条件概率为 $p(Y_N\mid\theta)$ 时，连续应用贝叶斯公式，可以推得

$$p(Y_N\mid\theta)=\prod_{i=1}^{N} p(y_i\mid Y_{i-1},\theta) \tag{6.33}$$

当观测数据足够多时，根据概率论中心极限定理，可以合理地假设 $p(y_i\mid Y_{i-1},\theta)$ 是正态分布。记其均值(数学期望)为 $E[y_i\mid Y_{i-1},\theta]\equiv\hat{y}(i\mid i-1)$，$\hat{y}(i\mid i-1)$ 表示在给定前 i–1 个观测值的条件下，第 i 个观测值的最优估计，记其协方差为

$$\begin{aligned}\mathrm{cov}[y_i\mid Y_{i-1},\theta]&=E\{[y_i-\hat{y}(i\mid i-1)][y_i-\hat{y}(i\mid i-1)]^{\mathrm{T}}\}\\&=E\{\boldsymbol{v}(i)\boldsymbol{v}^{\mathrm{T}}(i)\}\equiv\boldsymbol{B}(i)\end{aligned} \tag{6.34}$$

则

$$p(y_i\mid Y_{i-1},\theta)\approx\frac{\exp\left[-\dfrac{1}{2}\boldsymbol{v}^{\mathrm{T}}(i)\boldsymbol{B}^{-1}(i)\boldsymbol{v}(i)\right]}{(2\pi)^{1/2}\left|\boldsymbol{B}(i)\right|^{1/2}} \tag{6.35}$$

$$\ln\left[p(y_i\mid Y_{i-1},\theta)\right]\approx-\frac{1}{2}\boldsymbol{v}^{\mathrm{T}}(i)\boldsymbol{B}^{-1}(i)\boldsymbol{v}(i)-\frac{1}{2}\ln\left|\boldsymbol{B}(i)\right|+\mathrm{const} \tag{6.36}$$

参数 θ 的极大似然估计为

$$\begin{aligned}\hat{\boldsymbol{\theta}}&=\arg\max_{\theta\in\Theta}\left[\ln p(\boldsymbol{Y}\mid\boldsymbol{\theta})\right]\\&=\arg\max_{\theta\in\Theta}\left\{-\frac{1}{2}\sum_{i=1}^{N}\left[\boldsymbol{v}^{\mathrm{T}}(i)\boldsymbol{B}^{-1}(i)\boldsymbol{v}(i)+\ln\left|\boldsymbol{B}(i)\right|\right]\right\}\end{aligned} \tag{6.37}$$

故参数 θ 的极大似然估计就是寻求参数 $\hat{\theta}$，使下列似然准则函数 J 达到极小值:

$$J=\sum_{i=1}^{N}\left[\boldsymbol{v}^{\mathrm{T}}(i)\boldsymbol{B}^{-1}(i)\boldsymbol{v}(i)+\ln\left|\boldsymbol{B}(i)\right|\right] \tag{6.38}$$

可见，似然准则函数 J 依赖新息 $\boldsymbol{v}(i)$ 和新息协方差矩阵 $\boldsymbol{B}(i)$，而这两者都是滤波器的输出，如广义卡尔曼滤波的输出。

3. 广义卡尔曼滤波

广义卡尔曼滤波是经典卡尔曼滤波在非线性系统中的推广。对于式(6.29)所

表示的非线性系统，有如下的广义卡尔曼滤波公式。

状态预测方程组：

$$\begin{cases}\dfrac{\mathrm{d}\hat{x}(t\,|\,t_{i-1})}{\mathrm{d}t}=f[\hat{x}(t\,|\,t_{i-1}),u(t),\theta;t], \quad t\in[t_{i-1},t_i] \\ x(0\,|\,0)=x_0(\theta)\end{cases} \tag{6.39}$$

状态校正方程组：

$$\hat{x}(i\,|\,i)=\hat{x}(i\,|\,i-1)+\boldsymbol{K}(i)\boldsymbol{v}(i) \tag{6.40}$$

式中，

$$\begin{cases}\boldsymbol{v}(i)=y(i)-h[\hat{x}(i\,|\,i-1),u(i),\theta;t_i] \\ \boldsymbol{K}(i)=\boldsymbol{P}(i\,|\,i-1)\boldsymbol{H}^{\mathrm{T}}\boldsymbol{B}(i)^{-1} \\ \boldsymbol{H}=\left.\dfrac{\partial h}{\partial x}\right|_{x=\hat{x}(i|i-1)} \\ \boldsymbol{B}(i)=\boldsymbol{HP}(i\,|\,i-1)\boldsymbol{H}^{\mathrm{T}}+\boldsymbol{R}\end{cases} \tag{6.41}$$

协方差预测方程组：

$$\begin{cases}\dfrac{\mathrm{d}\boldsymbol{P}(t\,|\,t_{i-1})}{\mathrm{d}t}=\boldsymbol{F}(t)\boldsymbol{P}(t\,|\,t_{i-1})+\boldsymbol{P}(t\,|\,t_{i-1})\boldsymbol{F}^{\mathrm{T}}(t)+\boldsymbol{\Gamma Q \Gamma}^{\mathrm{T}}, \quad t\in[t_{i-1},t_i] \\ \boldsymbol{P}(0\,|\,0)=\boldsymbol{P}_0(\theta)\end{cases} \tag{6.42}$$

式中，

$$\boldsymbol{F}=\left.\frac{\partial f}{\partial x}\right|_{x=\hat{x}(t|t_{i-1})}$$

协方差校正方程组：

$$\boldsymbol{P}(i\,|\,i)=[\boldsymbol{I}-\boldsymbol{K}(i)\boldsymbol{H}]\boldsymbol{P}(i\,|\,i-1) \tag{6.43}$$

式(6.39)～式(6.43)给出了非线性系统式(6.29)极大似然法的完备方程组，参数估计问题变换成在式(6.39)～式(6.43)的约束下求 $\hat{\theta}$，使式(6.38)的似然准则函数 J 达到最小值的泛函极值问题。此方程组通常无法求得解析解，只能通过迭代数值求解。泛函极值的迭代求解法有很多，如梯度法、共轭梯度法、最速下降法、高斯法等，实践证明牛顿-拉弗森法对于动力学系统辨识是最有效的。

4. 牛顿-拉弗森法

设在第 k 次迭代中 θ 的估计值为 θ_k，相应的似然准则函数值为 J_k。当 J_k 不是极小值时，必须调整 θ_k 使 J_{k+1} 达到极小，其必要条件为

$$\frac{\partial J_{k+1}}{\partial \theta}=\frac{\partial J(\theta_k+\Delta\theta_k)}{\partial \theta}=\frac{\partial}{\partial \theta}\left[J(\theta_k)+\frac{\partial J(\theta_k)}{\partial \theta}\Delta\theta_k+O(\Delta\theta_k^2)\right]$$
$$=\frac{\partial J(\theta_k)}{\partial \theta}+\frac{\partial^2 J(\theta_k)}{\partial \theta^2}\Delta\theta_k+O(\Delta\theta_k^2)=0 \tag{6.44}$$

略去二阶小量，J_{k+1} 达到极值的必要条件为选取 $\Delta\theta_k$，使其满足下式：

$$\begin{cases}\Delta\theta_k=-\boldsymbol{M}^{-1}\dfrac{\partial J(\theta_k)}{\partial \theta}\\ \boldsymbol{M}=\left[\dfrac{\partial^2 J(\theta_k)}{\partial \theta_l\theta_m}\right]_{l,m=1,2,\cdots,p}\end{cases} \tag{6.45}$$

$\boldsymbol{M}$ 称为 $p\times p$ 信息矩阵，解出 $\Delta\theta_k$ 后，以 $\theta_{k+1}=\theta_k+\Delta\theta_k$ 重复上述过程，算出 J_{k+1}，直到 J 收敛。最后使得 J 收敛的 θ 即所求的 $\hat{\theta}$。

现在的问题是给出 $\dfrac{\partial J}{\partial \theta_l}$ 和 $\dfrac{\partial^2 J}{\partial \theta_l\partial \theta_m}$ 的表达式。式(6.39)对 θ_l 求导，整理得

$$\frac{\partial J}{\partial \theta_l}=\sum_{i=1}^{N}\left\{2\boldsymbol{v}^{\mathrm{T}}(i)\boldsymbol{B}^{-1}(i)\frac{\partial \boldsymbol{v}(i)}{\partial \theta_l}-\boldsymbol{v}^{\mathrm{T}}(i)\boldsymbol{B}^{-1}(i)\frac{\partial \boldsymbol{B}(i)}{\partial \theta_l}\boldsymbol{B}^{-1}(i)\boldsymbol{v}(i)+\mathrm{tr}\left[\boldsymbol{B}^{-1}(i)\frac{\partial \boldsymbol{B}(i)}{\partial \theta_l}\right]\right\},\quad l=1,2,\cdots,p \tag{6.46}$$

式中，

$$\frac{\partial \boldsymbol{v}(i)}{\partial \theta_l}=-\boldsymbol{H}\frac{\partial \hat{x}(i\,|\,i-1)}{\partial \theta_l}-\frac{\partial h\left[\hat{x}(i\,|\,i-1),u(i),\theta;t_i\right]}{\partial \theta_l} \tag{6.47}$$

$$\frac{\partial \boldsymbol{B}(i)}{\partial \theta_l}=\frac{\partial \boldsymbol{H}}{\partial \theta_l}\boldsymbol{P}(i\,|\,i-1)\boldsymbol{H}^{\mathrm{T}}+\boldsymbol{H}\frac{\partial \boldsymbol{P}(i\,|\,i-1)}{\partial \theta_l}\boldsymbol{H}^{\mathrm{T}}+\boldsymbol{H}\boldsymbol{P}(i\,|\,i-1)\frac{\partial \boldsymbol{H}^{\mathrm{T}}}{\partial \theta_l}+\frac{\partial \boldsymbol{R}}{\partial \theta_l} \tag{6.48}$$

协方差矩阵的偏导数由式(6.42)、式(6.43)对 θ_l 求得协方差矩阵偏导数的预测方程组：

$$\begin{cases}\dfrac{\mathrm{d}}{\mathrm{d}t}\left[\dfrac{\partial \boldsymbol{P}(t\,|\,t_{i-1})}{\partial \theta_l}\right]=\dfrac{\partial \boldsymbol{F}}{\partial \theta_l}\boldsymbol{P}(t\,|\,t_{i-1})+\boldsymbol{F}\dfrac{\partial \boldsymbol{P}(t\,|\,t_{i-1})}{\partial \theta_l}+\dfrac{\partial \boldsymbol{P}(t\,|\,t_{i-1})}{\partial \theta_l}\boldsymbol{F}^{\mathrm{T}}\\ \qquad +\boldsymbol{P}(t\,|\,t_{i-1})\dfrac{\partial \boldsymbol{F}^{\mathrm{T}}(t)}{\partial \theta_l}+\dfrac{\partial \boldsymbol{\Gamma}}{\partial \theta_l}\boldsymbol{Q}\boldsymbol{\Gamma}^{\mathrm{T}}+\boldsymbol{\Gamma}\boldsymbol{Q}\dfrac{\partial \boldsymbol{\Gamma}^{\mathrm{T}}}{\partial \theta_l}\\ \dfrac{\partial \boldsymbol{P}(0\,|\,0)}{\partial \theta_l}=\dfrac{\partial \boldsymbol{P}_0(\theta)}{\partial \theta_l}\end{cases} \tag{6.49}$$

协方差矩阵偏导数的校正方程组：

$$\frac{\partial \boldsymbol{P}(i|i)}{\partial \theta_l}=[\boldsymbol{I}-\boldsymbol{K}(i)\boldsymbol{H}]\frac{\partial \boldsymbol{P}(i|i-1)}{\partial \theta_l}-\frac{\partial \boldsymbol{K}(i)}{\partial \theta_l}\boldsymbol{H}\boldsymbol{P}(i|i-1)-\boldsymbol{K}(i)\frac{\partial \boldsymbol{H}}{\partial \theta_l}\boldsymbol{P}(i|i-1) \quad (6.50)$$

式中，

$$\frac{\partial \boldsymbol{K}(i)}{\partial \theta_l}=\frac{\partial \boldsymbol{P}(i|i-1)}{\partial \theta_l}\boldsymbol{H}^{\mathrm{T}}\boldsymbol{B}(i)^{-1}+\boldsymbol{P}(i|i-1)\frac{\partial \boldsymbol{H}^{\mathrm{T}}}{\partial \theta_l}\boldsymbol{B}^{-1}(i)-\boldsymbol{K}(i)\frac{\partial \boldsymbol{B}(i)}{\partial \theta_l}\boldsymbol{B}^{-1}(i) \quad (6.51)$$

状态参数 x 对 θ_l 的偏导数称为状态参数灵敏度，由式(6.39)、式(6.40)求导得状态参数偏导数的预测方程组：

$$\begin{cases}\dfrac{\mathrm{d}}{\mathrm{d}t}\left[\dfrac{\partial \hat{x}(t|t_{i-1})}{\partial \theta_l}\right]=\dfrac{\partial f[\hat{x}(t|t_{i-1}),u(t),\theta;t]}{\partial \theta_l}+\dfrac{\partial f[\hat{x}(t|t_{i-1}),u(t),\theta;t]}{\partial x}\dfrac{\partial \hat{x}(t|t_{i-1})}{\partial \theta_l} \\ \dfrac{\partial x(0|0)}{\partial \theta_l}=\dfrac{\partial x_0(\theta)}{\partial \theta_l}\end{cases} \quad (6.52)$$

状态参数偏导数的校正方程组：

$$\frac{\partial \hat{x}(i|i)}{\partial \theta_l}=\frac{\partial \hat{x}(i|i-1)}{\partial \theta_l}+\frac{\partial \boldsymbol{K}(i)}{\partial \theta_l}\boldsymbol{v}(i)+\boldsymbol{K}(i)\frac{\partial \boldsymbol{v}(i)}{\partial \theta_l} \quad (6.53)$$

似然准则函数 J 的二阶导数由式(6.46)对 θ_m 求导得到，略去对新息及其方差的二阶导数，整理得

$$\begin{aligned}\frac{\partial^2 J}{\partial \theta_l \partial \theta_m}\approx\sum_{i=1}^{N}\Bigg\{&2\frac{\partial \boldsymbol{v}^{\mathrm{T}}(i)}{\partial \theta_m}\boldsymbol{B}^{-1}(i)\frac{\partial \boldsymbol{v}(i)}{\partial \theta_l}-2\boldsymbol{v}^{\mathrm{T}}(i)\boldsymbol{B}^{-1}(i)\frac{\partial \boldsymbol{B}(i)}{\partial \theta_m}\boldsymbol{B}^{-1}(i)\frac{\partial \boldsymbol{v}(i)}{\partial \theta_l}\\ &-2\boldsymbol{v}^{\mathrm{T}}(i)\boldsymbol{B}^{-1}(i)\frac{\partial \boldsymbol{B}(i)}{\partial \theta_l}\boldsymbol{B}^{-1}(i)\frac{\partial \boldsymbol{v}(i)}{\partial \theta_m}-\mathrm{tr}\left[B^{-1}(i)\frac{\partial \boldsymbol{B}(i)}{\partial \theta_m}\boldsymbol{B}^{-1}(i)\frac{\partial \boldsymbol{B}(i)}{\partial \theta_l}\right]\Bigg\}\end{aligned} \quad (6.54)$$

整个迭代运算过程只用了新息和方差的一阶导数，大大简化了计算工作量，称其为牛顿-拉弗森法。通常只需 5～8 次迭代就收敛了。

迭代运算按如下流程进行：

先给定参数预估值 θ_0 和状态初值，由式(6.39)和式(6.42)计算 $\hat{x}(i|i-1)$ 和 $\boldsymbol{P}(i|i-1)$，再由式(6.41)计算 $\boldsymbol{v}(i)$、$\boldsymbol{K}(i)$、$\boldsymbol{H}(i)$、$\boldsymbol{B}(i)$，然后由式(6.40)和式(6.43)计算 $\hat{x}(i|i)$ 和 $\boldsymbol{P}(i|i)$，从 $i=0$ 计算到 $i=N$，将计算结果代入式(6.38)算出对应 θ_k 的似然准则函数 J_k。当 J_k 未收敛时，根据式(6.45)求得 $\Delta\theta_k$ [$\Delta\theta_k$ 表达式中各项的求解公式见式(6.46)～式(6.54)]，令 $\theta_k=\theta_k+\Delta\theta_k$，重复上述过程，直至 J_k 收敛，对应的 θ_k 即所求的最优估计 $\hat{\theta}$。

5. 输出误差法

如果系统的过程噪声很小、可忽略不计，即 $\eta(t)\equiv 0$，那么 $\boldsymbol{P}(0)\equiv 0$、$\boldsymbol{P}(i|i-1)\equiv 0$、

$\boldsymbol{P}(i\,|\,i)\equiv 0$，从而可推得卡尔曼滤波增益 $K\equiv 0$，新息表达式成了输出误差：

$$\boldsymbol{v}(i)=y(i)-h[x(i),u(i),\theta;t_i]=\xi(i) \tag{6.55}$$

新息协方差矩阵 $\boldsymbol{B}(i)=\boldsymbol{R}$，似然准则函数变为

$$J=\sum_{i=1}^{N}\left[\boldsymbol{v}^{\mathrm{T}}(i)\boldsymbol{R}^{-1}(i)\boldsymbol{v}(i)+\ln\left|\boldsymbol{R}\right|\right] \tag{6.56}$$

当测量噪声的统计特性已知时，式(6.56)就相当于以协方差矩阵的逆作为加权系数的输出误差法，也相当于以协方差矩阵的逆为权的最小二乘法。

当测量噪声的统计特性未知时，常取 J 对 $\boldsymbol{R}$ 的导数为零，求得 $\boldsymbol{R}$ 的最优估计为

$$\hat{\boldsymbol{R}}=\frac{1}{N}\sum_{i=1}^{N}\boldsymbol{v}(i)\boldsymbol{v}^{\mathrm{T}}(i) \tag{6.57}$$

采用上一次迭代的残差由式(6.57)求出 $\hat{\boldsymbol{R}}^{-1}$ 作为本次迭代的权矩阵，反复迭代，直至 J 收敛，求得 θ 的最优估计。在多数动力学系统试验过程中，过程噪声很小，可以忽略，因此采用式(6.57)的 $\hat{\boldsymbol{R}}$ 矩阵进行极大似然估计是最普遍使用的系统辨识方法，也是最实用、有效的方法。为方便起见，将输出误差法的所有算式总结如下：

$$J=\sum_{i=1}^{N}\left[\boldsymbol{v}^{\mathrm{T}}(i)\boldsymbol{R}^{-1}\boldsymbol{v}(i)+\ln\left|\hat{\boldsymbol{R}}\right|\right] \tag{6.58}$$

$$\begin{cases}\dfrac{\mathrm{d}x(t)}{\mathrm{d}t}=f[x(t),u(t),\theta;t], \quad t\in[t_{i-1},t_i]\\ x(0)=x_0(\theta)\\ \boldsymbol{v}(i)=y(i)-h[x(i),u(i),\theta;t_i]\end{cases} \tag{6.59}$$

$$\begin{cases}\theta_{k+1}=\theta_k+\Delta\theta_k,\Delta\theta_k=-\boldsymbol{M}^{-1}\dfrac{\partial J(\theta_k)}{\partial\theta}\\ \boldsymbol{M}=\left[\dfrac{\partial^2 J(\theta_k)}{\partial\theta_l\theta_m}\right]_{l,m=1,2,\cdots,p}\end{cases} \tag{6.60}$$

$$\begin{cases}\dfrac{\partial J}{\partial\theta_l}=2\displaystyle\sum_{i=1}^{N}\left[\boldsymbol{v}^{\mathrm{T}}(i)\boldsymbol{R}^{-1}\dfrac{\partial\boldsymbol{v}(i)}{\partial\theta_l}\right], \quad l=1,2,\cdots,p\\ \dfrac{\partial\boldsymbol{v}(i)}{\partial\theta_l}=-\boldsymbol{H}\dfrac{\partial x(i)}{\partial\theta_l}-\dfrac{\partial h\left[x(i),u(i),\theta;t_i\right]}{\partial\theta_l}\end{cases} \tag{6.61}$$

$$\frac{\partial^2 J}{\partial \theta_l \partial \theta_m} \approx 2\sum_{i=1}^{N}\left[\frac{\partial \boldsymbol{v}^{\mathrm{T}}(i)}{\partial \theta_m}\boldsymbol{R}^{-1}\frac{\partial \boldsymbol{v}(i)}{\partial \theta_l}\right] \tag{6.62}$$

$$\begin{cases}\dfrac{\mathrm{d}}{\mathrm{d}t}\left[\dfrac{\partial x(t)}{\partial \theta_l}\right]=\dfrac{\partial f[x(t),u(t),\theta;t]}{\partial \theta_l}+\dfrac{\partial f[x(t),u(t),\theta;t]}{\partial x}\dfrac{\partial x(t)}{\partial \theta_l}\\ \dfrac{\partial x(0)}{\partial \theta_l}=\dfrac{\partial x_0(\theta)}{\partial \theta_l}\end{cases} \tag{6.63}$$

迭代求解过程如下：先给定参数预估值θ_0和状态初值以及状态灵敏度初值，根据式(6.55)求出$\boldsymbol{v}(i)$，据此计算出J_k，当J_k未收敛时，根据式(6.60)～式(6.63)求得$\Delta\theta_k$，令$\theta_k=\theta_k+\Delta\theta_k$，重复上述过程，直至$J_k$收敛，对应的$\theta_k$即所求的最优估计$\hat{\theta}$。

6.3.2 辨识算法测试

根据极大似然辨识原理，编制了水下机器人水平面和垂直面水动力参数辨识的 MATLAB 程序。在六自由度运动模型中，需要对矩阵$\boldsymbol{M}$求逆；在广义卡尔曼滤波算法中，需要求取非线性函数f对状态量的偏导；在牛顿-拉弗森法中，需要求取状态参数灵敏度方程。

算法测试的主要目的是验证程序的正确性，并对试验的设计和最小采样周期的需求提出依据，以利于水下机器人水动力参数的辨识。

测试方法：构造适当的系统控制量进行仿真，对仿真的数据进行系统辨识，估计水动力参数，并与真实值比较。

辨识对象：水平面运动。

水动力参数真实值：模型试验值。

控制量：舵角δ_r、桨转速n。

观测量：航向角ψ、偏航角速率r、前向速度u、侧向速度v。

构造的控制量强迫水下机器人先在水平面做“Z”字形运动，然后做两个不同半径的水平面回转运动。无噪声、有噪声控制量的输入见图 6.3 和图 6.4，实测得到的观测量见图 6.5 和图 6.6。

1. 无过程噪声和观测噪声测试

采样周期T=0.01s；
采样周期T=0.1s；
采样周期T=1.0s。
辨识过程中发现，当采样周期大于 1s 时，得不到水动力参数的收敛解。

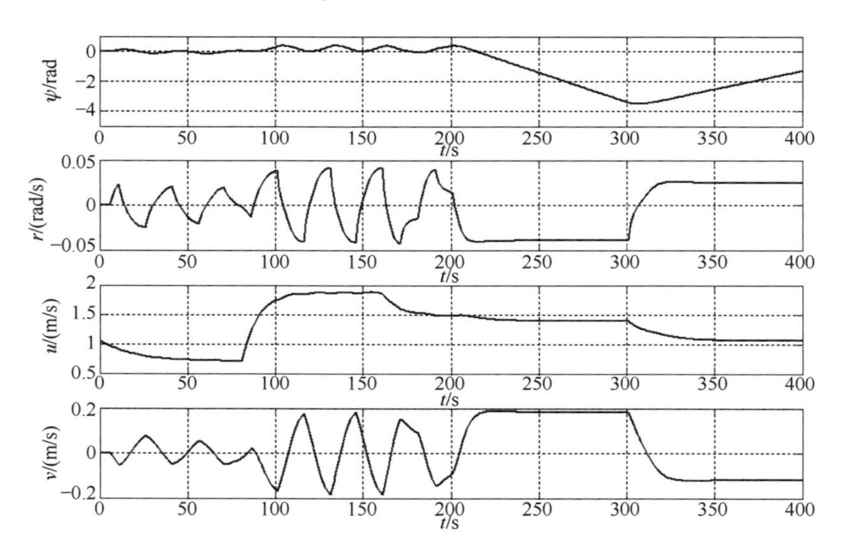

图 6.3　无噪声观测量

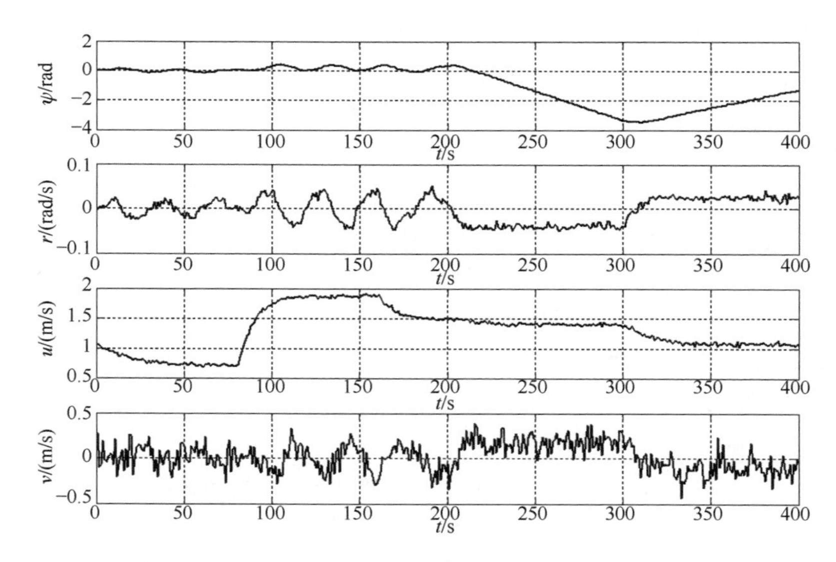

图 6.4　有噪声观测量(航向角噪声方差为 0.02，偏航角速率噪声方差为 0.005，前向速度噪声方差为 0.02，侧向速度噪声方差为 0.1)

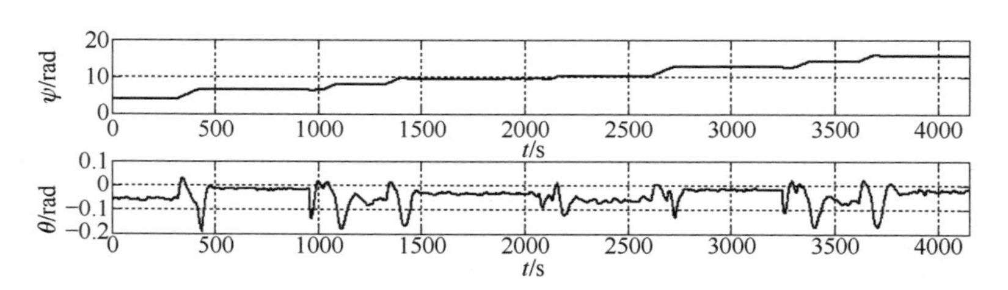

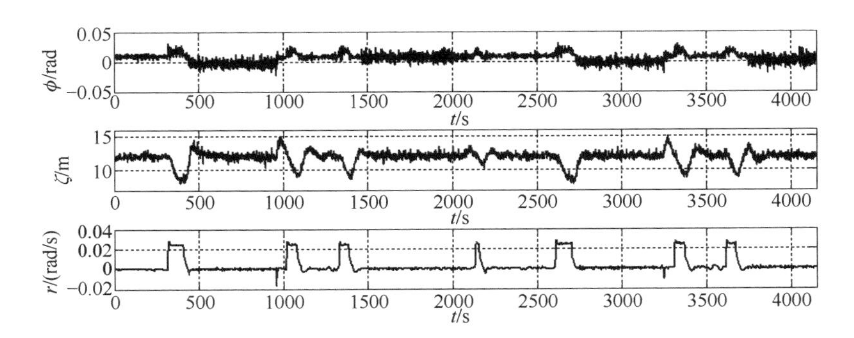

图 6.5　湖试数据(艏向角、纵倾角、横倾角、深度、转艏角速度)

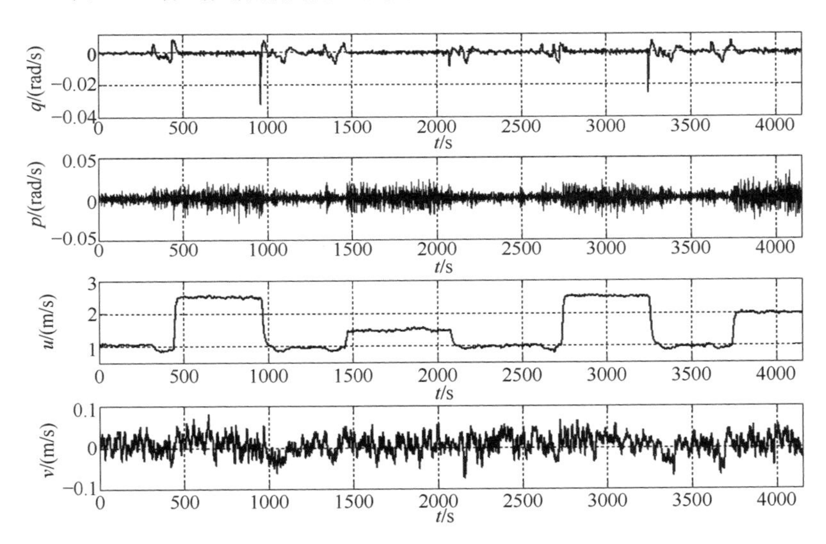

图 6.6　湖试数据(俯仰角速度、横滚角速度、前向速度、横向速度)

2. 无过程噪声，有观测噪声测试

采样周期 T=0.01s；

采样周期 T=0.1s；

采样周期 T=0.5s；

采样周期 T=1.0s；

控制量采样周期 T_{in}=0.1s，观测量采样周期 T_{out}=1.0s；

控制量采样周期 T_{in}=0.01s，观测量采样周期 T_{out}=1.0s；

采样周期 T=1.0s，三次样条插值将数据加密到 T=0.01s。

观测噪声的引入，使得辨识结果没有无噪声时精确，这预示着数据预处理的重要性。

3. 有过程噪声和观测噪声测试

采样周期 T=0.1s；

采样周期 T=0.2s；

控制量采样周期 T_{in}=0.1s，观测量采样周期 T_{out}=1.0s；

控制量采样周期 T_{in}=0.01s，观测量采样周期 T_{out}=1.0s；

过程噪声的引入，使得辨识精度进一步变差，同时进一步提高了对采样周期和数据预处理的要求。

4. 算法测试小结

在无过程噪声和观测噪声的情况下，采样周期应不低于 1s。周期过长使得辨识结果发散或者使得 Hessian 矩阵奇异。

在无过程噪声、有观测噪声的情况下，采样周期应不低于 0.1s，采样周期高于 0.1s 的辨识结果很不理想，甚至可能是错误的。在控制量采样周期为 0.1s 的情况下，观测量采样周期可以为 1s，且这种情况下的辨识结果与采样周期均为 0.1s 下的辨识结果相差不是很大(稍差一些)。相反，保持观测量采样周期 1s 不变，控制量采样周期降低到 0.01s，并不会使辨识结果变好。如果系统的采样周期为 1s，即使对这种数据进行三次样条插值将数据加密到 T=0.01s，其辨识结果也并不能令人满意，完全偏离了真实值。

在有过程噪声、观测噪声的情况下，采样周期应至少不低于 0.1s(这时能对主要的水动力参数进行准确辨识)。如果观测量采样周期为 1.0s，那么控制量采样周期即使从 0.1s 降低到 0.01s，辨识结果仍然大幅地偏离了真实值，不能令人满意。

无论是在有噪声情况下还是在无噪声情况下，必须保证控制量采样周期，观测量采样周期可以比控制量采样周期适当长一些。

6.3.3 实航水动力系数辨识

水下机器人基本为一个回转体，因此可以只辨识其水平面内的水动力参数，垂直面的水动力参数可以通过水平面参数变换得到。

水平面控制量：δ_r、n。

水平面观测量：ψ、r、u、v。

待辨识系数：X_u、X_{uu}、X_{vv}、X_{vr}、X_{rr}、Y_{uv}、$Y_{v|v|}$、Y_{ur}、$Y_{v|r|}$、$Y_{r|r|}$、N_{uv}、$N_{v|v|}$、N_{ur}、$N_{|v|r}$、$N_{r|r|}$、X_{δ_r}、Y_{δ_r}、N_{δ_r}。

湖试数据见图 6.5 和图 6.6。利用初始值预报观测量和利用辨识的水动力参数预报观测量的对比见图 6.7～图 6.12，从对比图中可以看出，辨识的水动力参数预报的观测量与试验数据更吻合。

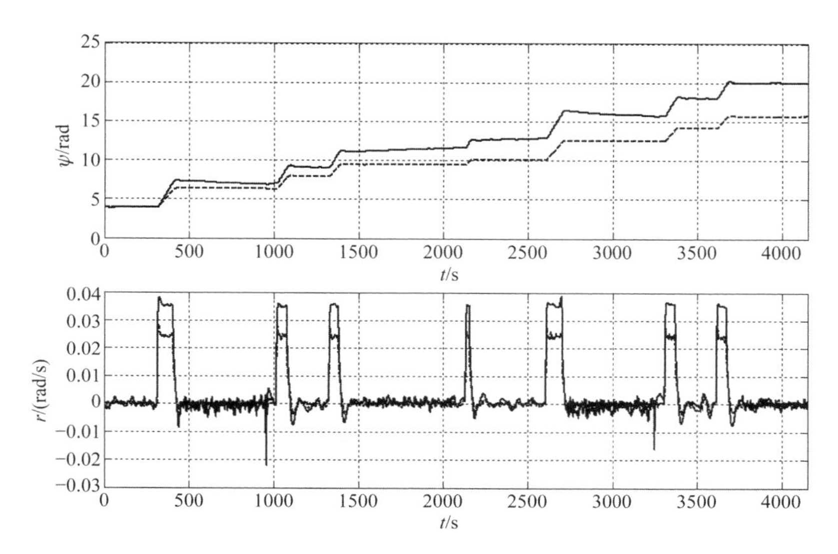

图 6.7　利用水动力初始值预报航向和偏航角速率(虚线为试验值、实线为计算值)

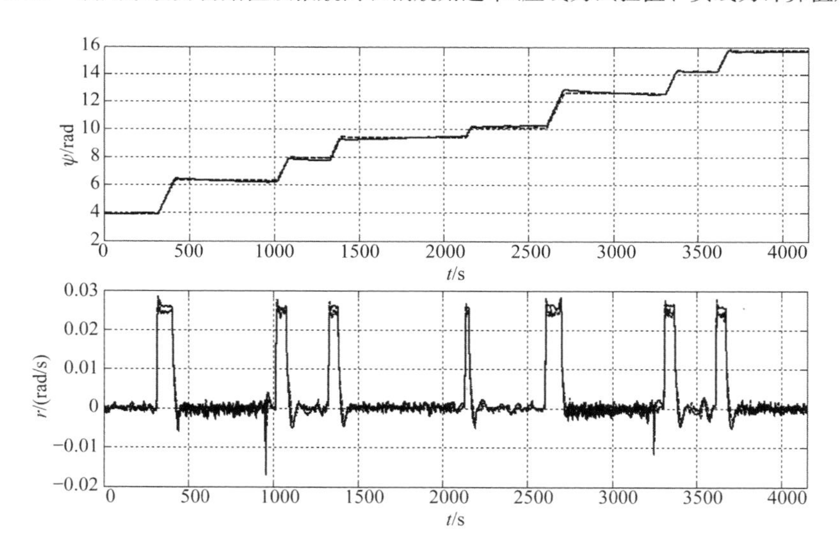

图 6.8　利用水动力辨识值预报航向和偏航角速率(虚线为试验值、实线为计算值)

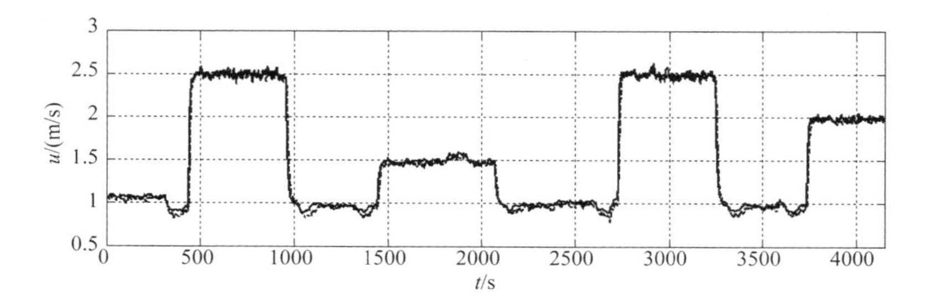

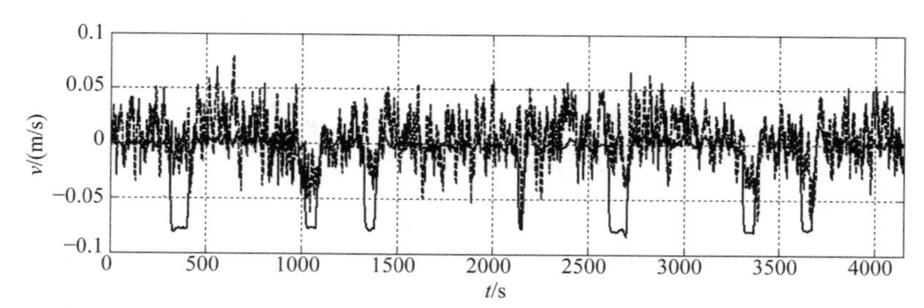

图 6.9　利用水动力初始值预报速度 u、v(虚线为试验值、实线为计算值)

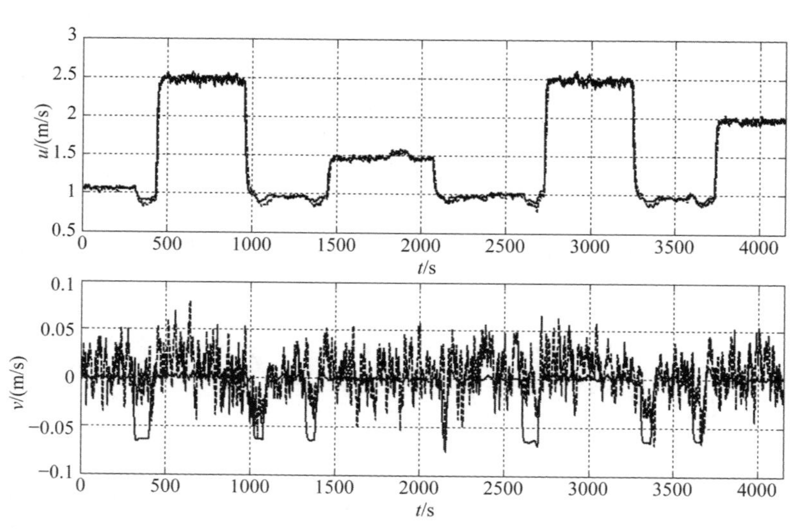

图 6.10　利用水动力辨识值预报速度 u、v(虚线为试验值、实线为计算值)

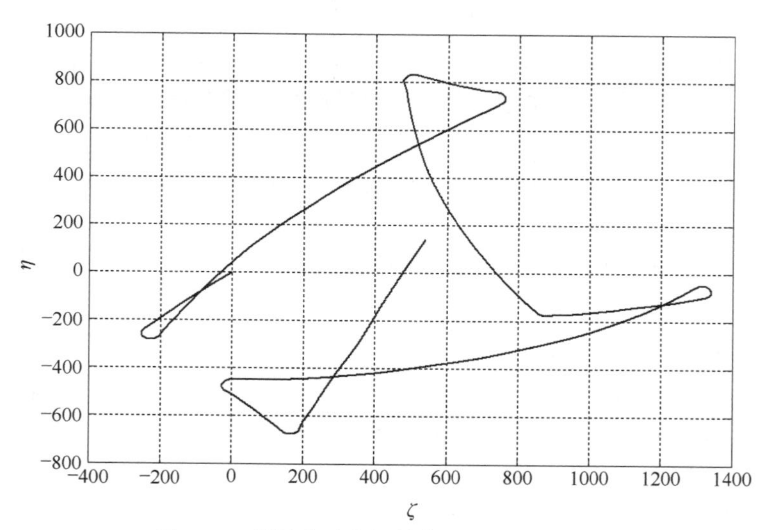

图 6.11　利用水动力初始值预报水平面轨迹

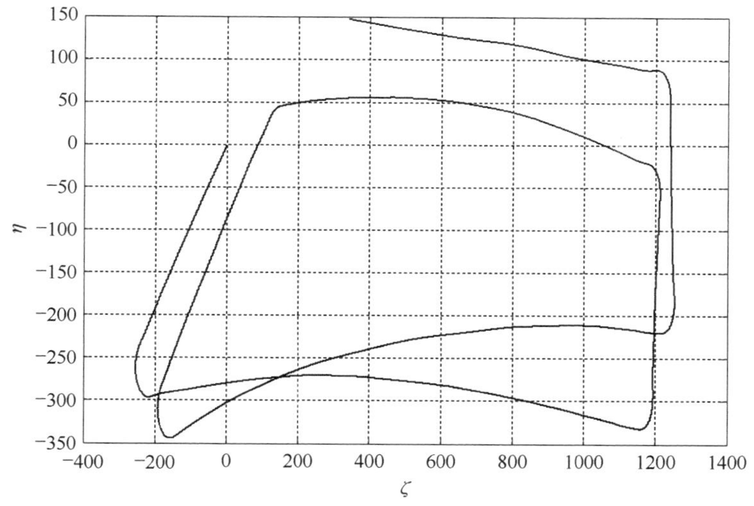

图 6.12 利用水动力辨识值预报水平面轨迹

6.4 本章小结

本章根据系统辨识的基本原理，对水下机器人的水动力参数模型试验值做出了修正，并辨识了水下机器人的水动力参数。水动力参数的获得，为仿真系统提供了正确的动力学模型，为水下机器人控制系统的设计和改进提供了基本数据，同时为进一步改进水下机器人的品质奠定了一定的基础。

水下机器人动力学参数辨识不是纯理论问题，它具有很强的实践性。辨识过程的处理技巧和经验以及对水下机器人航行力学和流体动力学的了解常常是获得成功的关键。闭环辨识是水下机器人动力学建模的一大难题，也是不可避免的。这主要是因为水下机器人是静不稳定的，在航行试验过程中，无法将控制器断开，做开环运动。闭环系统参数辨识还处于探索阶段，至今没有成熟的结果，即使在飞行器气动参数辨识领域，闭环辨识问题也远没有得到解决。

水下机器人动力学模型参数辨识的正确性，最终还是需要通过水池模型试验、理论计算和航行试验结果的综合分析方能得出，只有当这三大手段所获得的结果一致时，才是可信的正确结果，才是最终的模型验证。

参 考 文 献

[1] 李天森. 鱼雷操纵性[M]. 北京：国防工业出版社, 1999.

[2] 蔡金狮. 动力学系统辨识与建模[M]. 北京：国防工业出版社, 1991.

[3] 胡志强. 海洋机器人水动力数值计算方法及其应用研究[D]. 北京：中国科学院大学, 2013.

[4] 朱继懋. 潜水器设计[M]. 上海: 上海交通大学出版社, 1992.

[5] 徐建安. 水下机器人动力学模型辨识与广义预测控制技术研究[D]. 哈尔滨: 哈尔滨工程大学, 2006.

[6] Kim J, Kim K, Choi H S, et al. Estimation of hydrodynamic coefficients for an AUV using nonlinear observers[J]. IEEE Journal of Oceanic Engineering, 2002, 27(4): 830-840.

[7] Liang X, Li W, Lin J, et al. Model identification for autonomous underwater vehicles based on maximum likelihood relaxation algorithm[C]. Second International Conference on Computer Modeling, Sanya, 2010.

[8] Shahinfar E, Bozorg M, Bidoky M. Parameter estimation of an AUV using the maximum likelihood method and a Kalman filter with fading memory[C]. 7th IFAC Symposium on Intelligent Autonomous Vehicles, Lecce, 2010.

[9] Ridao P, Tiano A, El-Fakdi A, et al. On the identification of non-linear models of unmanned underwater vehicles[J]. Control Engineering Practice, 2004, 12(12): 1483-1499.

[10] Eng Y H, Teo K M, Chitre M, et al. Online system identification of an autonomous underwater vehicle via in-field experiments[J]. IEEE Journal of Oceanic Engineering, 2016, 41(1): 5-17.

7 水下机器人水动力设计与预报案例

水动力计算和分析的目的是指导水下机器人的设计，如快速性设计、操纵性设计、耐波性设计等，并通过对水动力的预报建立水下机器人的动力学模型，预测其运动性能，为控制算法的设计和仿真提供数学依据。因此，水动力计算方法的应用具体体现为水下机器人光体和航行体的水动力设计与预报，其设计与预报流程分别见图 7.1 和图 7.2。光体是指不含操纵面等任何附体的水下机器人外形；航行体是指包含操纵面等附体、具备稳定航行功能的水下机器人外形。

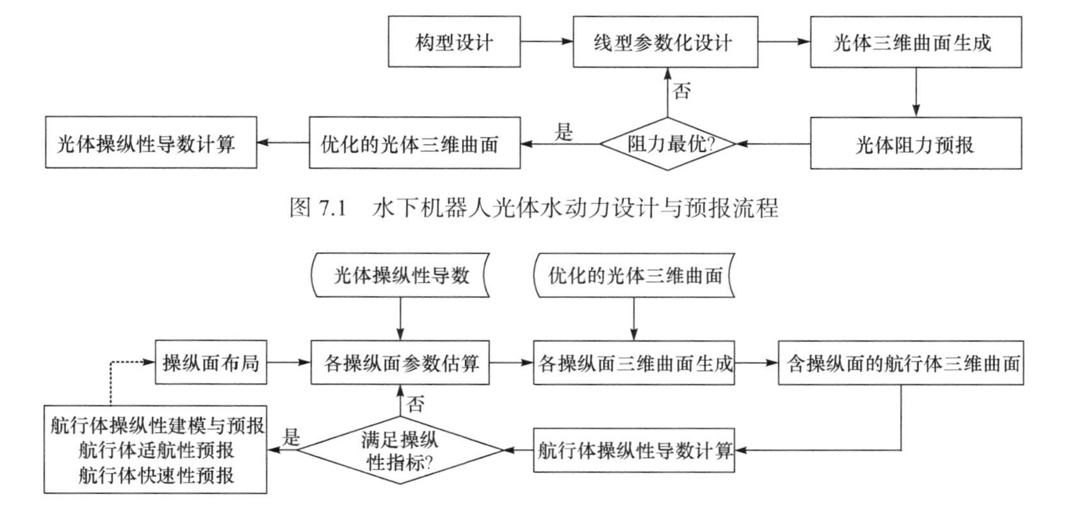

图 7.1　水下机器人光体水动力设计与预报流程

图 7.2　水下机器人航行体水动力设计与预报流程

水下机器人光体水动力设计与预报(图 7.1)的主要工作内容为：以水下机器人构型设计结果为框架，确定生成光体外形的基本步骤和各关键截面、引导线等控制曲线的线型种类，计算线型初始参数，并利用 CAD 设计软件的放样、扫描等功能生成光体三维曲面，然后对该外形进行阻力计算。若有可能，应在优化软件的辅助下，在相关约束条件下以阻力最小为目标，对光体外形进行设计优化。最后，对优化的光体外形计算其操纵性水动力导数，为航行体操纵面的设计提供依据。

水下机器人航行体水动力设计与预报(图 7.2)的主要工作内容包括:以光体设计结果为基础，根据操纵面布局方案(大多数时候也应考虑推进器布置方案)，近似估算各个操纵面的面积、展弦比、后掠角等几何参数，构建含操纵面的航行体三维几何模型，计算该外形的操纵性水动力导数，判断其操纵性指标是否满足衡准指标要求。若有可能，此时也应在优化软件的辅助下，在操纵性衡准指标的约束下以阻力最小为目标，优化各个操纵面的设计参数。最后，对含最优操纵面参数的水下机器人航行体进行全面的水动力计算和分析，预报其操纵性、适航性(主要是耐波性)、快速性等水动力性能。若最终的水动力性能仍不满足总体技术要求，则需要调整操纵面布局方案，重新计算和分析。

通过对上述光体和航行体水动力设计与预报的工作内容可以看到，水动力计算无疑是整个设计流程的核心，水动力计算结果的精度直接影响到性能预报的准确性，并关系到最终设计结果的质量。同时可看到，在设计流程中，要多次(乃至数百次)调用水动力计算过程，如果单次计算消耗了过多的 CPU 时间，那么整个水动力设计与预报的周期将变得相当漫长。正是考虑到计算精度和计算速度两方面的要求，本书开展了前述各章内容的研究，为水下机器人水动力计算提供系统性的、符合工程设计要求的解决方法。

本章以具有翼身融合体外形的水下机器人为案例，将水动力数值计算方法应用于该水下机器人的水动力设计过程中。首先，对基于 CFD 技术的水动力数值计算过程进行集成，建立水动力自动化计算流程；其次，采用形状类别变换(class-shape transformation，CST)方法构建水下机器人翼身融合体外形的参数化几何模型；最后，利用自动化计算流程对水下机器人的光体水动力和航行体水动力进行全面计算，获得了相关水动力数据。

7.1 水动力计算过程集成

为准确获得详尽的水下机器人水动力数据，需对水下机器人不同运动状态的受力进行分析，如不同速度、不同攻角、不同漂角、不同横倾角、不同回转半径，以及参数间的不同组合等，计算工况多达 500 种以上(表 4.1 和表 4.2)。每一次计算均是一个完整的计算流程，需重新建立流域、划分网格、设置流场、求解、提取结果等(CFD 计算流程见图 3.1)，在水下机器人设计过程中若手动完成这些工作，工作量将相当巨大且烦琐、枯燥，因此有必要建立自动化计算流程，由计算机自动完成上述各种工况的计算工作。

本书利用多学科设计优化软件 iSIGHT 搭建水动力自动化计算环境。

7.1.1 水动力计算过程

计算流程自动化的实现有赖于专业软件的选择，如 CAD 软件、网格划分软件、CFD 软件。对于自动计算，提供了程序接口和脚本录制功能的专业软件才是首选，没有程序接口的软件不容易集成到自动计算过程之中。更重要的一点就是，这些软件应都能从命令行启动执行。

CAD 软件具备参数化建模的能力，这有利于几何模型的修改；网格划分软件要具有强大的编程能力，这样才能顺利完成流域创建的自动化和网格参数的自动调整；CFD 软件除了要求较高的计算精度外，还要求较快的收敛速度，这有助于减少总的仿真时间。此外，各软件间要有数据接口，也就是说，网格划分软件能读取 CAD 软件保存的几何模型，并且其输出的网格文件应能顺利地导入 CFD 软件之中，CFD 软件的计算结果又能被后处理软件分析。

根据上述要求，在本书的实现中，几何建模采用 SolidWorks，网格划分采用 Gridgen，CFD 软件采用 CFX。其中，SolidWorks 文件保存为.igs 格式供 Gridgen 使用，Gridgen 能直接生成 CFX 要求的网格格式，而 CFX 软件已经包含了完整的前处理程序和后处理程序，不需要额外的软件支持。所有的软件通过 iSIGHT 软件集成到一起，形成一个完整的水下机器人水动力计算流程，见图 7.3。

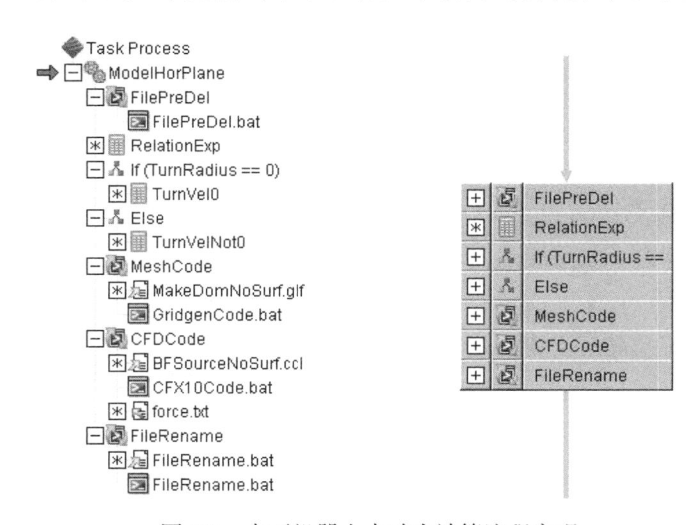

图 7.3 水下机器人水动力计算流程实现

7.1.2 网格划分流程和流域创建流程

1. 网格划分流程

水下机器人水动力计算网格划分流程见图 7.4，它包括两大部分：物体网格划分和空间体网格划分。物体网格划分主要是指水下机器人物体表面网格划分和边界层网格划分，空间体网格划分包含创建基准流域、创建基准加密区间，以及流域空间内的体网格划分。

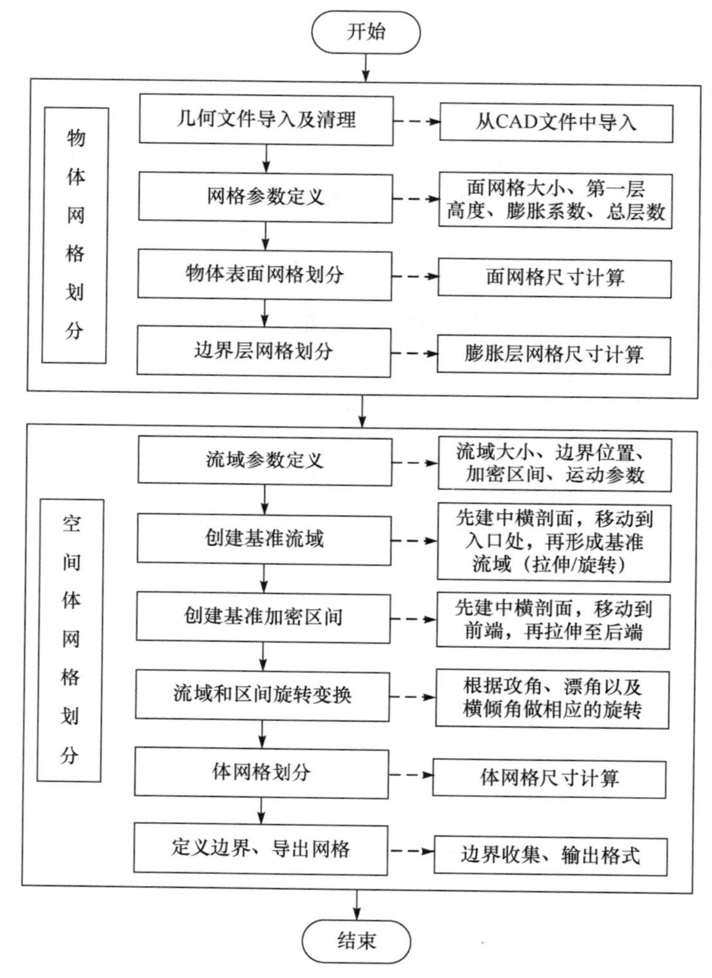

图 7.4　水下机器人水动力计算网格划分流程

在图 7.4 中，CAD 软件采用的是实体建模，而划分网格需要的是面，面与面之间不允许有缝隙。由于格式的差别，CAD 模型导入网格划分软件之后都会不同程度地存在缝隙、面的扭曲或丢失，这些缺陷必须在网格划分之前予以清理或修补，使水下机器人外形曲面形成一个封闭的水密空间。面网格的划分是整个网格划分过程中最琐碎、最细致的工作，其他的过程则可以由软件自动完成。在面网格划分完成后，应再次检查所有的面网格是否能够形成一个水密体，若不能，则必须对网格进行修补。细致的边界层网格是捕捉到水下机器人边界层内流动变量梯度变化的关键，可采用按几何级数膨胀的形式，即边界层网格为棱柱形网格，以某一固定系数向外膨胀指定层数。在创建好流域、划分好流域边界的面网格之后，将流域面网格和物体膨胀层外边界的网格形成水密体，网格划分软件一般都能自动地划分体网格。最后收集水下机器人外形表面网格、出口网格、入口网格、侧边界网格等，并分别命名，便于 CFD 前处理软件指定边界条件的位置。

2. 流域创建流程

基于 N-S 方程模拟风洞和旋臂水池试验，需要创建合适的流域，将水下机器人的绕流问题变换为内流问题。为降低虚拟边界对计算结果的影响，流域的侧边界宜与未受扰动的自由流线平行，入口、出口宜垂直于自由流线。不正确的边界形状会严重地扭曲流场物理量。水下机器人水动力计算流域创建流程如图 7.5 所示。

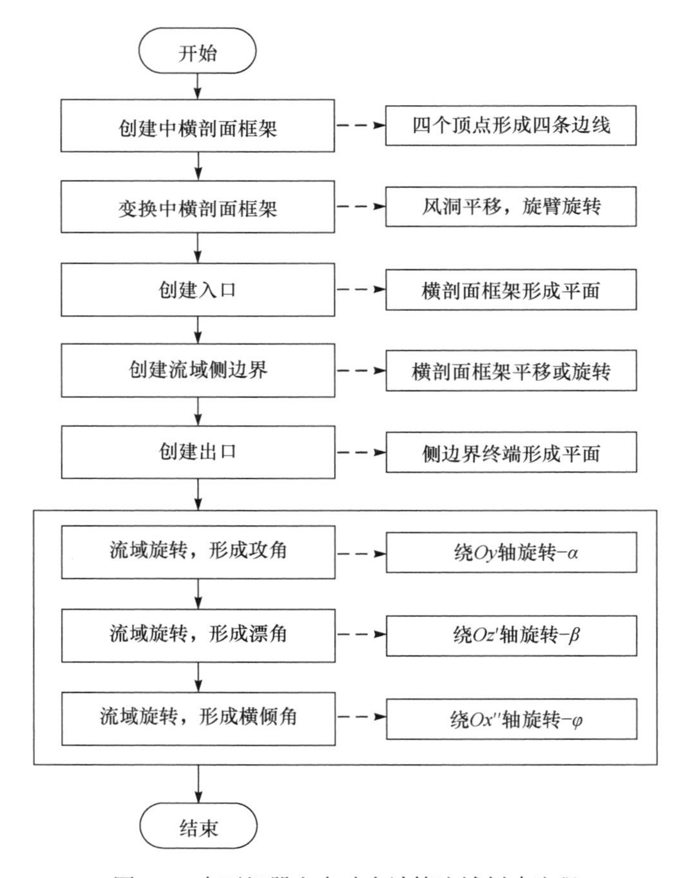

图 7.5　水下机器人水动力计算流域创建流程

首先，在坐标系的纵平面内构造流域中横剖面的四条边线，然后将这四条边线平移或旋转到入口处，这四条边线形成一个平面，代表入口。入口的四条边线向后拉伸或旋转就形成了流域的侧边界，侧边界末端的四条边线再构造一个平面，这就是出口。上述过程中，平移变换对应风洞试验模拟，旋转变换对应旋臂水池模拟。如果是在随体坐标系中执行流域创建过程，那么最后还要对所有流域的面进行旋转变换，旋转顺序如同随体坐标系到速度坐标系的变换顺序。在数值计算水下机器人的水动力时，机器人的运动参数有 5 个，即 $\boldsymbol{V}$、R、α、β、φ。除了速度 $\boldsymbol{V}$ 外，其他四个参数都与流域的创建有关。

设水下机器人的特征长度为 L_0，特征宽度为 W_0，特征高度为 H_0，根据这三个特征尺寸构造的特征长方体恰好包围了水下机器人外形轮廓，如图 7.6 所示。如果已知控制体前后端面共 8 个控制点（A～H）在随体坐标系中的坐标，那么由第 2 章的坐标变换方程可以求得这 8 个控制点在速度坐标系中的坐标，设原坐标为 (x, y, z)，新坐标为 (x', y', z')，则

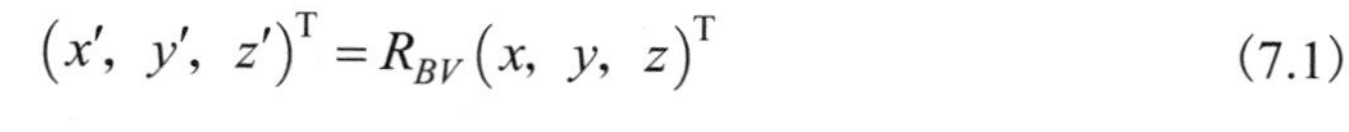

$$(x',\ y',\ z')^{\mathrm{T}} = R_{BV}(x,\ y,\ z)^{\mathrm{T}} \tag{7.1}$$

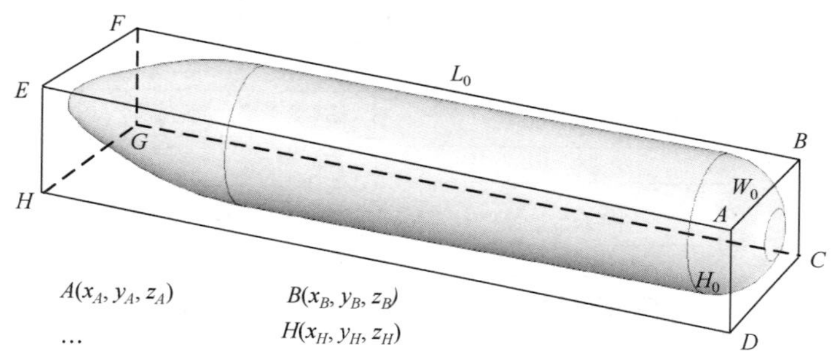

图 7.6　特征尺寸与控制体

根据式(7.1)可求出速度坐标系下坐标的最大值、最小值，设为 $x'_{\min}$、$x'_{\max}$、$y'_{\min}$、$y'_{\max}$、$z'_{\min}$、$z'_{\max}$，这六个坐标值构成了速度坐标系下包围外形轮廓的新控制体，称为迎流控制体，如图 7.7 所示(图中显示的是迎流控制体在水平面的投影)。

因此，迎流控制体的特征尺寸为

$$L'_0 = x'_{\max} - x'_{\min},\quad W'_0 = y'_{\max} - y'_{\min},\quad H'_0 = z'_{\max} - z'_{\min} \tag{7.2}$$

设流域的中横剖面为正方形，流域的参考尺寸为 D，令 $D=\sqrt{W'H'}$，入口中心点距离迎流控制体前端面的距离为 L_f，出口中心点距离迎流控制体后端面的距离为 L_b，侧边界之间的平行距离为 L_d。那么

$$L_f = C_f D,\quad L_b = C_b D,\quad L_d = C_d D \tag{7.3}$$

式中，C_f、C_b、C_d为距离系数。根据第 2 章的建议，取

$$C_f = 10,\quad C_b = 15,\quad C_d = 20 \tag{7.4}$$

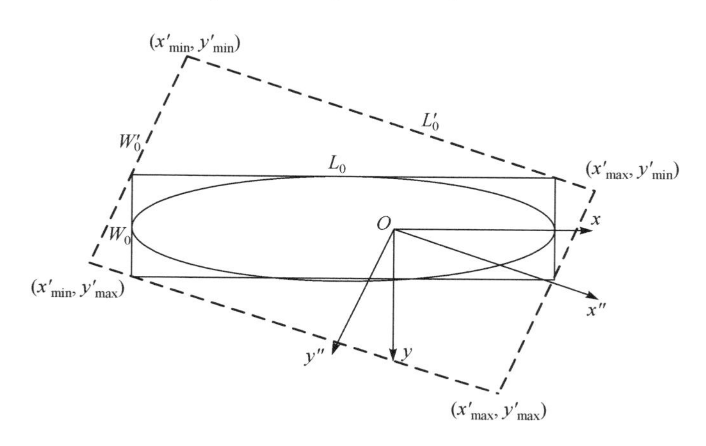

图 7.7　迎流控制体

图 7.8 显示的是模拟风洞试验时流域在水平面的投影，图 7.9 则示意了模拟旋臂水池试验时流域在水平面的投影。

7.1.3　流域设置

创建流域、划分网格为水动力的计算提供了基本要素。要计算水下机器人的水动力，还需要做进一步的预处理，如设置流体属性、湍流模型、动量源、边界条件、初始条件、求解参数等，这里重点说明后四项。

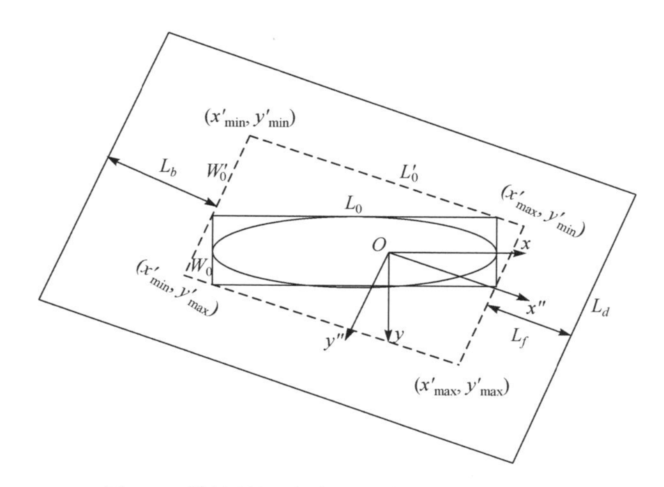

图 7.8　模拟风洞试验时流域在水平面的投影

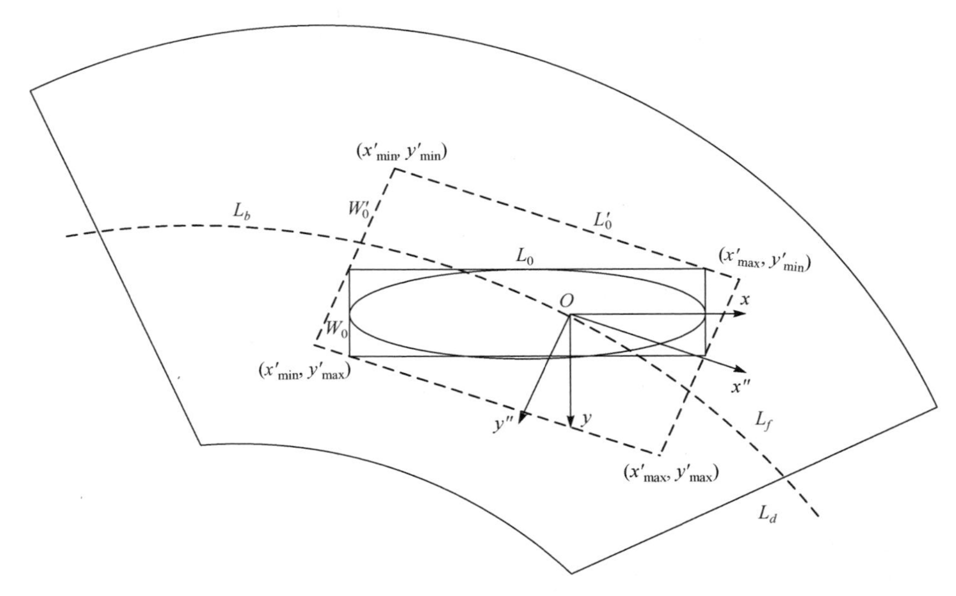

图 7.9　模拟旋臂水池试验时流域在水平面的投影

1. 动量源

根据所要计算的水动力类型，确定需要在流域中增加的动量源计算公式，详见第 3 章～第 5 章的相关内容。例如，在计算黏性类水动力时，若采用附加动量源法，则需要引入的动量源公式如下：

$$\mathrm{MS}=-\rho\left[\dot{\boldsymbol{V}}+\dot{\boldsymbol{\Omega}}\times\boldsymbol{r}+\boldsymbol{\Omega}\times\left(\boldsymbol{\Omega}\times\boldsymbol{r}\right)+\boldsymbol{\Omega}\times\boldsymbol{V}\right]-2\rho\left(\boldsymbol{\Omega}\times\boldsymbol{U}\right) \tag{7.5}$$

展开为

$$\begin{cases}\mathrm{MS}_x=-\rho\left[\dot{u}_o+\left(\dot{q}z-\dot{r}y\right)+p\left(qy+rz\right)-\left(q^2+r^2\right)x+\left(qw_o-rv_o\right)+2\left(qw-rv\right)\right]\\ \mathrm{MS}_y=-\rho\left[\dot{v}_o+\left(\dot{r}x-\dot{p}z\right)+q\left(px+rz\right)-\left(p^2+r^2\right)y+\left(ru_o-pw_o\right)+2\left(ru-pw\right)\right]\\ \mathrm{MS}_z=-\rho\left[\dot{w}_o+\left(\dot{p}y-\dot{q}x\right)+r\left(px+qy\right)-\left(p^2+q^2\right)z+\left(pv_o-qu_o\right)+2\left(pv-qu\right)\right]\end{cases} \tag{7.6}$$

2. 边界条件

在水下机器人水动力的计算中，一般设置三种边界类型，分别为入口、出口和壁面。入口处给定速度，速度值由式(7.7)确定：

$$\boldsymbol{U}_{\mathrm{in}}=-\left(\boldsymbol{V}+\boldsymbol{\Omega}\times\boldsymbol{r}\right) \tag{7.7}$$

当不考虑自由液面影响时，设定出口处的相对压力为零；当考虑自由液面影响时，给定出口处的速度，速度值同入口处速度，见式(7.7)。假设侧边界为自由滑移的壁面，水下机器人外形表面为光滑的无滑移壁面。

3. 初始条件

初始条件包括流域中的速度值、压力值、湍流值等，可设定流场速度等于入口的速度值，流场的相对压力为零，其他项均为默认值。

4. 求解参数

数值算法采用二阶迎风差分算法，收敛精度取均方误差为 1.0×10^{-4}。最大迭代步数为 50 步，一般都能在 50 步内收敛，如果不能，可适当增加迭代步数保证水动力数值基本收敛。

7.2 水下机器人外形参数化设计

7.2.1 外形参数化设计概述

水下机器人线型直接决定了其水动力性能，并最终决定了水下机器人的运动性能。因此，水下机器人的线型设计是初步设计阶段的一项重要工作。

传统的线型设计办法是进行多方案比较，进行优选，还无法进行优化设计。实现水下机器人外形优化设计的先决条件是进行外形的参数化建模，用函数表达线型，在优化工具中实现参数的自动寻优。

水下机器人主体外形有回转体、非回转体、翼身融合体等多种类型。其中，回转体又可根据艏部和艉部的特征(平头、圆头、尖尾、平尾)有多种组合。多种形式的外形，发展出了很多参数化的方法。例如，在鱼雷外形设计中，一般是根据外形的特点，分别采用不同的线型方程，如双参数椭圆方程、格兰维尔线型方程等，各类方程有各自的适用范围，不具通用性。

本节首先引入一种近年来在飞机外形参数化设计建模中提出的 CST 方法，并结合 AUV 外形的特点，加以改造，使之能更好地表达 AUV 外形。

7.2.2 基于 CST 方法的曲面表达方法

水下机器人外形是典型的双曲面特征，对于这种复杂外形的建模，应该先建立曲线的参数化表达，通过曲线的参数化表达实现曲面、实体的参数化建模。

文献[1]、[2]提出了一种名为 CST 的方法，用于表达飞机各种部件的外形，该方法可以较好地参数化表达流体曲线，进而建立各种复杂的水下机器人外形。

该方法简述如下。

假设设计空间的坐标为 ξ、η、ζ，分别对应物理空间的 x、y、z。对于某一个纵剖线($O\xi\zeta$ 平面内)，如翼形(图 7.10)，有

$$\begin{cases}\zeta(\xi)=C(\xi)\cdot S(\xi)+\xi\cdot\zeta_T,\ \ 0\leqslant\xi\leqslant 1\\ C(\xi)=\xi^{n_1}\cdot(1-\xi)^{n_2}\\ S(\xi)=\sum\limits_{i=0}^{n}\left[a_i K_{i,n}\xi^i\cdot(1-\xi)^{n-i}\right],\ K_{i,n}=\begin{pmatrix}n\\ i\end{pmatrix}=\dfrac{n!}{i!(n-i)!}\end{cases}\tag{7.8}$$

式中，ζ_T 为末端厚度；$C(\xi)$ 称为种类函数(class function)；$S(\xi)$ 称为形状函数(shape function)。理论上 $C(\xi)$ 与 $S(\xi)$ 可以是任意二阶连续函数，并对每一个二项式乘以不同的权重 a_i，可达到曲线可调节和设计优化的目的。

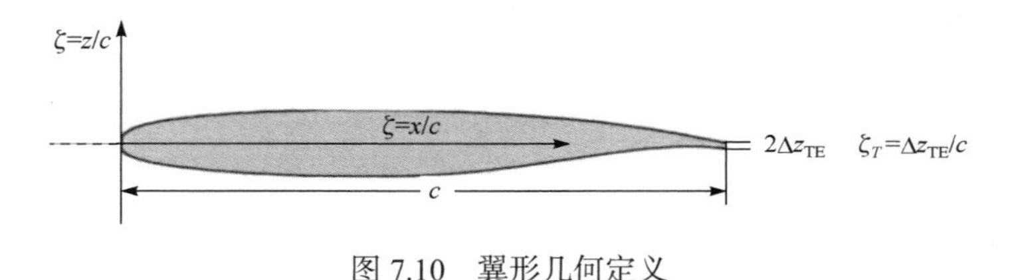

图 7.10　翼形几何定义

7.2.3　翼身融合体参数化建模

中国科学院沈阳自动化研究所为探索新一代水下机器人，提出了开发翼身融合体水下机器人的研究方向。

翼身融合体的概念来源于航空领域，翼身融合体飞机通常称为飞翼飞机。其典型代表是美国空军的 B-2 隐身轰炸机。翼身融合体气动外形与其他先进技术的结合，使得现代作战飞机的机动性能、大迎角性能、隐身能力、飞行高度-速度范围和作战半径得到了大幅度的提高。

在水下机器人领域，翼身融合体外形的设计理念是对传统水下机器人设计理念的一次重大创新。传统水下机器人均采用对称构型，基于浮力体原理设计，而翼身融合体水下机器人是基于翼形线型，采用了升力体设计理念，使得水下机器人处理可变载荷的能力大大提高，并且其操纵性能得到了较大提高。

本节对翼身融合体的参数化建模进行研究，建模按照先曲线后曲面的顺序进行。翼身融合体的几何表达与机翼表达方式基本相同，差别在于翼身融合体水平面投影为光顺的连续曲线，而不是简单的折线，同时，其艏部可能存在平端面，即相当于回转体、非回转体的平头。

采用 CST 方法，并假设艏部为圆头，则前缘、后缘可表示为

$$
\begin{cases}
L_E(\eta)=C_n(\eta)\cdot S_n(\eta),\ \ L_E(\eta)_{\max}=L_N/W \\
C_n(\eta)=\eta^{lw}\cdot(1-\eta)^{lw} \\
S_n(\eta)=\sum_{i=0}^{p}\left[a_i\cdot B_{i,p}(\eta)\right],\ \ a_i=a_{p-i} \\
T_E(\eta)=C_t(\eta)\cdot S_t(\eta),\ \ T_E(\eta)_{\max}=\left|L_T-L_M\right|/W \\
C_t(\eta)=\eta^{tw}\cdot(1-\eta)^{tw} \\
S_t(\eta)=\sum_{i=0}^{s}\left[c_i\cdot B_{i,s}(\eta)\right],\ \ c_i=c_{s-i} \\
L_E(y)=-L_E(\eta)\cdot W+L_N \\
T_E(y)=T_E(\eta)\cdot W\cdot\operatorname{sgn}(L_M-L_T)+L_T
\end{cases}
\tag{7.9}
$$

曲面表达式为

$$
\begin{cases}
S(\xi,\eta)=0.5 \\
S_n(\eta)=\eta^3+15\eta^2(1-\eta)+15\eta(1-\eta)^2+(1-\eta)^3 \\
S_t(\eta)=\eta^3+5\eta^2(1-\eta)+5\eta(1-\eta)^2+(1-\eta)^3
\end{cases}
\tag{7.10}
$$

得到如图 7.11 所示的圆头翼身融合体三维曲面。

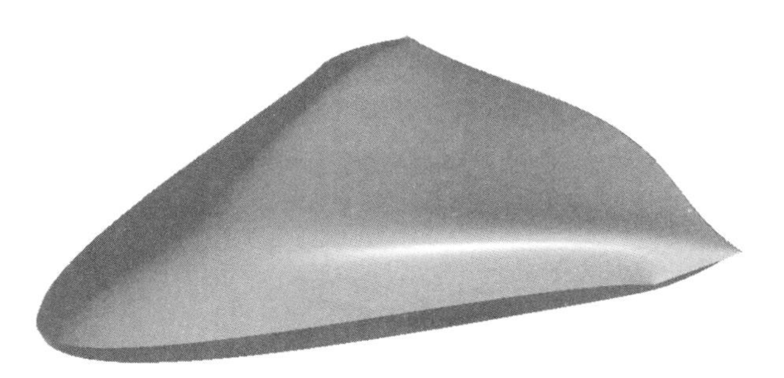

图 7.11　采用 CST 方法表达的圆头翼身融合体三维曲面

7.3　水下机器人水动力计算

7.3.1　计算内容

1. 研究对象——“潜龙二号”4500m AUV

针对中国科学院沈阳自动化研究所研发的“潜龙二号”4500m 深海资源自主

勘查 AUV 水动力性能分析、优化设计的具体需求，本节采用研究的水动力计算方法对该型水下机器人进行完整的水动力计算，计算内容包括 CFD 模拟风洞的位置力计算和 CFD 模拟旋臂水池的旋转力及耦合力计算。

“潜龙二号”与传统的 AUV 在使命任务方面有着较大的不同，突出表现在近海底作业、精细调查、水面航行等。“潜龙二号”近海底作业的区域一般是多山等不平坦地形，因此对 AUV 的避障能力有较高的要求，反映到水动力性能领域即要求 AUV 具备较好的机动性；为满足 AUV 开展精细调查作业的需要，AUV 需要具备航行稳定性与机动性的综合权衡。这些特殊要求为“潜龙二号”的水动力性能研究带来了一系列需要深入探讨的新内容。概要来看，“潜龙二号”的水动力性能设计需要较传统的 AUV 有较大的突破和创新。

如图 7.12 所示，最终“潜龙二号”采用了不同于传统回转体外形的流线型立扁形设计，设计过程中对主载体线型以及操纵面均需要进行相应的水动力计算并进行设计优化。

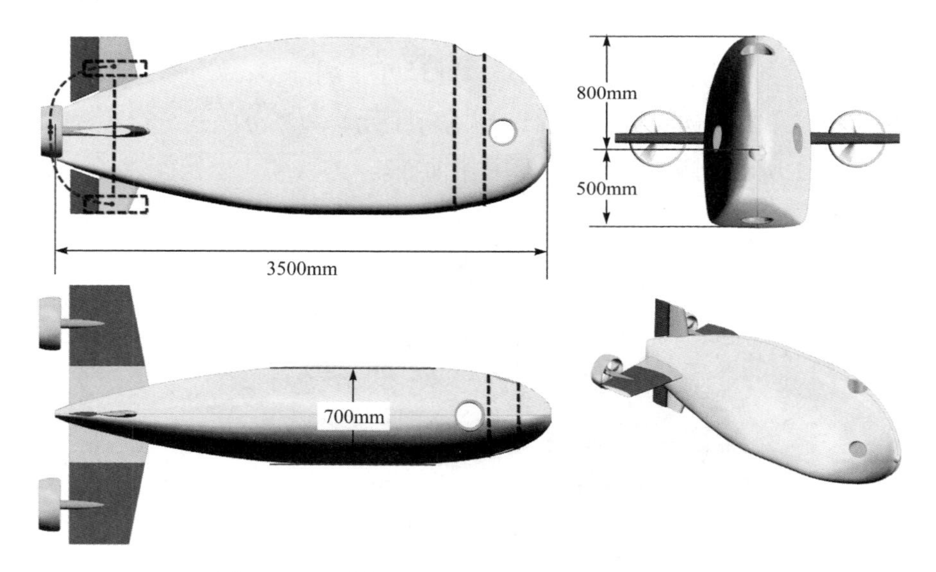

图 7.12　“潜龙二号”4500m AUV（见书后彩图）

2. 计算与试验工况设计

本节首先对“潜龙二号”光体进行了水动力计算并进行线型优化以及操纵面设计，然后对包含操纵面的全附体 AUV 进行了水动力计算。本次计算按照 AUV 的使命需求，选取了巡航速度 2kn 作为操纵性水动力计算的典型速度进行了计算工况设计，具体计算工况如表 7.1 所示。

表 7.1 “潜龙二号”水动力计算工况

<table>
<tr><td rowspan="4">位置力计算</td><td>水平面</td><td colspan="2">β =–3°、–1°、0°、1°、3°、6°、9°、12°（α =0°，δ =0°）</td></tr>
<tr><td>垂直面</td><td colspan="2">α =–12°、–9°、–6°、–3°、–1°、0°、1°、3°、6°、9°、12°（β =0°，δ =0°）</td></tr>
<tr><td>耦合</td><td colspan="2">α =–12°，–9°、–6°、–3°、0°、3°、6°、9°、12°（β =–3°、0°、3°、6°、9°、12°）</td></tr>
<tr><td>升降舵</td><td colspan="2">δ =–35°、–30°、–25°、–20°、–15°、–10°、–5°、0°、5°、10°、15°、20°、25°、30°、35°</td></tr>
<tr><td rowspan="4">旋转力计算</td><td>水平面</td><td colspan="2">5 个旋转半径（正反旋转）β =–3°、0°、3°、6°、9°、12°（α =0°，δ =0°）</td></tr>
<tr><td>垂直面</td><td colspan="2">5 个旋转半径（正反旋转）α =–12°、–9°、–6°、–3°、0°、3°、6°、9°、12°（β =0°，δ =0°）</td></tr>
<tr><td>空间（水平）</td><td>5 个旋转半径（正反旋转）
α =0°、±5°、±10°、±12°</td><td>5 个旋转半径（正反旋转）
ϕ =0°、±5°、±10°、±15°</td></tr>
<tr><td>空间（垂直）</td><td>5 个旋转半径（正反旋转）
β =0°、±5°、±10°、±12°</td><td>5 个旋转半径（正反旋转）
ϕ =0°、±5°、±10°、±15°</td></tr>
</table>

“潜龙二号”在中国船舶科学研究中心进行了完整的水动力试验，本书的计算结果与试验数据进行了对比验证，最终证明了本书提出的水下机器人水动力计算方法具有较好的可信度。图 7.13 展示“潜龙二号”水动力试验的相关内容。

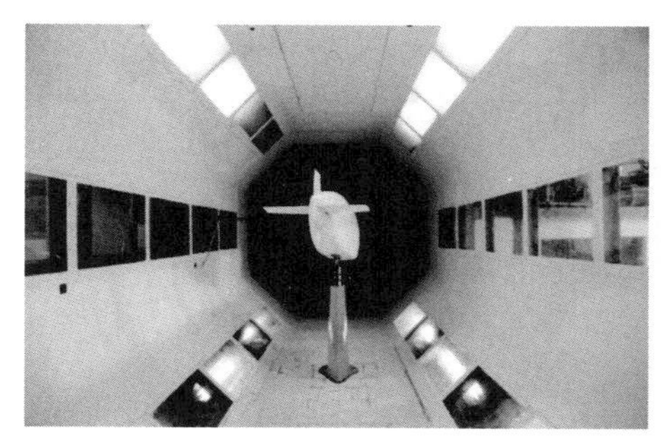

(a) 低速风洞试验

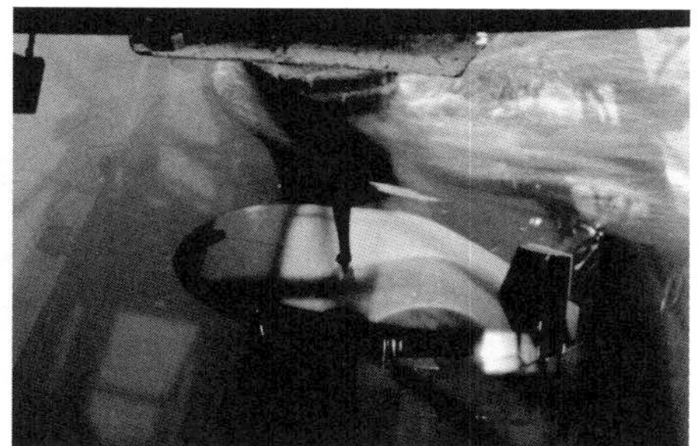

(b) 旋臂水池试验

图 7.13 “潜龙二号”水动力试验

7.3.2 光体模型计算与试验结果及分析

对水下机器人光体的水动力性能进行准确、快速预报是水下机器人设计过程中的重要内容，尤其是在初步设计阶段多方案比较、方案优化设计等过程中更需要首先确定光体的设计方案。因此，首先对“潜龙二号”的光体模型进行水动力计算，计算工况按照表 7.1 进行，部分结果摘录如下。

部分水动力导数的误差较大，原因可能有以下四点：

（1）“潜龙二号”外形为双曲面、非回转体，模型加工的时候，尤其是缩比模型加工的时候难免会有不一致的地方，低速风洞 1∶2，旋臂水池 1∶1.5。

(2)试验的时候测力传感器的安装位置可能有误差，导致试验与计算的坐标原点取值不一致。

(3)部分试验数据不准确，部分曲线出现了较大的不光顺。

(4)对于这种非回转体外形，计算方法确实有需要改进的地方。

1. 水平面不同漂角水动力分析

本节分别研究了航行体光体模型在 2kn 航速下不同漂角时的水动力，水动力(矩)以无因次的形式给出，见图 7.14 和图 7.15，图中实线为试验值，虚线为 CFD 计算值。

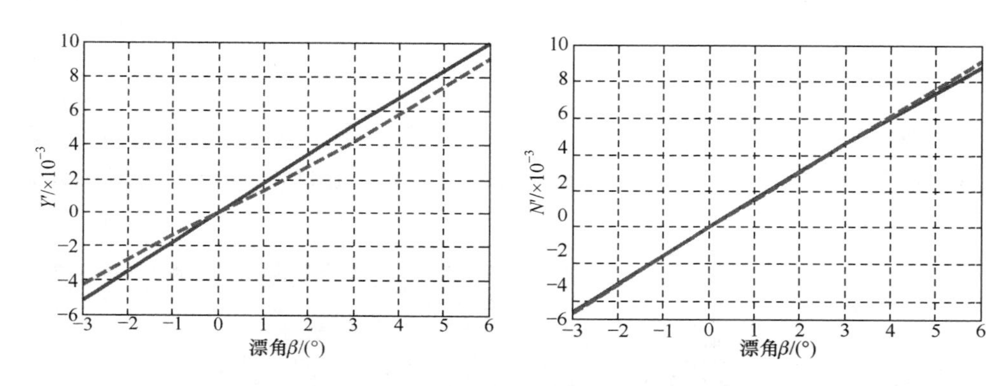

图 7.14　不同漂角侧向力 Y-光体　　　　图 7.15　不同漂角偏航力矩 N-光体

对图 7.14 和图 7.15 的数据进行回归分析可得，AUV 光体的侧向力和偏航力矩导数如表 7.2 所示。

表 7.2　光体水平面斜航水动力导数结果比较

水动力导数	CFD/$\times10^{-3}$	试验/$\times10^{-3}$	相对误差/%
Y'_v	−77.86	−100	−22.14
N'_v	−89.45	−90.5	−1.2

2. 垂直面不同攻角水动力分析

本节分别研究了航行体光体模型在 2kn 航速下不同攻角时的水动力，水动力(矩)以无因次的形式给出，见图 7.16 和图 7.17，图中实线为试验值，虚线为 CFD 计算值。

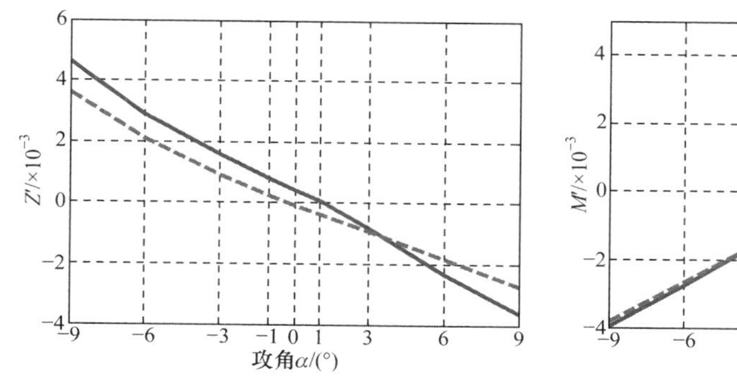

图 7.16　不同攻角垂向力 *Z*-光体

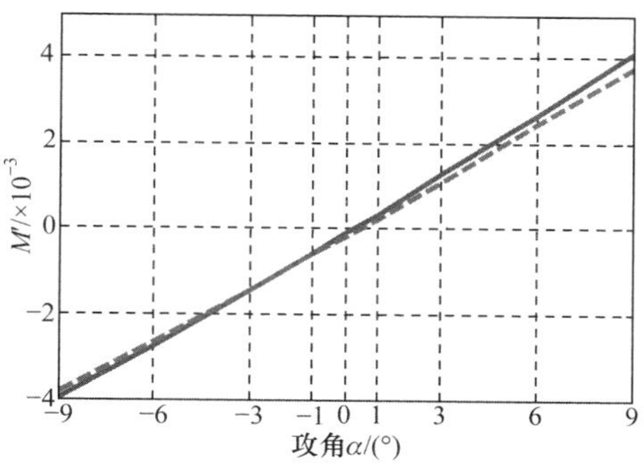

图 7.17　不同攻角俯仰力矩 *M*-光体

对图 7.16 和图 7.17 的数据进行回归分析可得，AUV 光体的垂直面斜航水动力导数如表 7.3 所示。

表 7.3　光体垂直面斜航水动力导数结果比较

水动力导数	CFD/×10^{-3}	试验/×10^{-3}	相对误差/%
Z'_w	−17.52	−23.11	−24.2
M'_w	24.41	25.83	−5.5

3. 水平面不同回转半径水动力分析

本节分别研究了航行体光体模型在 2kn 航速下以不同回转半径水平面回转时的水动力，水动力(矩)以无因次的形式给出，见图 7.18 和图 7.19，图中实线为试验值，虚线为 CFD 计算值。

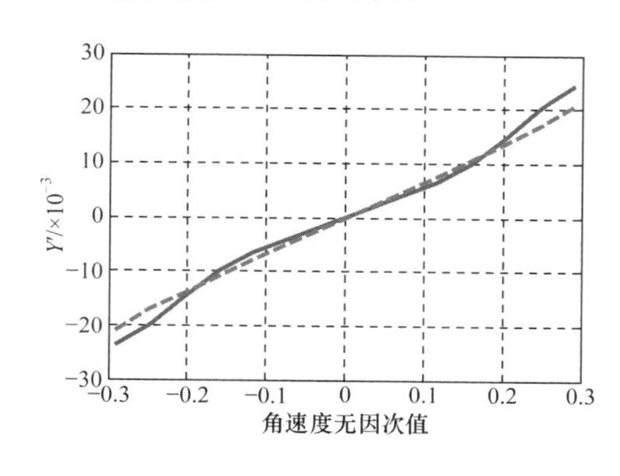

图 7.18　不同旋转角速度侧向力 *Y*-光体

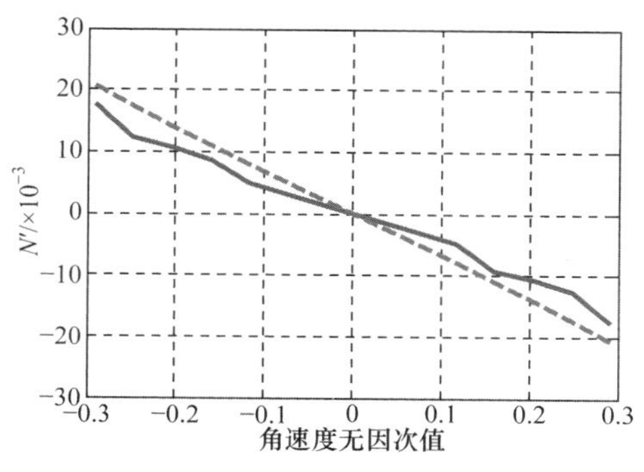

图 7.19　不同旋转角速度偏航力矩 *N*-光体

对图 7.18 和图 7.19 的数据进行回归分析可得，AUV 光体的水平面旋转导数如表 7.4 所示。

表 7.4　光体水平面旋转水动力导数结果比较

水动力导数	CFD/×10^{-3}	试验/×10^{-3}	相对误差/%
Y'_r	6.455	5.628	14.7
N'_r	−6.618	−4.477	47.8

4. 垂直面不同回转半径水动力分析

本节分别研究了航行体光体模型在 2kn 航速下以不同回转半径垂直面回转时的水动力，水动力(矩)以无因次的形式给出，见图 7.20 和图 7.21，图中实线为试验值，虚线为 CFD 计算值。

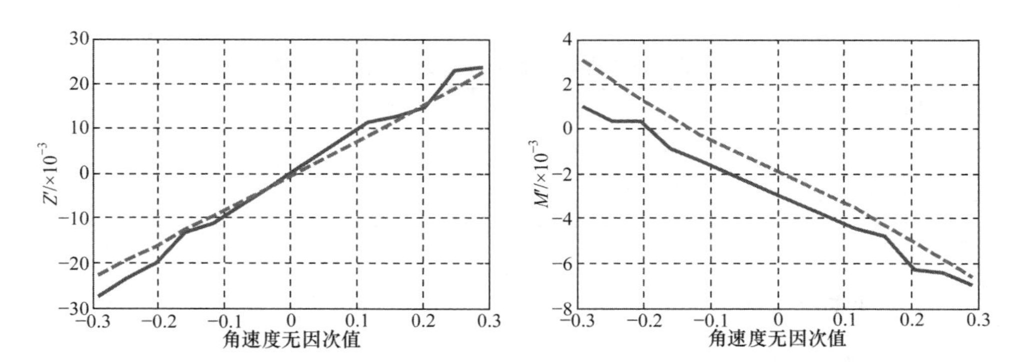

图 7.20　不同旋转角速度垂向力 *Z*-光体　　图 7.21　不同旋转角速度俯仰力矩 *M*-光体

对图 7.20 和图 7.21 的数据进行回归分析可得，AUV 光体的垂直面旋转水动力导数结果比较如表 7.5 所示。

表 7.5　光体垂直面旋转水动力导数结果比较

水动力导数	CFD/×10^{-3}	试验/×10^{-3}	相对误差/%
Z'_q	7.594	8.759	−13.3
M'_q	−1.421	−1.405	1.1

7.3.3　含操纵面模型计算结果及分析

根据光体水动力计算结果可以完成操纵面的设计，操纵面设计方案确定之后对包含操纵面的完整的航行体全附体模型进行水动力计算，结果如下所示。

1. 水平面不同漂角水动力分析

本节分别研究了航行体全附体模型在 2kn 航速下不同漂角时的水动力，水动力(矩)以无因次的形式给出，见图 7.22 和图 7.23，图中实线为试验值，虚线为 CFD 计算值。

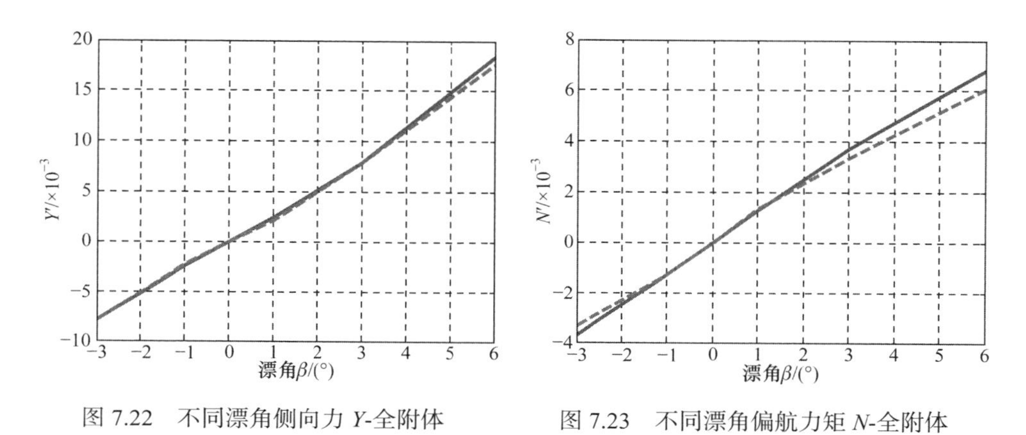

图 7.22 不同漂角侧向力 Y-全附体　　图 7.23 不同漂角偏航力矩 N-全附体

对图 7.22 和图 7.23 的数据进行回归分析可得，AUV 的侧向力和偏航力矩导数如表 7.6 所示。

表 7.6 全附体水平面斜航水动力导数结果比较

水动力导数	CFD/$\times10^{-3}$	试验/$\times10^{-3}$	相对误差/%
Y'_v	−141.8	−142.6	−0.6
N'_v	−67.4	−73.4	−8.2

2. 垂直面不同攻角水动力分析

本节分别研究了航行体全附体模型在 2kn 航速下不同攻角时的水动力，水动力(矩)以无因次的形式给出，见图 7.24 和图 7.25，图中实线为试验值，虚线为 CFD 计算值。

对图 7.24 和图 7.25 的数据进行回归分析可得，AUV 的垂向力和俯仰力矩导数如表 7.7 所示。

3. 水平面不同回转半径水动力分析

本节分别研究了航行体全附体模型在 2kn 航速下不同旋转角速度水平面旋转时的水动力，水动力(矩)以无因次的形式给出，见图 7.26 和图 7.27，图中实线为试验值，虚线为 CFD 计算值。

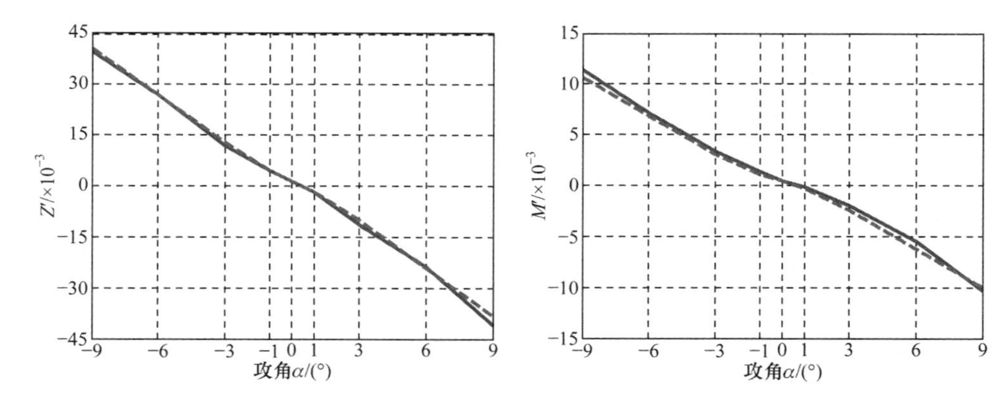

图 7.24　不同攻角垂向力 Z-全附体　　　图 7.25　不同攻角俯仰力矩 M-全附体

表 7.7　全附体垂直面斜航水动力导数结果比较

水动力导数	CFD/×10⁻³	试验/×10⁻³	相对误差/%
Z'_w	−226.7	−222.1	2.1
M'_w	−55.55	−50.30	10.4

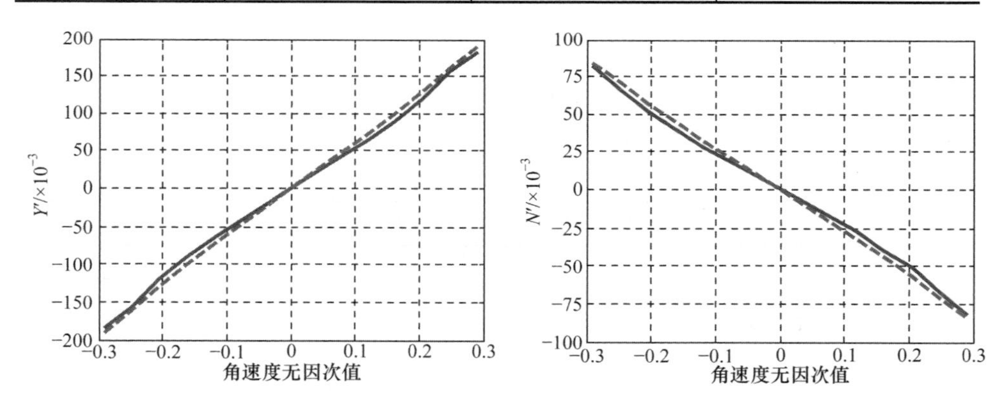

图 7.26　不同旋转角速度侧向力 Y-全附体　　图 7.27　不同旋转角速度偏航力矩 N-全附体

对图 7.26 和图 7.27 的数据进行回归分析可得，AUV 的水平面旋转水动力导数如表 7.8 所示。

表 7.8　全附体水平面旋转水动力导数结果比较

水动力导数	CFD/×10⁻³	试验/×10⁻³	相对误差/%
Y'_r	61.05	53.66	13.8
N'_r	−26.97	−22.55	19.6

4. 垂直面不同回转半径水动力分析

航行体全附体模型在 4kn 和 20kn 航速下以不同回转半径垂直面回转时的水动力见图 7.28 和图 7.29，图中实线为试验值，虚线为 CFD 计算值。

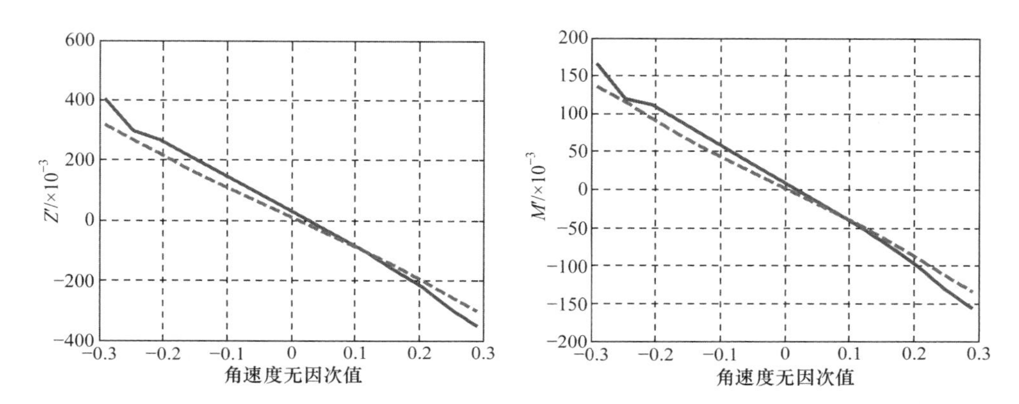

图 7.28　不同旋转角速度垂向力 Z-全附体　　图 7.29　不同旋转角速度俯仰力矩 M-全附体

对图 7.28 和图 7.29 的数据进行回归分析可得，AUV 的垂直面旋转水动力导数如表 7.9 所示。

表 7.9　全附体垂直面旋转水动力导数结果比较

水动力导数	CFD/$\times10^{-3}$	试验/$\times10^{-3}$	相对误差/%
Z'_q	−97.65	−110.1	−11.3
M'_q	−42.03	−47.54	−11.6

7.4　运动参数对水动力的影响

对于定常回转操纵性数值模拟，可以采用无量纲分析法得出主要控制参数。以侧向力为例：

$$F = f(\rho, V, \omega, D, \mu, \alpha, \beta) \tag{7.11}$$

式中，ρ 为流体密度；D 为航行器的直径；V 为航行器运行线速度；ω 为旋转角速度；μ 为流体的动力黏度；α 为航行器的攻角；β 为漂角，取 ρ、V、D 作为自变量，则可得到无量纲方程式为

$$\frac{F}{1/2\rho V^2L^2}=f(\omega D/V,Re,\alpha,\beta)=f'(R_0/D,Re,\alpha,\beta) \tag{7.12}$$

式中，R_0/D 为旋转半径与航行器直径之比，代表了无量纲的旋转速度；Re 为雷诺数，代表了惯性力与黏性力的比较。对于标准潜艇模型 SUBOFF 试验工况，雷诺数一般在 10^6 量级，已达到了湍流自模拟区域范围，在此范围内可以忽略雷诺数的影响。因此，得到的主要控制参量为 R_0/D 、α 和 β，下面将基于标准潜艇模型 SUBOFF 计算结果详细分析这三个变量的影响。

7.4.1 旋转角速度影响分析

图 7.30 为不同旋转角速度条件下 SUBOFF 带艉舵模型壁面摩擦力线和压力系数比较，图 7.31 为不同旋转角速度条件下 SUBOFF 全附体模型壁面摩擦力线和压力系数比较。从图 7.30 和图 7.31 中可以看出，当航行器的旋转半径保持不变，仅改变旋转角速度时，航行器壁面摩擦力线和压力系数分布基本相似。这也验证了 7.3 节量纲分析的结果。从图 7.30 和图 7.31 中可以看出，在小旋转角速度条件

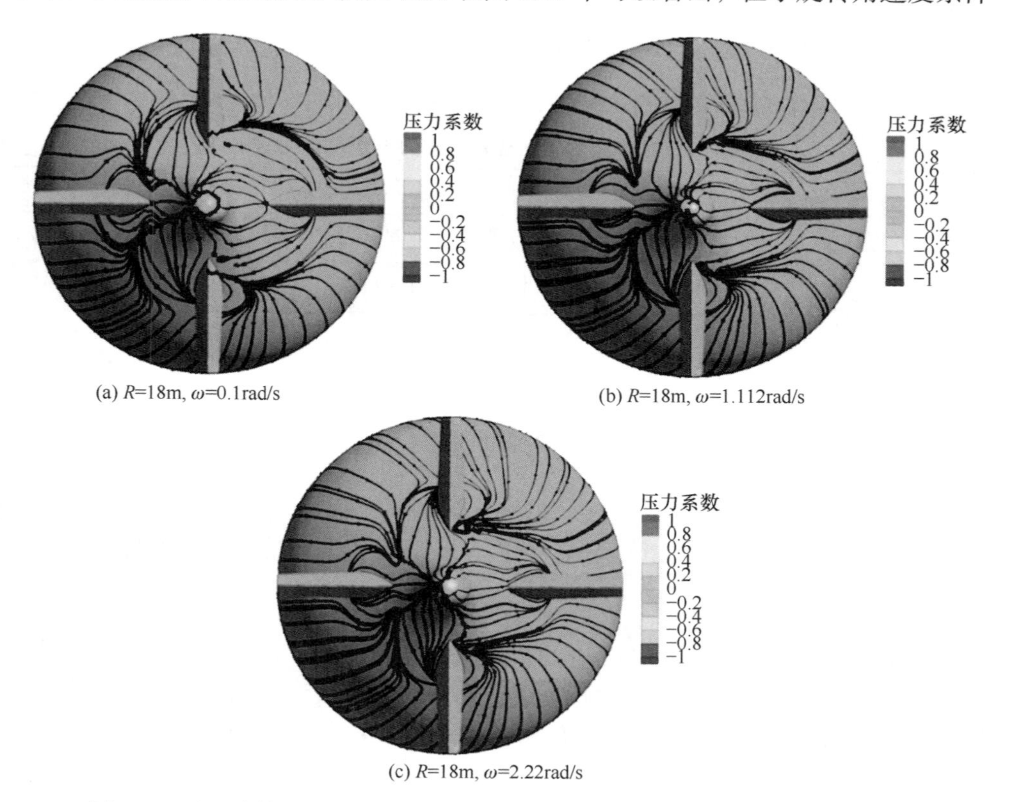

(a) R=18m, ω=0.1rad/s

(b) R=18m, ω=1.112rad/s

(c) R=18m, ω=2.22rad/s

图 7.30 壁面摩擦力线和压力系数比较(变旋转角速度，SUBOFF 带艉舵模型)

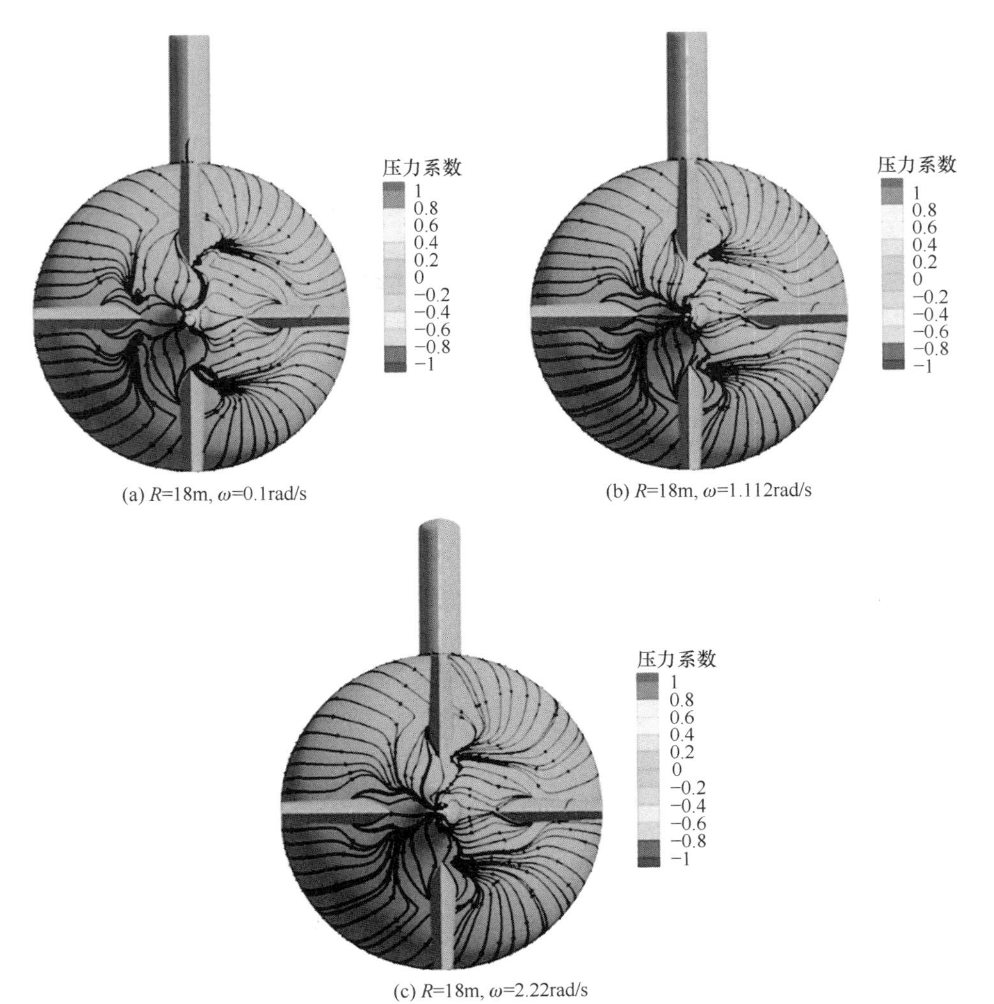

(a) R=18m, ω=0.1rad/s

(b) R=18m, ω=1.112rad/s

(c) R=18m, ω=2.22rad/s

图 7.31 壁面摩擦力线和压力系数比较(变旋转角速度，SUBOFF 全附体模型)

下，即 ω=0.1rad/s 时在 SUBOFF 艉舵右侧的分离区更大一些。这主要是由雷诺数的差异引起的，随着雷诺数的增加这种差异也就逐渐减小。

7.4.2 旋转半径影响分析

图 7.32 为不同旋转半径条件下 SUBOFF 带艉舵模型壁面摩擦力线和压力系数比较，图 7.33 为不同旋转半径条件下 SUBOFF 全附体模型壁面摩擦力线和压力系数比较。此时，航行器的线速度 V 保持不变，仅改变旋转半径。从图 7.32 和图 7.33 中可以看出，随着旋转半径的减小，模型艉部的不对称性越加明显，对应的偏航力和偏航力矩也会增大。

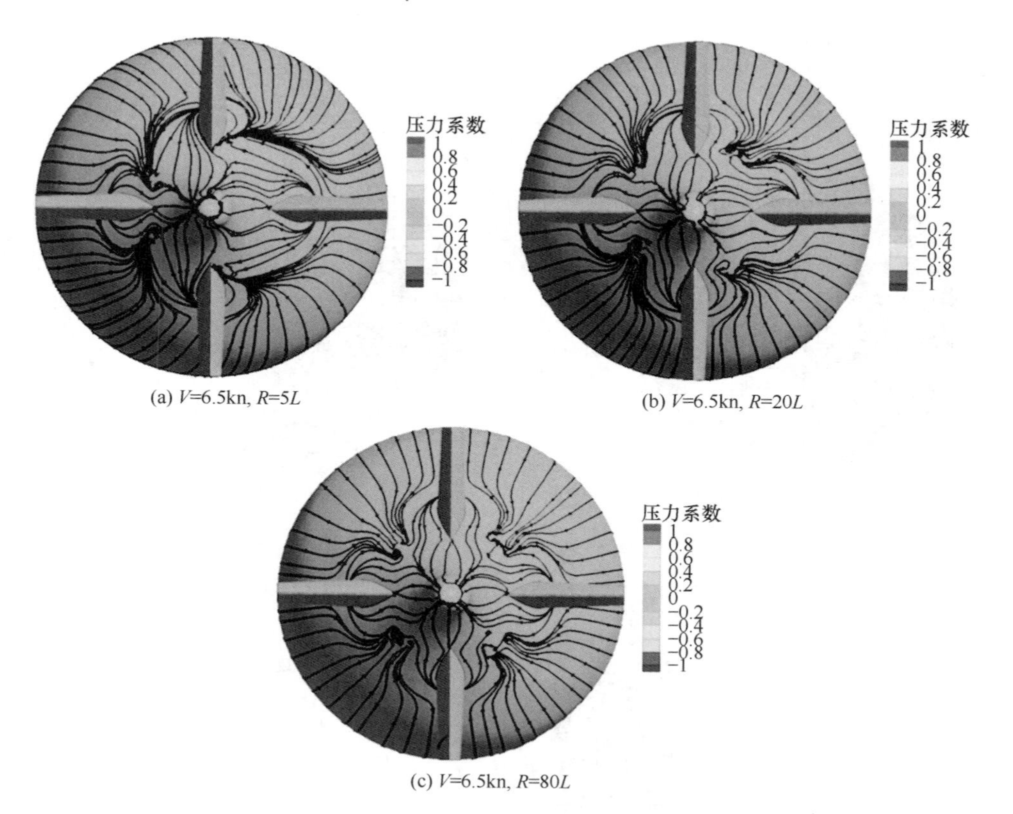

(a) V=6.5kn, R=5L

(b) V=6.5kn, R=20L

(c) V=6.5kn, R=80L

图 7.32　壁面摩擦力线和压力系数比较(变旋转半径，SUBOFF 带艉舵模型)

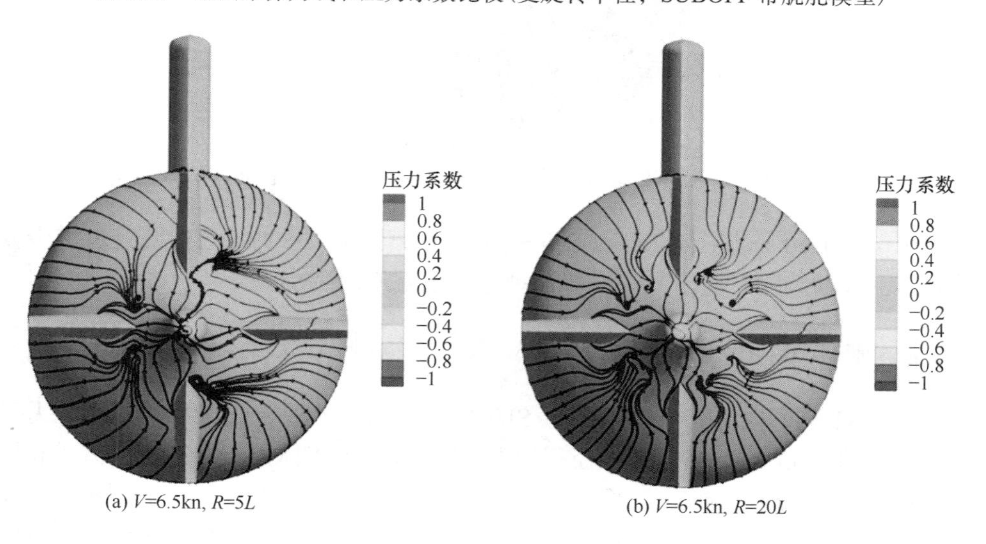

(a) V=6.5kn, R=5L

(b) V=6.5kn, R=20L

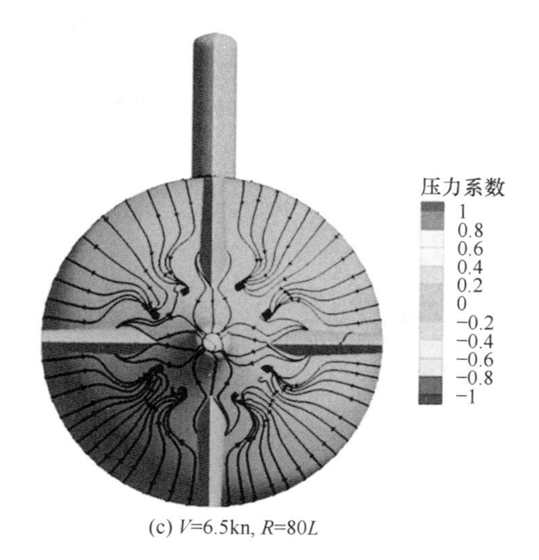

(c) V=6.5kn, R=80L

图 7.33 壁面摩擦力线和压力系数比较(变旋转半径，SUBOFF 全附体模型)

7.4.3 攻角影响分析

图 7.34 为不同攻角条件下 SUBOFF 全附体模型指挥台附近壁面摩擦力线和压力系数比较，图 7.35 为不同攻角条件下 SUBOFF 全附体模型壁面摩擦力线和

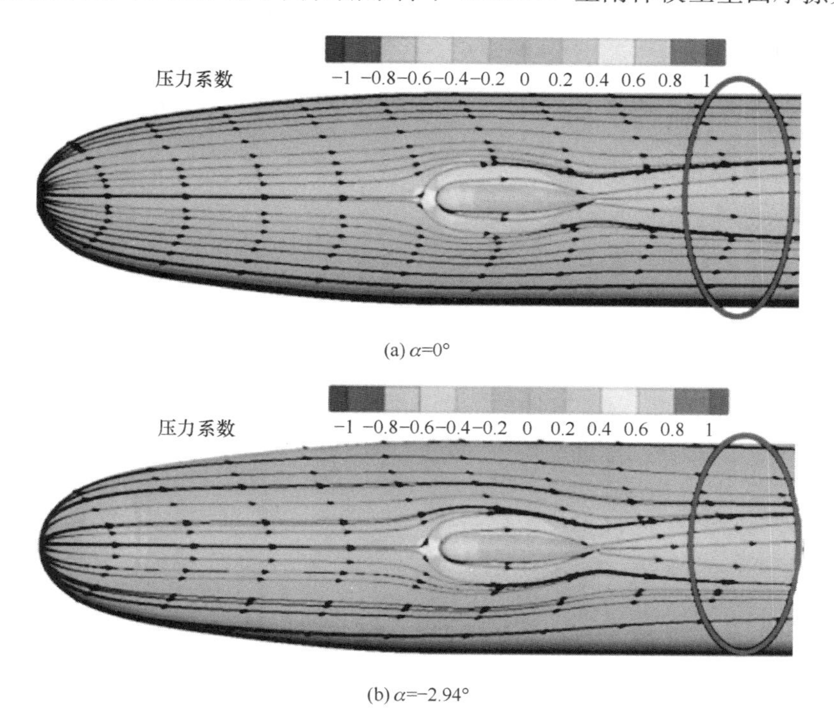

(a) α=0°

(b) α=−2.94°

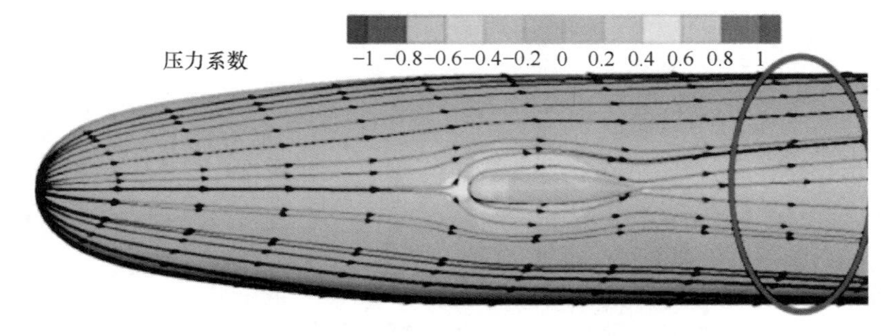

(c) α=2.94°

图 7.34 指挥台附近壁面摩擦力线和压力系数比较（变攻角，SUBOFF 全附体模型）（见书后彩图）

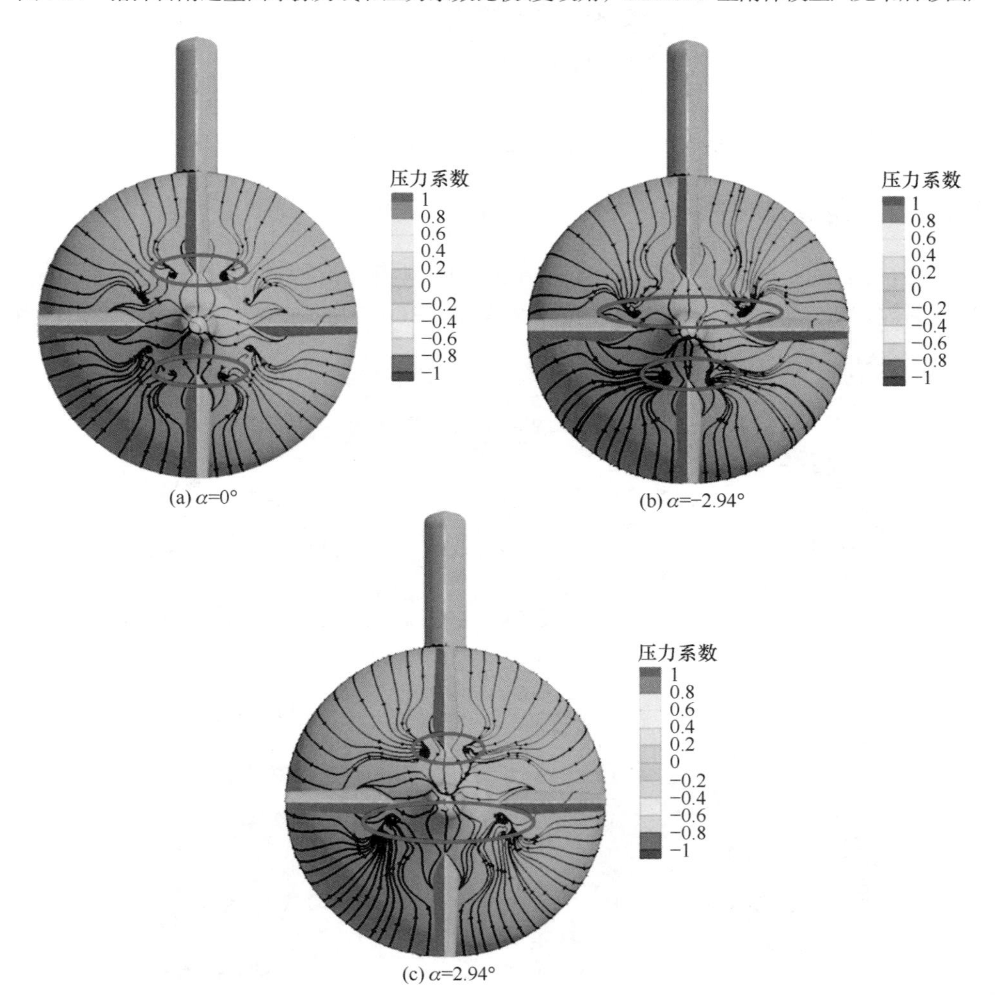

(a) α=0°

(b) α=−2.94°

(c) α=2.94°

图 7.35 壁面摩擦力线和压力系数比较（变攻角，SUBOFF 全附体模型）（见书后彩图）

压力系数比较。此时，航行器的线速度 V 保持不变，仅改变攻角 α 。图 7.35 中圆环内部的壁面摩擦力线分布可以明显看出攻角对其分布的影响。攻角越大，艉舵上下表面的不对称性会越明显，从而产生的俯仰力和俯仰力矩也会越大。

7.4.4 漂角影响分析

图 7.36 为不同漂角条件下 SUBOFF 全附体模型指挥台附近壁面摩擦力线和

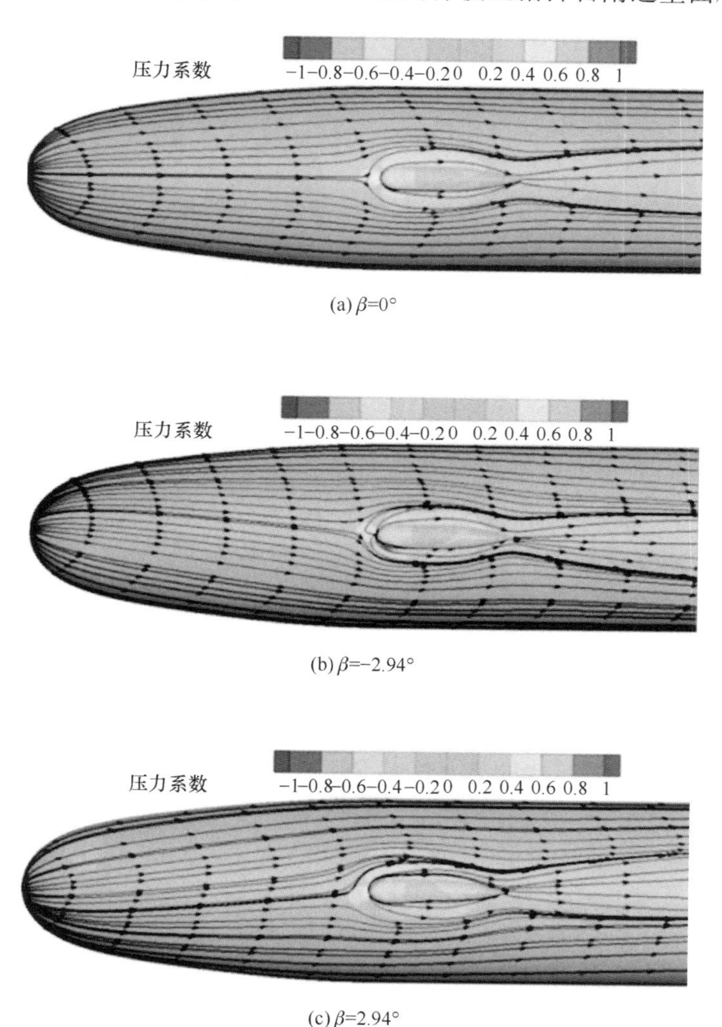

图 7.36 指挥台附近壁面摩擦力线和压力系数比较(变漂角，SUBOFF 全附体模型)

压力系数比较，图 7.37 为不同漂角条件下 SUBOFF 全附体模型壁面摩擦力线和压力系数比较。此时，航行器的线速度 V 保持不变，仅改变漂角 β 。图 7.37 中圆环内部的壁面摩擦力线分布可以明显看出漂角对其分布的影响，即漂角越大，艉舵左右两侧的不对称性会越明显，从而产生的偏航力和偏航力矩也会越大。

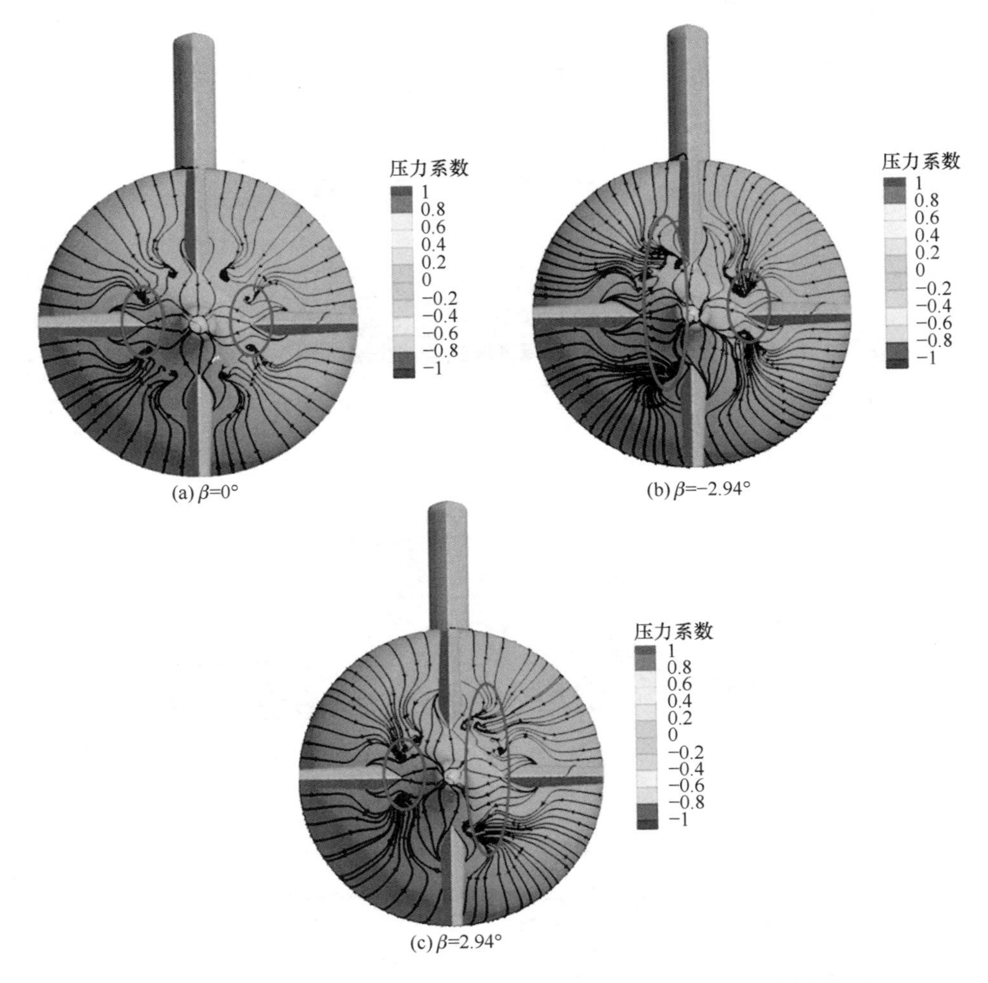

图 7.37　壁面摩擦力线和压力系数比较(变漂角，SUBOFF 全附体模型)

图 7.38 为不同漂角条件下 SUBOFF 带艉舵模型截面涡量大小比较，图 7.39 为不同漂角条件下 SUBOFF 全附体模型截面涡量大小比较。从图 7.38 和图 7.39 中可以看出，两种模型条件下涡量分布是相似的，模型艉部涡的分离效果十分显著。

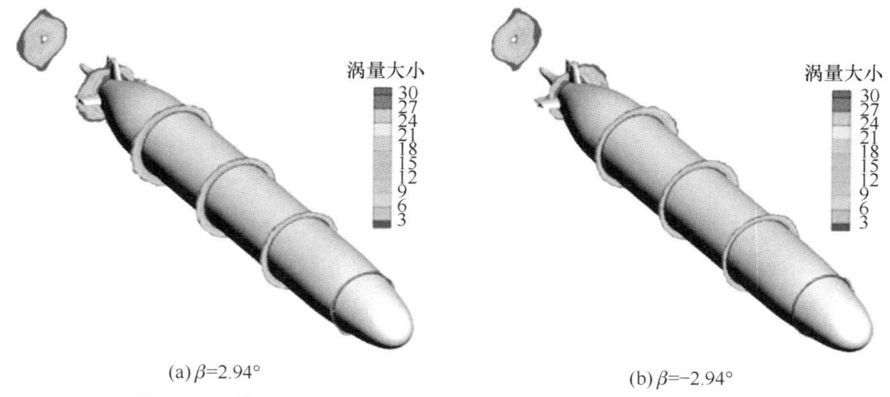

图 7.38 截面涡量大小比较(变漂角，SUBOFF 带艉舵模型)

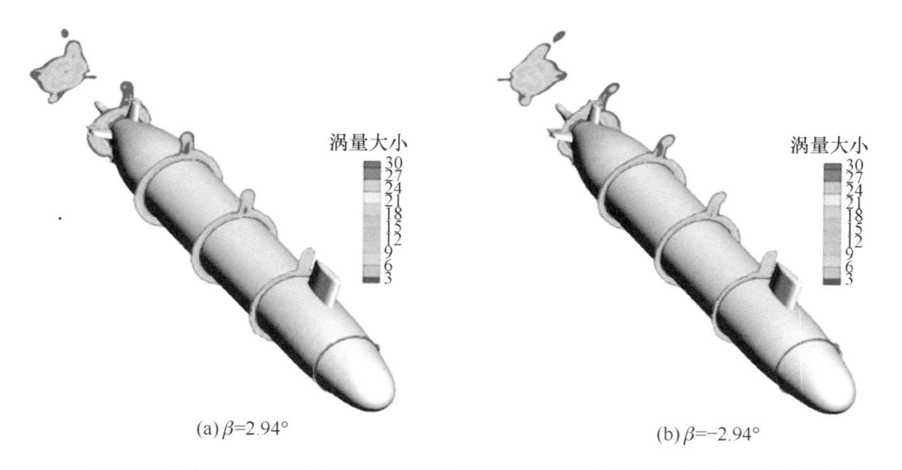

图 7.39 截面涡量大小比较(变漂角，SUBOFF 全附体模型)(见书后彩图)

7.5 本章小结

本章首先概要介绍了水下机器人研发过程中水动力计算的重要地位，指出了水动力计算贯穿了水下机器人研发的全过程，在初步设计阶段进行性能预报分析指导线型优化设计，在详细设计阶段进行性能预报分析并为控制器设计提供运动模型支撑，在湖试、海试阶段提供性能保障。

鉴于外形设计在水下机器人性能设计中的重要地位，本章还研究了水下机器人这种典型双曲面的参数化建模方法，为外形进行优化设计提供了基础支撑。利用 CST 方法进行曲线的参数化表达之后，通过放样进行曲面、实体的建模，最终达到了水下机器人外形的参数化表达。

利用外形参数化建模方法，本章在总结航空系统的飞翼布局翼身融合体的基础上首次提出了在水下机器人设计中采用翼身融合技术，并打破了传统的水下机器人均采用浮力体设计理念的传统做法，创造性地设计了一种基于升力体原理的翼身融合体水下机器人，在处理可变载荷、提高操纵性等方面均有较大的能力提升。

由于翼身融合体属于新颖的海洋结构物，在空气动力学领域对其的研究仍不透彻，在水动力学领域还未见相关报道，所以需要对其水动力性能进行全面的研究。

本章采用之前形成的水动力计算方法体系，尤其是本书提出的基于旋转动量源的计算方法，对翼身融合体水下机器人的操纵性进行了多工况计算。计算结果证明了本书提出的计算方法的正确性。

鉴于此，本书提出的水下机器人水动力 CFD 计算方法体系得到了验证。

参考文献

[1] Kulfan B M, John E. Fundamental parametric geometry representations for aircraft component shapes[C]. The 11th AIAA/ISSMO Multidisciplinary Analysis and Optimization Conference, Portsmouth, 2006.

[2] Kulfan B M. A universal parametric geometry representation method— "CST"[C]. The 45th AIAA Aerospace Sciences Meeting and Exhibit, Reno, 2007.

8 水下机器人水动力计算新领域：空化/超空化

常规的水下机器人水动力计算主要是基于周边流场为均匀流场的假设，分析主体和舵翼的受力，属刚体受力分析。本章基于 CFD 计算方法，探讨水下空化/超空化流体动力计算新领域的计算案例。

传统的水下机器人航速一般较低，现役的深海型水下机器人最大航速一般不超过 3kn（约 1.54m/s），浅海巡航型水下机器人最大航速一般也不超过 10kn（约 5.14m/s）。低航速制约了水下机器人更进一步的拓展应用，追求更高的航速成为业界的共识，“高速”、“超高速”是未来水下机器人的发展趋势之一。制约水下机器人航速进一步提高的主要因素是水下阻力，而空气阻力仅为水下阻力的千分之一，因此利用水下空化/超空化技术减阻是重要的研究方向。

水下运动的物体，当航速逐渐增加并达到一定临界值之后，物体周围压力低于当地液体饱和蒸气压时，液体迅速气化成水蒸气，称为水下空化。航速进一步增大，物体会完全被包裹在空泡中，称为超空化。利用空化/超空化技术可实现水下低阻高速航行。目前，应用超空化技术的装备最为人所熟知的莫过于俄罗斯海军在 20 世纪 90 年代开发的“暴风”超空泡鱼雷[1]，其利用超空泡减阻方法，结合火箭发动机的强劲动力，鱼雷速度可达到 200kn（约 100m/s）。针对水下目标的打击，超空泡炮弹、子弹等的设计也利用了空化的减阻原理，用来有效提高射程。

空化是典型的复杂流态，下面初步探索其流体动力计算方法。

8.1 水下空化计算方法验证

对于水下机器人，不同外形的航行体会有不同的自然空化特性，因此需要针对不同外形航行体的空化问题，在空化数值计算方法方面进行定量的评估，保证数值计算结果具有较高的准确度。为了验证自然空化数值计算方法的可信度，本章以前人公布的试验数据为参考，研究空化数值计算方法中的参数设置规范。自然空化数值计算方法的验证内容包括表面压力系数（主要针对大空化数、局部空化）和空泡尺度（主要针对小空化数、超空化）。

8.1.1 水下空化计算方法

针对气液两相流，混合介质的N-S方程可以表示为

$$
\begin{aligned}
&\frac{\partial \rho_m}{\partial t}+\frac{\partial\left(\rho_m u_j\right)}{\partial x_j}=0 \\
&\frac{\partial\left(\rho_m u_i\right)}{\partial t}+\frac{\partial\left(\rho_m u_i u_j\right)}{\partial x_j}=-\frac{\partial p}{\partial x_j}+\frac{\partial}{\partial x_j}\left(\left(\mu+\mu_t\right)\left(\frac{\partial u_i}{\partial x_j}+\frac{\partial u_j}{\partial x_i}-\frac{2}{3}\frac{\partial u_i}{\partial x_j}\delta_{ij}\right)\right)
\end{aligned}
\tag{8.1}
$$

式中，下标 i 和 j 分别代表坐标方向；ρ_m、u 和 p 分别为混合介质的密度、速度和压强；μ 和 μ_t 分别为混合介质的层流和湍流黏性系数。

计算中，湍流模型选择应用广泛的 k-ε 二方程模型。空化模型选用基于Rayleigh-Plesset气泡动力学方程推导的模型，液-气质量传递率如下：

$$
\dot{m}_{lv}=F\frac{3r_{\mathrm{nuc}}\left(1-r_v\right)\rho_v}{R_{\mathrm{nuc}}}\sqrt{\frac{2}{3}\frac{\left|p_v-p\right|}{\rho_l}}\operatorname{sgn}\left(p_v-p\right)
\tag{8.2}
$$

式中，$R_{\mathrm{nuc}}=1\mu\mathrm{m}$，表示液体内气核半径；$r_{\mathrm{nuc}}=5\times10^{-4}$，表示单位体积液体内气核的数目；下标 v 表示水蒸气，l 表示液体水。

F 为相变系数，F_{vap}、F_{cond} 分别代表蒸发系数和冷凝系数，默认值为50和0.01。研究人员认为，k-ε 空化区黏性耗散过强[2]，因此普遍引入涡黏性系数的密度修正函数[3]：

$$
\mu_t=f(\rho)C_\mu\frac{k^2}{\varepsilon}
\tag{8.3}
$$

式中，

$$
f(\rho)=\rho_v+\frac{\left(\rho_m-\rho_v\right)^n}{\left(\rho_l-\rho_v\right)^{n-1}},\quad n\gg1
$$

n 取7～15，计算结果非常相近，本书取 $n=10$。

另外，研究表明湍动能对空化也有重要影响[4]，目前普遍采用以下方式对气化压强修正：

$$
p_{\mathrm{turb}}=0.39\rho k
\tag{8.4}
$$

气化压强：

$$p_v = \left(p_{\text{sat}} + \frac{p_{\text{turb}}}{2} \right) \tag{8.5}$$

式中，p_{sat}、k 分别为当地饱和蒸气压强和流场的当地湍动能。

8.1.2 表面压力系数验证

Rouse 等[5]曾经做过各种头型圆柱的空化试验，并获得了不同头型圆柱沿外轮廓线方向的压力系数，各类空化试验头型如图 8.1 所示。

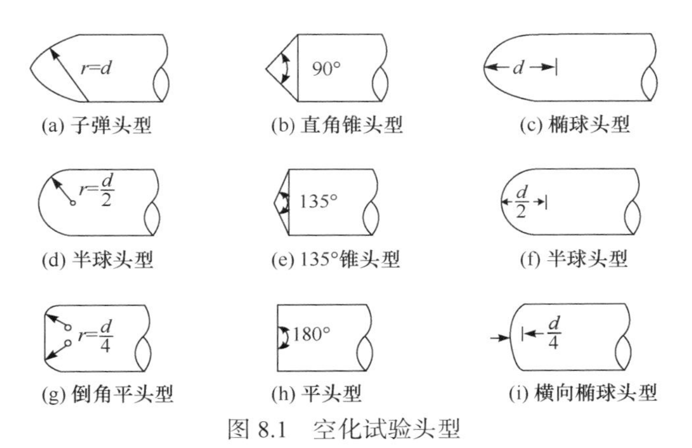

图 8.1 空化试验头型

对比各类头型，可以归结为流线型和非流线型两类。流线型为由模型顶端沿轴向的外轮廓线没有折点，外轮廓线是光顺的。非流线型头型的外轮廓线沿轴向方向有明显折角。对于非流线型头型，流动分离程度显然较流线型头型严重，空化程度的表现差异也很大。本书首先选择半球头型圆柱和平头型圆柱为计算对象，研究计算参数设置规范，验证计算方法的有效性，再用倒角平头型圆柱和直角锥头型圆柱对计算方法做进一步佐证。

1. 流线型圆柱的空化计算

首先研究半球头型圆柱的空化计算，计算采用三维半模，网格由面网格回转生成，半球头型圆柱网格模型如图 8.2 所示，边界层首层厚度保证 10m/s 流速时 y^+=50 左右。计算中采用速度入口，流速为 10m/s；压力出口，相对压力为 0Pa。

参考压力根据空化数的要求设定。空化数计算公式为

$$\sigma = \frac{p_\infty - p_{\text{sat}}}{\frac{1}{2}\rho u_\infty^2} \tag{8.6}$$

式中，p_{sat} 为当地饱和蒸气压。

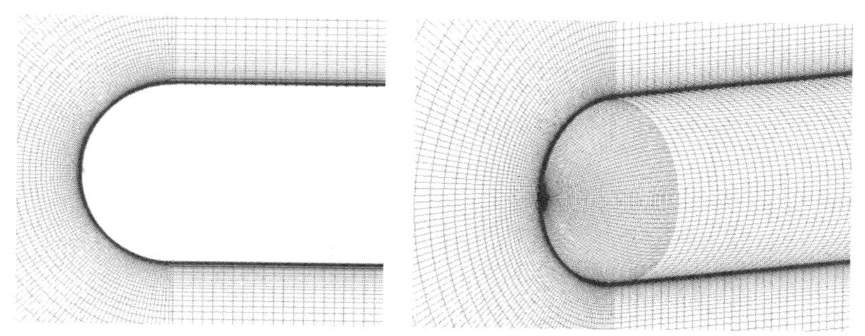

图 8.2　半球头型圆柱网格模型

相变系数采用默认的经验值计算空化数 σ=0.4 时，半球头型圆柱表面压力系数分布和空泡形态，如图 8.3 所示。

表面压力系数计算方法为

$$p_{\text{coe}} = \frac{p - p_{\infty}}{\frac{1}{2}\rho u_{\infty}^{2}} \tag{8.7}$$

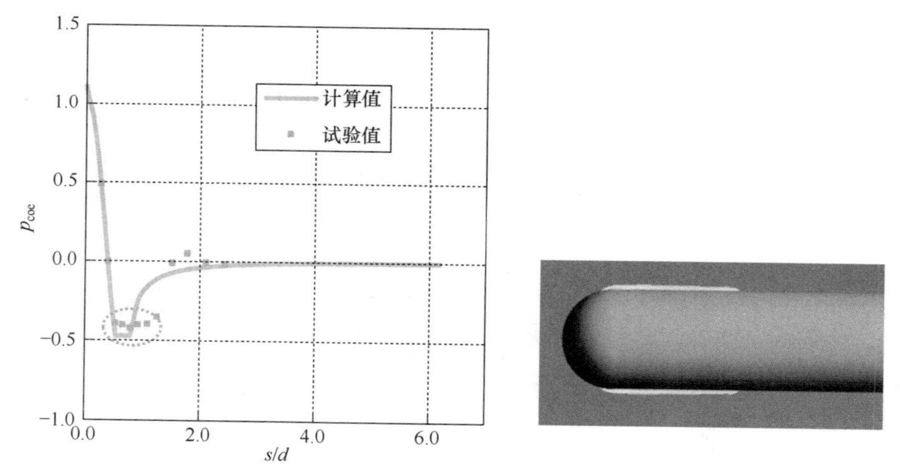

图 8.3　σ=0.4 、蒸发系数 F_{vap}=50、冷凝系数 F_{cond}=0.01 时半球头型自然空化计算

当发生空化时，空泡内压力为当地饱和蒸气压 p_{sat}，因此空化区内的压力系数与空化数互为相反数，也是半球头型圆柱体表面的最低压力系数。图 8.3 中气相体积分数分布图中按体积分数 0.5 绘制了气液两相的分界面，即空泡表面，然而图中并未显示，说明气相体积分数都在 0.5 以下，蒸发速率较慢。从表面压力系数分布来看，最低压力低于饱和蒸气压，也说明蒸发速率不够。因此，需要提高蒸发速率，使头部周围快速形成空化区，目标是使周围压力提高到饱和蒸气压，贴近试验值。保证 F_{cond}(冷凝系数)不变，增大 F_{vap}(蒸发系数)，计算结果如图 8.4 所示。

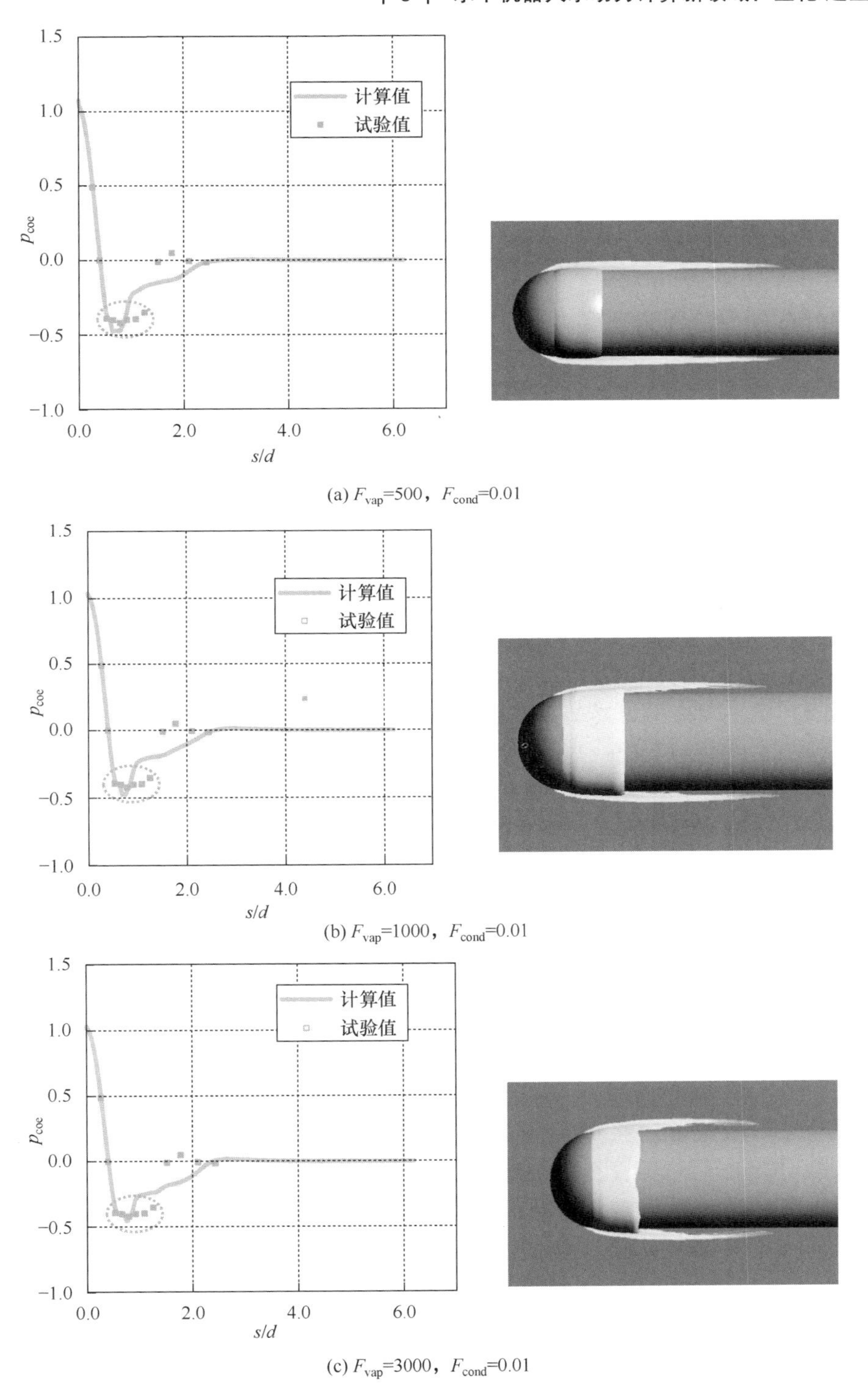

(a) F_{vap}=500，F_{cond}=0.01

(b) F_{vap}=1000，F_{cond}=0.01

(c) F_{vap}=3000，F_{cond}=0.01

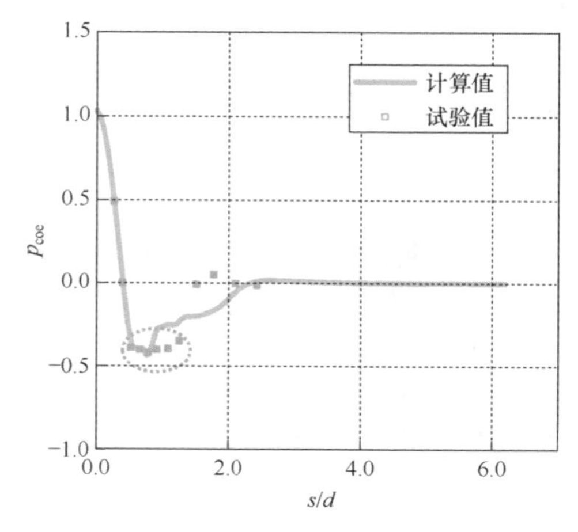

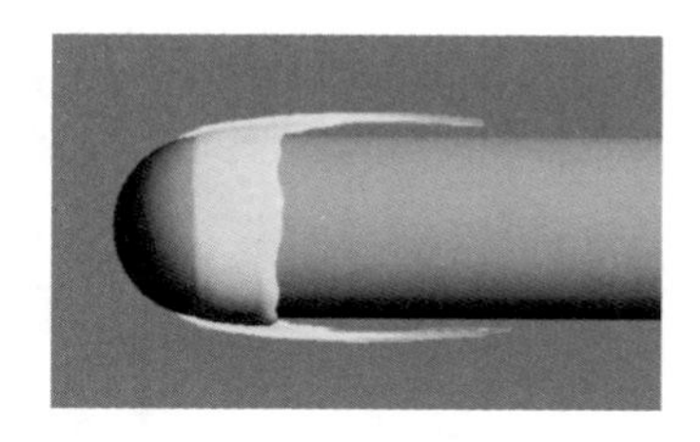

(d) F_{vap}=5000，F_{cond}=0.01

图 8.4　σ=0.4 时不同相变系数半球头型自然空化计算

从图 8.4 中可以看出，当蒸发系数 F_{vap} 达到 5000 时，表面压力系数最小值达到空化区内饱和蒸气压产生的压力系数值[图 8.4(d)中虚线圈内]，球头圆柱头部圆周出现稳定空泡。然而由于冷凝速率较慢，回射流不及时，空泡呈较慢的速度溃灭消失，表面压力呈缓慢趋势至零压，未出现正压力的尖峰突变。因此，下一步需提高冷凝系数，验证冷凝系数对空化现象的影响。不同计算结果如图 8.5 所示。

从图 8.5 中可以看出，当冷凝系数 F_{cond} 达到 0.4 时，表面压力系数分布已经很接近试验值，出现正压力峰值，球头圆柱头部有一个主空泡，主空泡后出现小的空泡脱落现象，与试验现象相符。当冷凝系数 F_{cond} 达到 0.7～1 时，表面压力系数与试验值基本吻合。因此，对于半球头型圆柱，当空化数 σ=0.4 时，在数值计算过程中蒸发系数 F_{vap} 和冷凝系数 F_{cond} 宜分别设定为 5000 和 0.7～1。为了验证这样的参数设置方案是否满足其他空化数条件下的计算精度要求，计算了如图 8.6 和图 8.7 所示的算例。

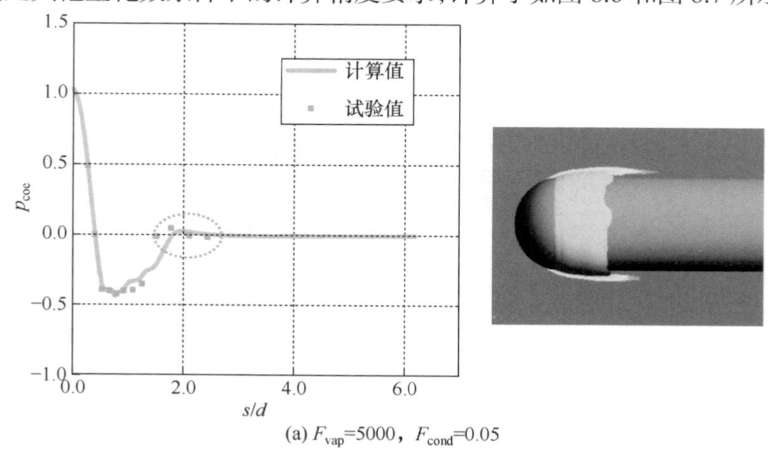

(a) F_{vap}=5000，F_{cond}=0.05

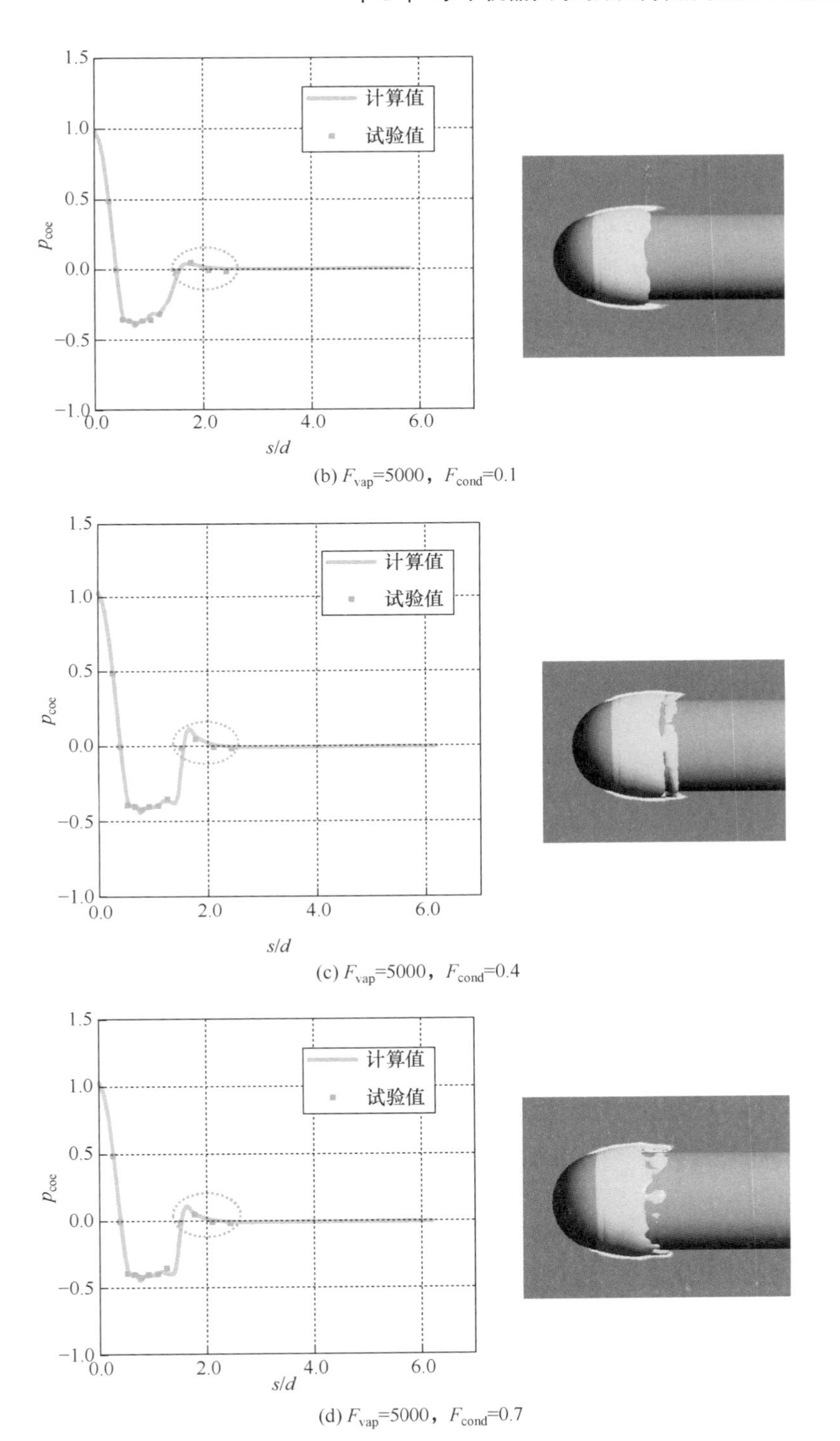

(b) F_{vap}=5000，F_{cond}=0.1

(c) F_{vap}=5000，F_{cond}=0.4

(d) F_{vap}=5000，F_{cond}=0.7

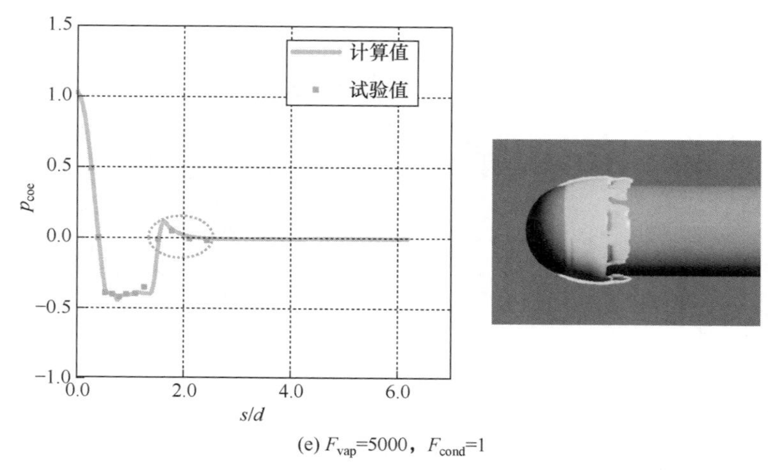

(e) F_{vap}=5000，F_{cond}=1

图 8.5　σ=0.4 时不同相变系数自然空化计算

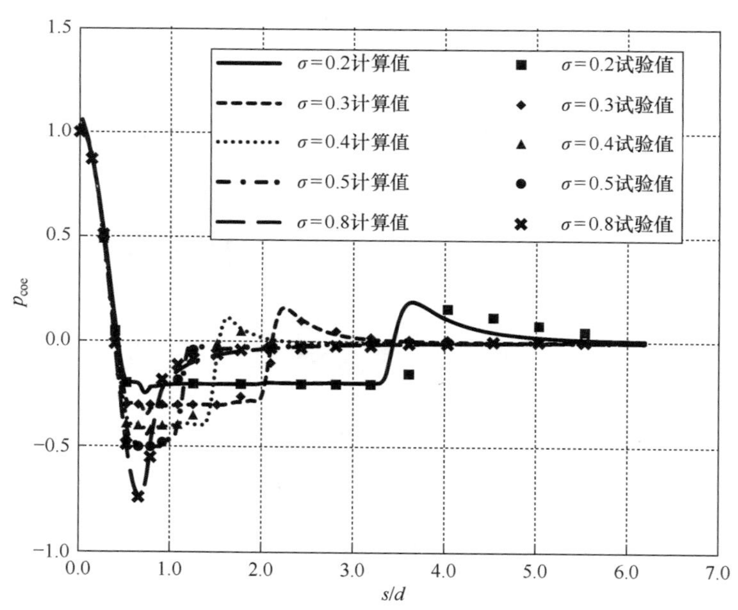

图 8.6　F_{vap}=5000、F_{cond}=1 时不同空化数条件下压力系数分布

在一定空化数条件下，计算得到的表面压力系数出现一段较平稳的最低值，这个压力系数值与空化数互为相反数，代表这段区域压强为饱和蒸气压，即出现了空泡，这段压力系数最低值的长度在一定程度上表明了空泡长度尺度。由图 8.6、图 8.7 可以看出，将蒸发系数设定为 5000，冷凝系数设定为 0.7～1 时，不同空化数条件下表面压力系数的分布与试验值吻合得很好，只有当空化数为 0.2 时，在空泡溃灭区表面压力系数分布与试验值相比有些异常，但总体来看这样的计算结

果已能够满足工程计算要求。

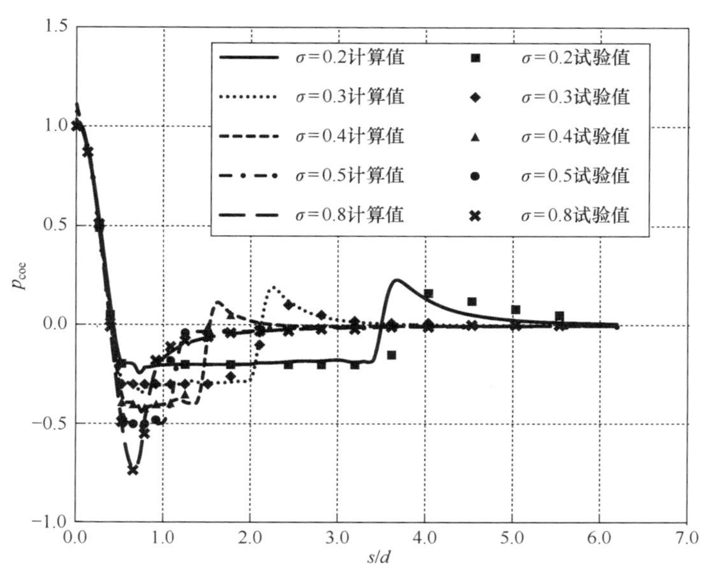

图 8.7 F_{vap}=5000、F_{cond}=0.7 时不同空化数条件下压力系数分布

以上计算内容为在固定流速下通过调整参考压力来达到不同空化数的条件要求，为了研究流速，即雷诺数对空化现象的影响，在空化数为 0.4 的条件下，通过不同流速和参考压力的搭配，计算半球头型圆柱的自然空化现象，得到不同流速下圆柱表面压力系数分布如图 8.8 所示。

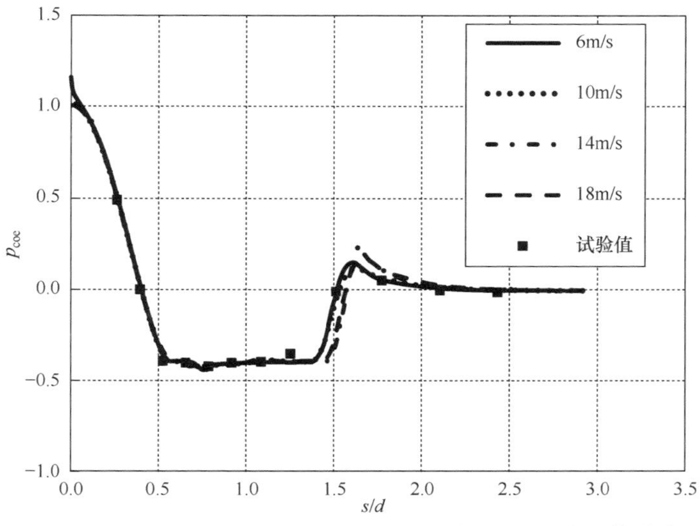

图 8.8 σ=0.4 、F_{vap}=5000、F_{cond}=1 时不同流速下压力系数分布

从图 8.8 中可以看出，流速对空化现象有一定影响，当流速提高时，空化区有一定的延长，空化区后的正压力峰值较大，但是压力系数的总体趋势不变。相对于空化数，在数值计算中雷诺数对空化现象的影响很小。

未来在研制新型高速或超高速水下机器人时，往往要求航速达到 50～100kn，在标况下水的饱和蒸气压约为 3574Pa，应用式(8.1)可以计算出在 10m 以内水深不同航速对应的空化数如表 8.1 所示。当航速达到 40m/s(约 78kn)以上时，空化数为 0.2 左右，或更低。为了验证高航速下自然空化数计算的可行性，以半球头型圆柱为例，计算了在空化数为 0.2 时，不同航速下的表面压力系数分布和空化情况，如图 8.9 和图 8.10 所示。

表 8.1　不同水深不同航速对应的空化数

水深/m	航速/(m/s)	空化数
10	25	0.638
	30	0.443
	35	0.326
	40	0.249
	45	0.197
	50	0.160
5	25	0.482
	30	0.335
	35	0.246
	40	0.188
	45	0.149
	50	0.120

在航速提高到 50m/s 过程中，数值计算的过程仍然很顺利，未出现计算溢出的现象。从图 8.9 中可以看出，不同航速下表面压力系数分布趋势与试验值基本吻合，不同的是在空泡溃灭区域表面压力系数分布稍有差异。图 8.10 是不同航速下空泡形态，当航速较低时，空泡较稳定、光滑。在航速提高后，尽管仍然维持一个尺度相对不变的主空泡，但是空泡表面凹凸不平，呈现很不稳定的状态。

以上全部计算都是对湍流模型的涡黏性系数进行密度修正，目的是通过改变湍流耗散率来改变圆柱周围的湍流状态。实际上，一方面湍流影响空化的发生、发展；另一方面空化现象的产生也会影响流体湍流形式的演变。通过调整蒸发系数和冷凝系数能够调整空泡形态和圆柱表面压力系数分布，而为了验证湍流模型中涡黏性系数的密度修正是否有必要再进行研究，在不引入密度修正函数的情况下计算如图 8.11 所示的算例。

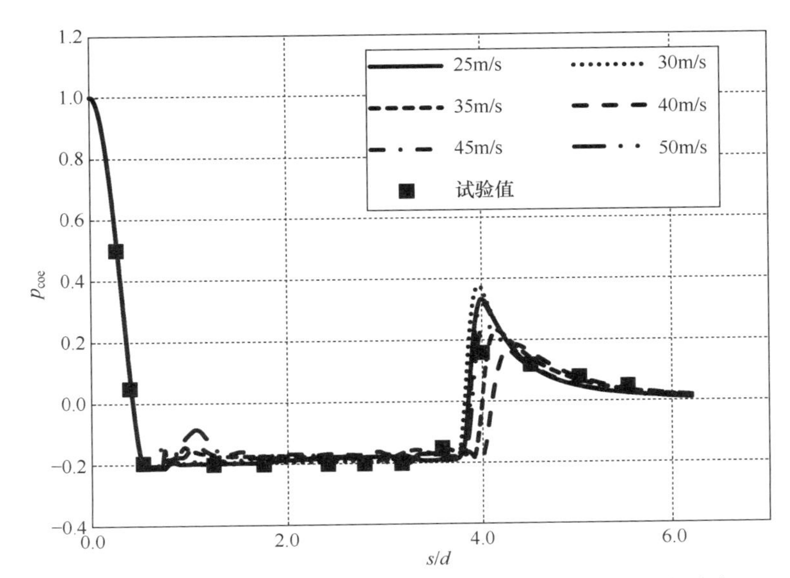

图 8.9　σ=0.2 、F_{vap}=5000、F_{cond}=1 时不同航速下压力系数分布

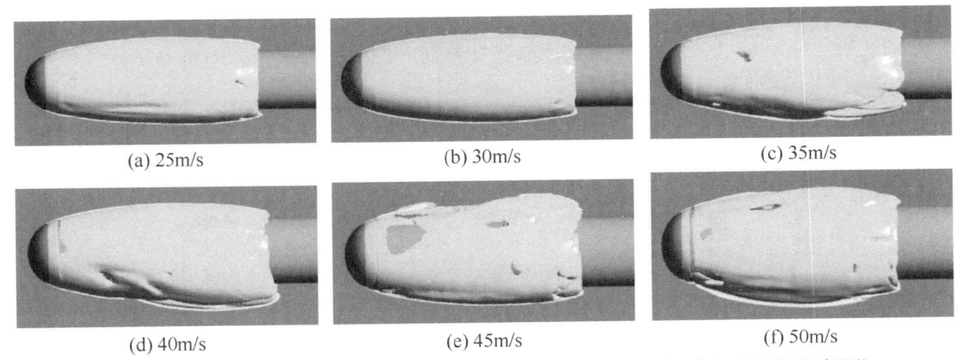

图 8.10　σ=0.2 、F_{vap}=5000、F_{cond}=1 时不同航速下空泡形态(见书后彩图)

从图 8.11 中可以看出，在对湍流模型中的涡黏性系数不做密度修正时，在不同空化数条件下计算值仍能够与试验值吻合，反映出了半球头型圆柱表面压力系数分布状态。但与图 8.6 对比，当空化数为 0.4、0.5 时对涡黏性系数修正后的计算值与试验值吻合度更好，在一定程度上验证了涡黏性系数密度修正的必要性。

综合以上计算过程可以得到如下结论：对于半球头型圆柱的空化计算，采用 k-ε 湍流模型计算时宜对涡黏性系数做必要修正，同时基于 Rayleigh-Plesset 方程的空化模型蒸发系数 F_{vap} 宜设定为 5000，冷凝系数 F_{cond} 可以设定为 0.7～1。

为了验证以上结论对其他流线型头型的空化问题是否适用，基于以上结论计算圆角尖顶圆柱在不同空化数条件下的压力系数分布和空泡形态，结果如图 8.12 和图 8.13 所示。

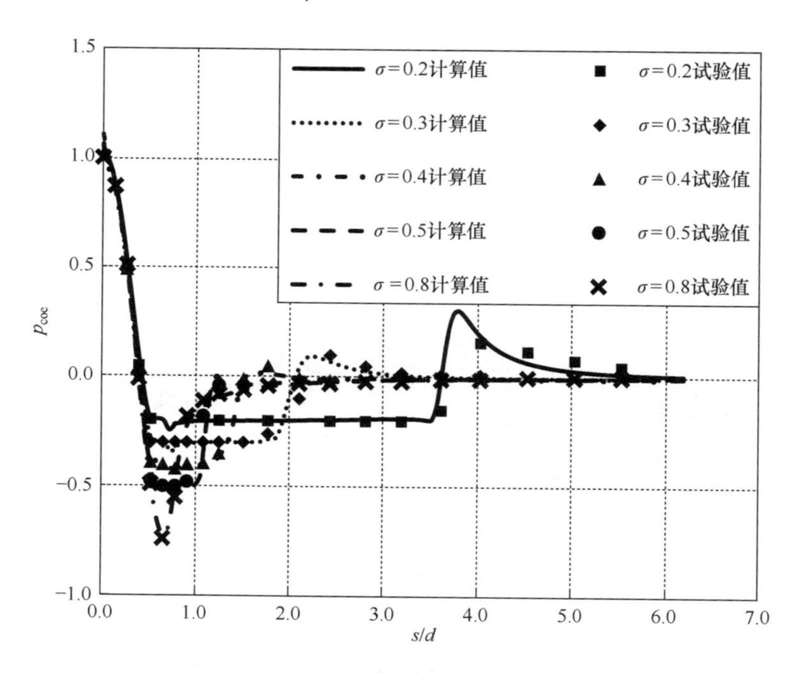

图 8.11 F_{vap}=5000、F_{cond}=1 时湍流涡黏性系数未做密度修正下表面压力系数分布

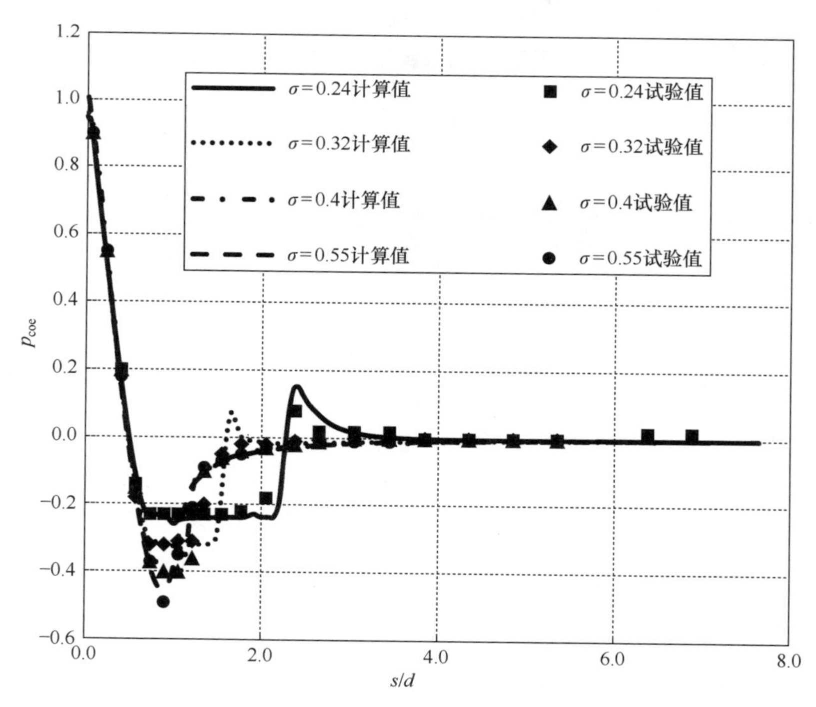

图 8.12 F_{vap}=5000、F_{cond}=1 时圆角尖顶圆柱自然空化计算

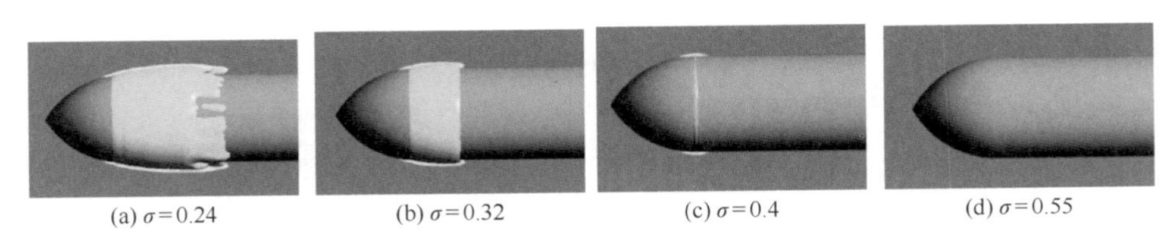
(a) $\sigma=0.24$　(b) $\sigma=0.32$　(c) $\sigma=0.4$　(d) $\sigma=0.55$

图 8.13　F_{vap}=5000、F_{cond}=1 时圆角尖顶圆柱在不同空化数条件下空泡形态

图 8.12 中不同空化数条件下，数值计算得到的表面压力系数与试验值变化趋势吻合，证明计算方法的合理性。图 8.13 为不同空化数条件下空泡的形态变化。当空化数为 0.4 时，空泡初生，当空化数达到 0.24 时，空泡特征为一个主空泡后夹杂即将脱落的碎小空泡。

以上计算表明，对于流线型头型的空化问题，本书研究的数值计算方法中关于相变系数的取值是有效的、正确的。

2. 非流线型圆柱的空化计算

首先以平头圆柱作为计算对象，计算其在空化数为 0.4 时不同相变系数下的表面压力系数分布情况和纵剖面蒸气体积分数，如图 8.14 所示。

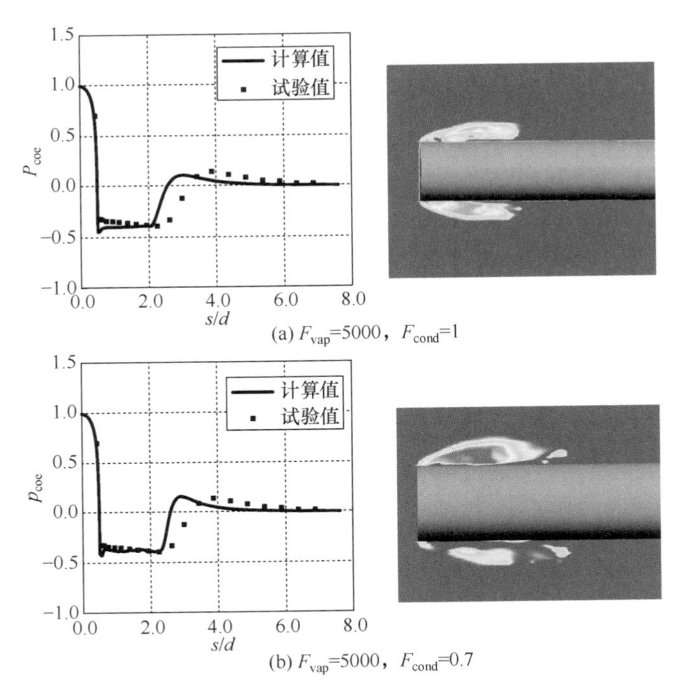

(a) F_{vap}=5000，F_{cond}=1

(b) F_{vap}=5000，F_{cond}=0.7

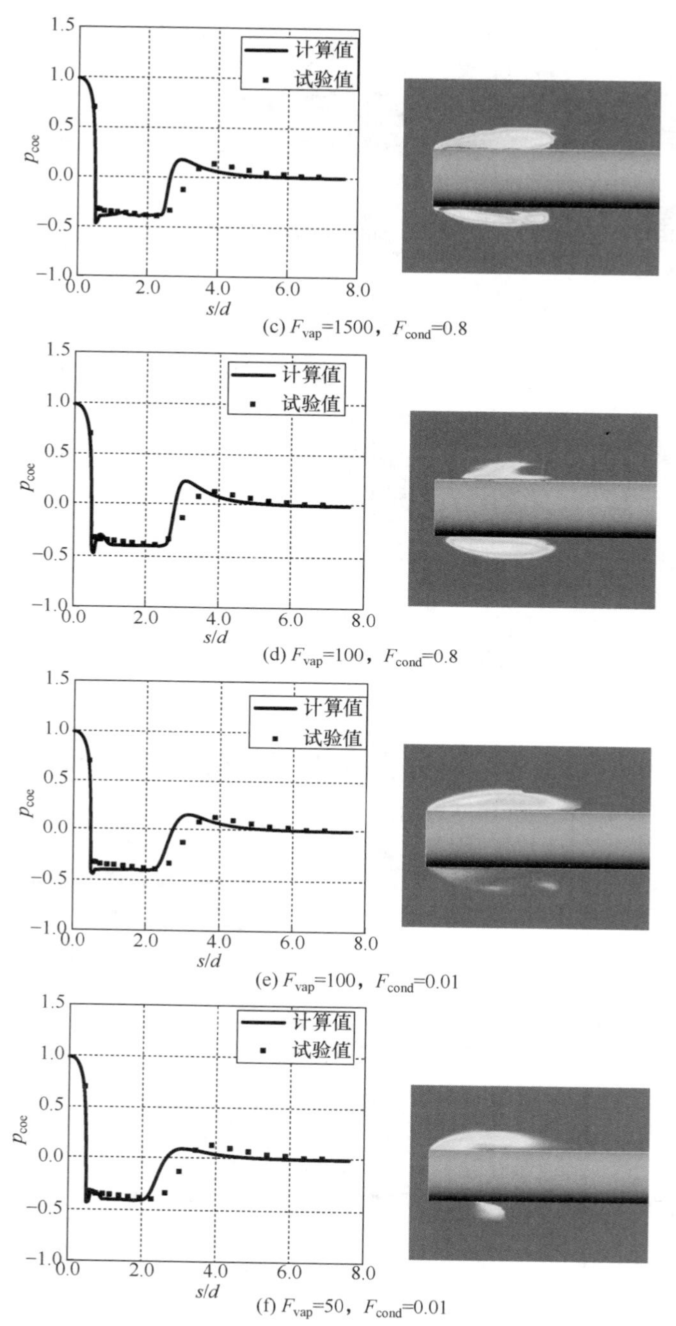

图 8.14　σ=0.4 时不同相变系数下平头圆柱表面压力系数分布和纵剖面蒸气体积分数

从图 8.14 中可以看出，相变系数的改变对于表面压力系数分布的影响不大。

蒸发系数和冷凝系数的取值影响了流域内蒸气体积分数的分布，并且流域内的蒸气体积分数在平头圆柱周围的分布是不均匀的，具有强烈的不规则性。由于在获得表面压力系数分布曲线时是取纵剖面与圆柱表面交线的其中一侧，所以空化的不规则性在一定程度上会影响表面压力系数的分布情况。但是综合来看，不同相变系数下计算的表面压力系数分布结果与试验值变化趋势基本一致。

分别取 F_{vap}=5000、F_{cond}=0.7（流线型头型空化计算建议值）和 F_{vap}=50、F_{cond}=0.01（空化模型默认值）两组相变系数，计算平头圆柱在不同空化数条件下的表面压力系数分布如图 8.15 和图 8.16 所示。

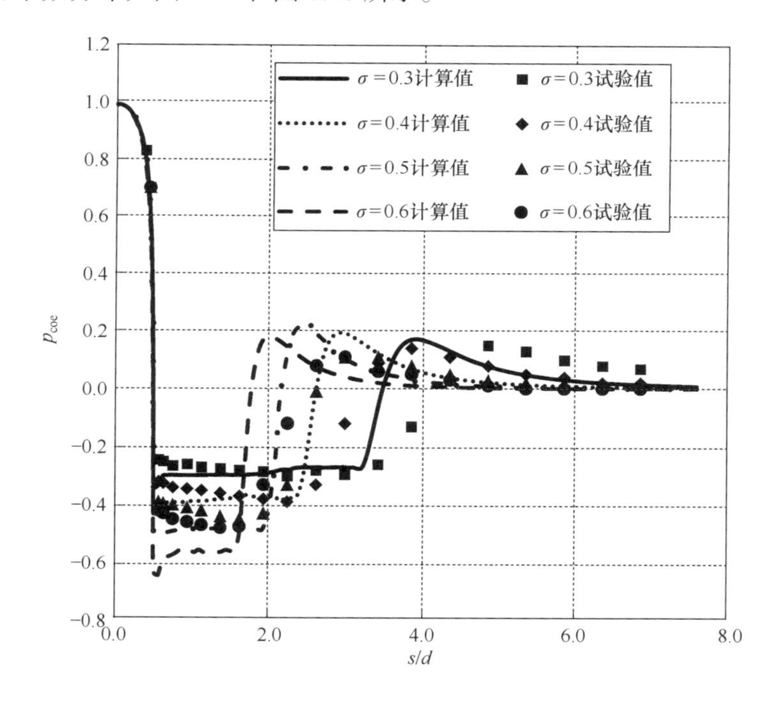

图 8.15　F_{vap}=5000、F_{cond}=0.7 时不同空化数条件下表面压力系数分布

图 8.15 和图 8.16 中显示，不同相变系数下计算得到的表面压力系数分布变化趋势符合试验现象，但是与试验值存在一定的偏差，在空泡溃灭区压力上升段，计算值相对试验值有提前的现象。尤其当空化数较大时，试验中平头圆柱头部周围未达到空化压力却已经出现空化，这主要是由平头圆柱头部周围产生严重的流动分离导致过早地出现空化现象，当空化数较小时（$\sigma \leqslant 0.3$），最小压力才接近饱和蒸气压。而当满足较小的空化数条件时，表面压力系数分布对相变系数并不是很敏感，保证蒸发系数和冷凝系数的数量级关系即可模拟空化现象。

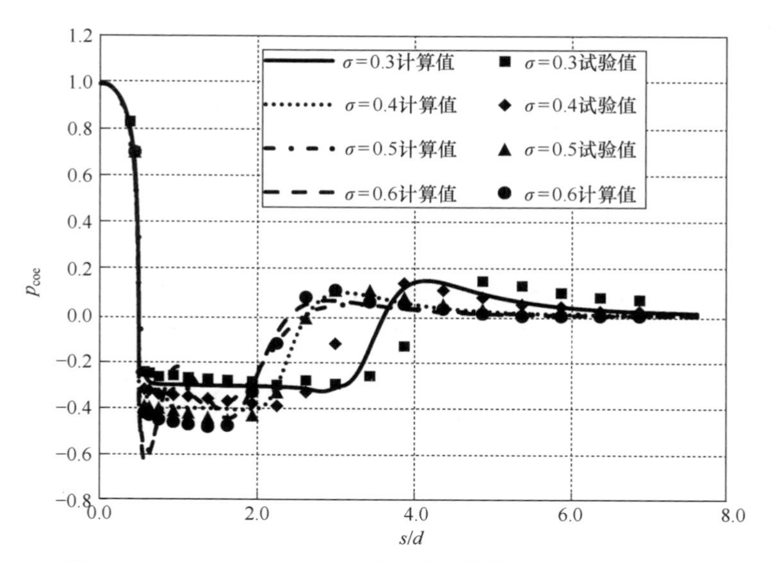

图 8.16　F_{vap}=50、F_{cond}=0.01 时不同空化数表面压力系数分布

以上计算说明，对于非流线型圆柱的局部空化计算，只有当空化数小于 0.3 时，计算值才能更接近试验值。

令 F_{vap}=5000、F_{cond}=1，计算 90°锥头圆柱在不同空化数条件下的空化现象，如图 8.17 所示。

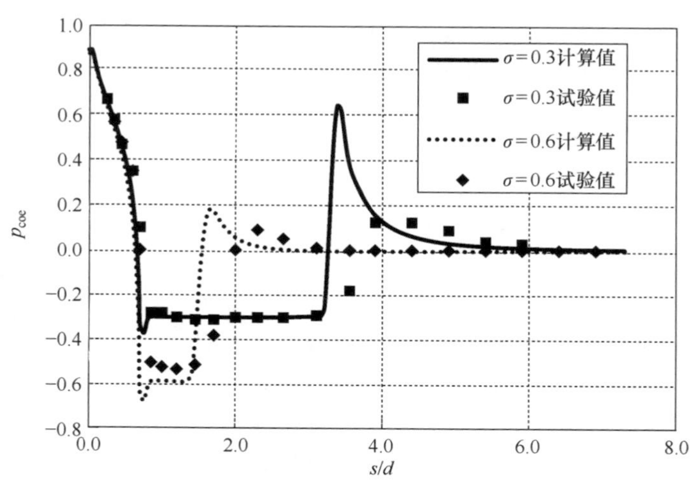

图 8.17　F_{vap}=5000、F_{cond}=1 时 90°锥头圆柱不同空化数条件下表面压力系数分布

从图 8.17 中可以看出，当空化数 σ=0.3时，计算值的空化区长度与试验值一致，不同的是在空化溃灭区压力变化存在一定差异，整体趋势基本一致。当空化数 σ=0.6时，同样存在流动分离导致空化过早出现的问题，而数值计算中的空化

模型无法捕捉这一现象，因此计算值得到的空化区表面压力系数比试验值小。

3. 表面压力系数计算方法验证结论

通过采用基于 CFD 的数值计算方法求解不同头型圆柱在不同空化数条件下的表面压力系数分布，对比试验数据，可以得到以下结论：

(1) 流线型头型不易产生空化，因此相变系数应增大才能保证计算值接近试验值，建议值为 F_{vap}=5000，F_{cond}=0.7～1。

(2) 非流线型头型的空化问题在数值计算时对相变系数变化不敏感，当空化数较小（$\sigma \leqslant 0.3$）时，保证蒸发系数和冷凝系数的数量级关系即可模拟空化现象。

(3) 对于非流线型头型，当空化数较大时（$\sigma > 0.3$～0.4），计算结果显示，流动分离会导致空化现象过早发生而使空泡区压力高于饱和蒸气压，现有的空化模型在捕捉这一特征方面略显不足。

8.1.3 空泡尺度验证

空泡尺度验证主要针对小空化数条件下的超空化问题。不同空化数条件下，不同外形的空化器产生的超空泡尺度（空泡直径、长度）可以根据经验公式计算。常用的经验公式有 Garabedian、Savchenko、Guzevsky 等。

1. 超空泡尺度经验公式

Garabedian 基于轴对称流函数 $\Psi(x,r)$ 给出了圆盘空化器超空泡最大直径与最大长度在 $\sigma \to 0$ 时的渐近解[6]：

$$\frac{D_c}{D_n} = \sqrt{\frac{C_c}{\sigma}} \tag{8.8}$$

$$\frac{L_c}{D_n} = \frac{A\sqrt{C_x}}{\sigma} \tag{8.9}$$

$$A = \sqrt{\ln\frac{1}{\sigma}} \tag{8.10}$$

式中，D_c 为空泡最大直径；L_c 为空泡长度；D_n 为圆盘空化器的直径；C_x 为圆盘空化器的阻力系数，$C_x(\sigma) = C_{x0}(1+\sigma)$，其中，$C_{x0}$ 为空化数为零时圆盘空化器的阻力系数，取 C_{x0}=0.827 [7]。

Savchenko 针对小空化数条件给出的计算超空泡尺度的经验公式[8]如下：

$$\frac{L_c}{D_n} = \frac{1}{2}\left(4.0 + \frac{3.595}{\sigma}\right) \tag{8.11}$$

$$\frac{D_c}{D_n}=\sqrt{3.659+\frac{0.761}{\sigma}} \tag{8.12}$$

Guzevsky 通过求解超空泡势流方程，给出了半锥角为 $\alpha\pi$ 的空化器产生的超空泡尺度计算公式[9]：

$$\frac{L_c}{D_n}=\left[\frac{1.1}{\sigma}-\frac{4(1-2\alpha)}{1+144\alpha^2}\right]\sqrt{C_x\ln\frac{1}{\sigma}} \tag{8.13}$$

$$\frac{D_c}{D_n}=\sqrt{\frac{C_x}{k\sigma}} \tag{8.14}$$

式中，$k=\dfrac{1+50\sigma}{1+56.2\sigma}$ 为理论修正系数；C_x 为相应的阻力系数。其计算式为

$$C_x=0.5+1.81(\alpha-0.25)-2(\alpha-0.25)^2+\sigma(0.524+0.672\alpha) \tag{8.15}$$

该公式在 $0\leqslant\sigma\leqslant0.25$ 、$\dfrac{1}{12}\leqslant\alpha\leqslant\dfrac{1}{2}$ 时成立。

以上经验公式都是基于理论或经验总结出的，可以用于超空泡外形尺寸的计算，其中 Guzevsky 公式能够用来计算不同锥角空化器（包括平头空化器）的空泡尺度，更具有普适性。本书以圆盘空化器为研究对象，以 Guzevsky 经验公式为参考，应用 CFD 的方法计算圆盘空化器在不同空化数条件下产生的超空泡尺度，进一步验证自然空化数值计算方法的准确度。

2. 基于 CFD 的空泡尺度计算

平头空化器直径为 20mm，长度为 3mm，空化器网格模型如图 8.18 所示，采用结构网格划分流域，网格量为 250 万左右。数值计算中采用求解 RANS 方程结合 k-ε 湍流模型的方式。不同空化数条件下的计算结果对比如表 8.2 所示。不同空化数条件下的空泡尺度和外形特征如图 8.19 所示，以蒸气体积分数 0.5 定义空泡界面。

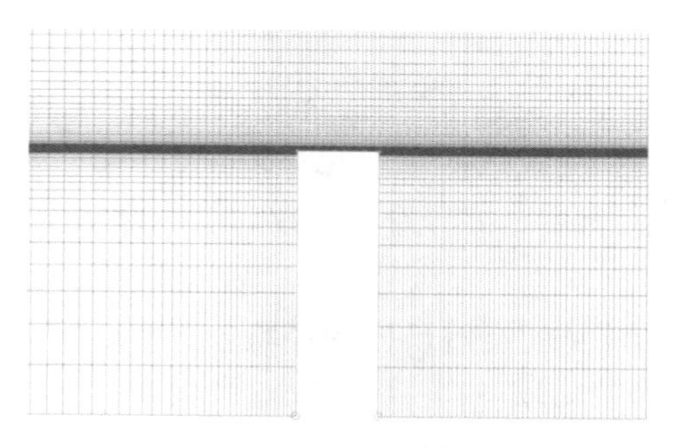
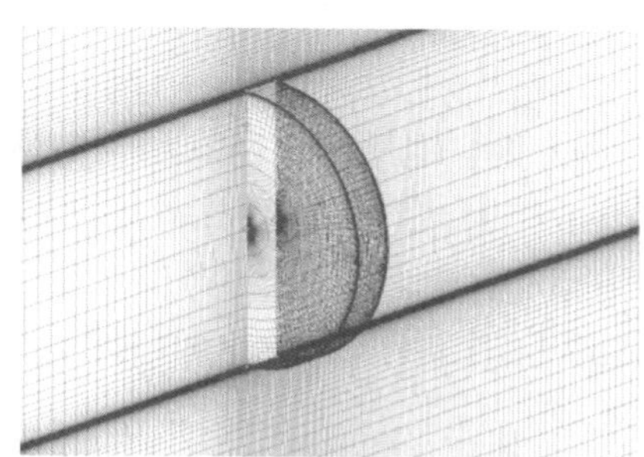

图 8.18 平头空化器网格模型

表 8.2　CFD 与经验公式计算的空泡尺度对比

σ	CFD		Guzevsky		δ	
	D_c/D_n	L_c/D_n	D_c/D_n	L_c/D_n	D_c/D_n	L_c/D_n
0.06	3.88	27.38	3.99	28.78	−0.027	−0.049
0.08	3.44	18.48	3.50	20.64	−0.017	−0.105
0.1	3.08	13.64	3.17	15.91	−0.028	−0.143
0.2	2.28	5.65	2.35	6.94	−0.027	−0.185
0.3	1.92	3.18	2.00	4.16	−0.036	−0.237

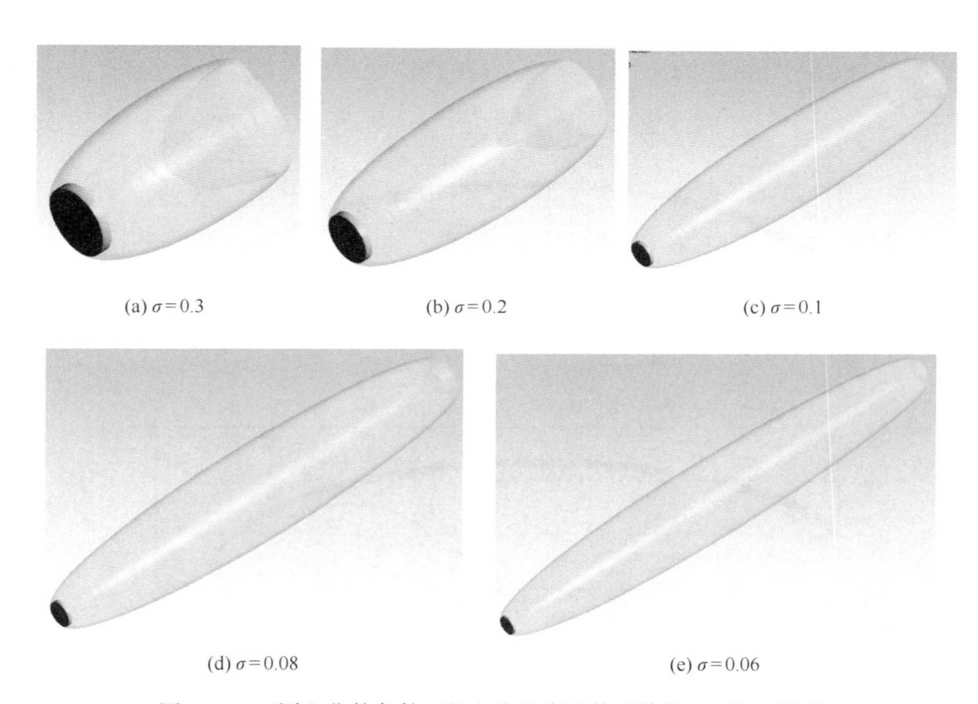

(a) $\sigma=0.3$　(b) $\sigma=0.2$　(c) $\sigma=0.1$

(d) $\sigma=0.08$　(e) $\sigma=0.06$

图 8.19　不同空化数条件下的空泡尺度和外形特征（见书后彩图）

经验公式往往针对小空化数条件下（σ<0.25）的超空泡尺度计算，空化数越小，空泡尺度计算越准确。由表 8.2 中的数据可以看出，随着空化数的减小，CFD 计算的空泡尺度与经验公式的相对误差逐渐减小，精度逐渐提高。其中空泡直径的误差小于 5%，当空化数小于 0.1 后，空泡长度的误差也逐渐降低到 10%以内，验证了 CFD 方法在小空化数条件下的数值计算精度。图 8.19 中不同空化数条件下的空泡外形尺度差异很大，在超空化状态下，空泡表面光顺，形态稳定，空泡呈椭球形。以经验公式计算的长度和直径作为椭球的长轴和短轴，得到椭球的轮廓线和空泡轮廓线对比如图 8.20 所示。

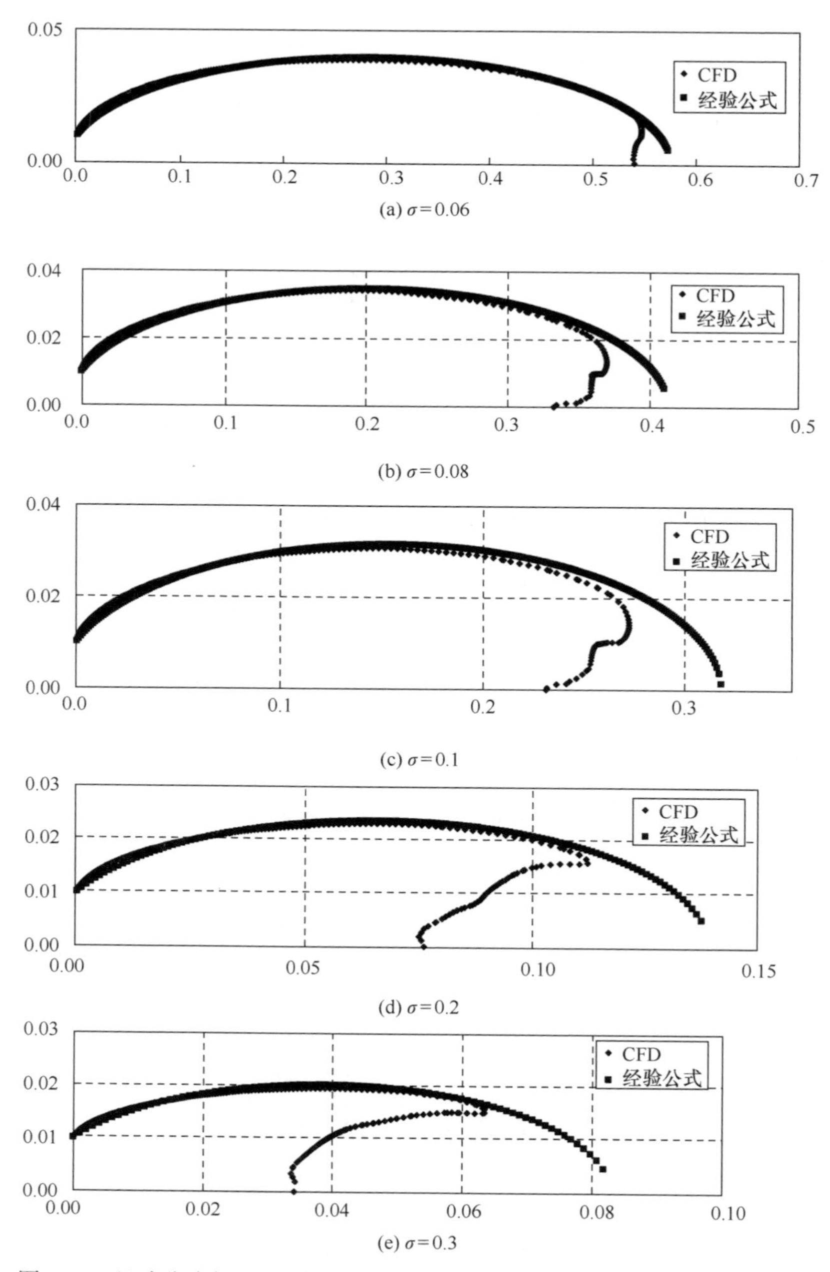

图 8.20 经验公式与 CFD 计算空泡轮廓线对比(坐标轴为空泡尺度无因次值)

由图 8.20 可知，CFD 计算得到的超空泡除溃灭区外的轮廓线与采用经验公式计算的椭球形外轮廓线吻合很好，一方面证明基于 CFD 的方法计算超空泡尺度具备一定的可信度；另一方面说明在小空化数条件下可以应用经验公式预估空化器在不同空化数条件下的空泡外形，可以为初步设计提供参考。

在研究基于 CFD 的自然空化数值计算方法过程中，表面压力系数的验证主要针对空化数较大的局部空化，空泡尺度的验证主要针对空化数较小的超空化，两部分研究内容共同验证了基于 CFD 的自然空化数值计算方法在计算各种空化数范围自然空化的准确度。水下机器人不会是简单的平头和锥头圆柱，在不同航速时空化数范围不定，无法直接用经验公式计算空泡尺度，而基于 CFD 的自然空化数值计算方法为研究水下机器人的空化特性和参数化建模奠定了基础。

8.2 水下自然空化特性研究

水下机器人除了要求具备快速性外，还要求在水中具备一定的声探测、声通信等功能，同时完全处于超空泡内部的航行体由于失去浮力作用，需要一方面能够空化减阻，另一方面还能够提供支撑航行体重量的动升力。采用空化或超空化技术能够大大降低湿表面面积，降低航行阻力，同时为了具备动升力和声通信功能不得不要求航行体具有一定的沾湿面。

平头空化器应用范围最广，其产生超空化的临界空化数相对其他外形大，即容易产生空化/超空化的现象。因此，在设计水下机器人外形时，头部仍然为平头外形，保证在一定空化数条件下空泡能够延伸到尾部，依靠改变航行体圆周方向外形变化控制空化区域范围，即局部超空化思路，达到空化减阻、具备沾湿面可声学通信的目的。根据不同空化数条件下空泡的轮廓设计出沾湿面，在其他区域设计出空泡槽，将空泡沿航行体轴向分裂开，如图 8.21 所示，这里命名为局部超空化模型 1.0(partial supercavitation model，PSM-1.0)。图 8.21 中根据空化数为 0.1 条件下平头空化器产生的空泡外轮廓设计，应用 CFD 方法分析空化数为 0.1 条件下模型表面的空化状态，如图 8.22 所示。

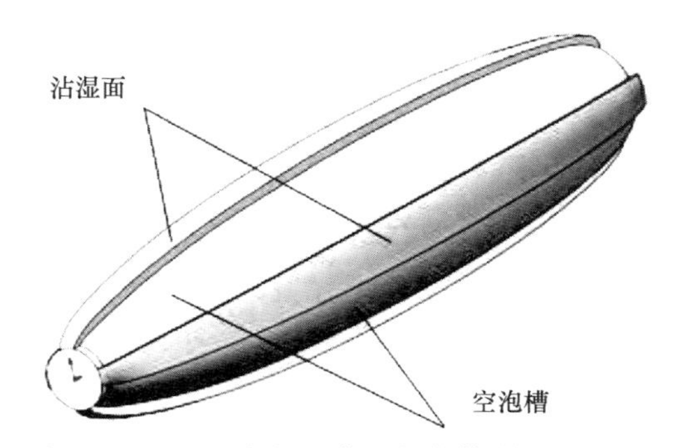

图 8.21 基于局部超空化思想的外形 PSM-1.0

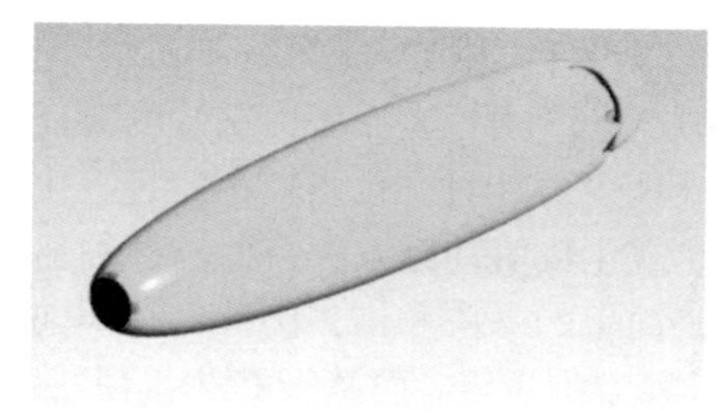

(a) 蒸气体积分数为0.5

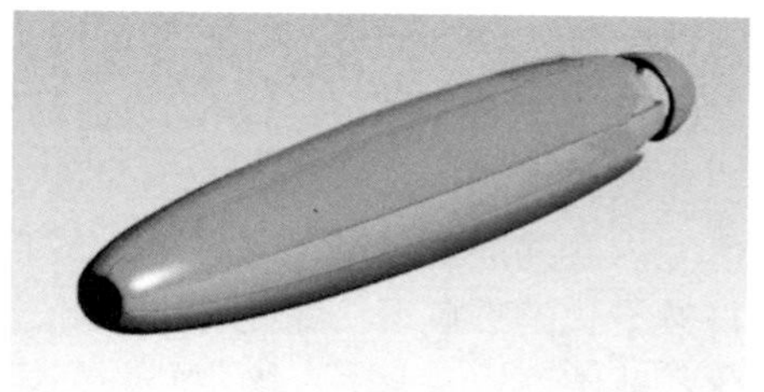

(b) 蒸气体积分数为0.92

图 8.22　PSM-1.0 模型不同蒸气体积分数等值面

由图 8.22 可见，由于 PSM-1.0 的外轮廓按平头空化器在空化数为 0.1 时产生的超空泡外形设计，所以蒸气体积分数为 0.5 的等值面会紧贴在模型沾湿面，而在蒸气体积分数为 0.92 的等值面[图 8.22(b)]中，沾湿面会明显露在等值面之外，空泡槽则被空泡完全覆盖。这一特征可在 PSM-1.0 不同剖面蒸气体积分数云图(图 8.23)中更清晰地看出。

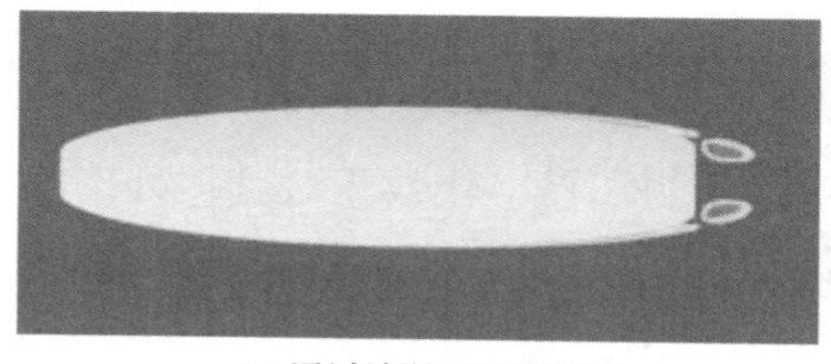

(a) 通过沾湿面的纵剖面

(b) 通过空泡槽的纵剖面

图 8.23　PSM-1.0 模型不同剖面蒸气体积分数云图

以上计算结果表明，局部超空化的设计思路在实现空化减阻方面具备一定的可行性。然而，在加速到设计速度的过程中，空化数是由大到小的变化过程，因此本书计算了在其他空化数条件下模型表面空泡形态如图 8.24 所示。

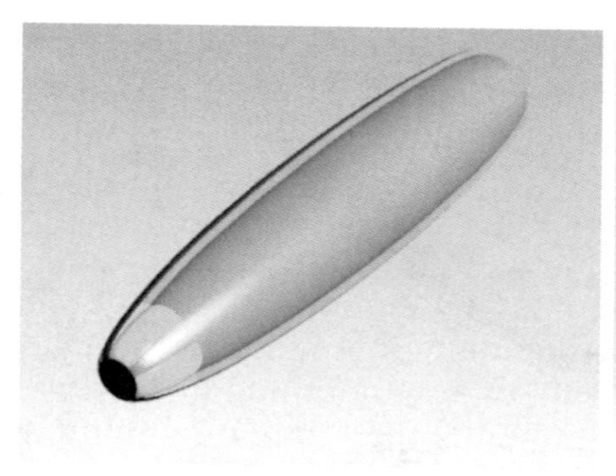

蒸气体积分数为0.5

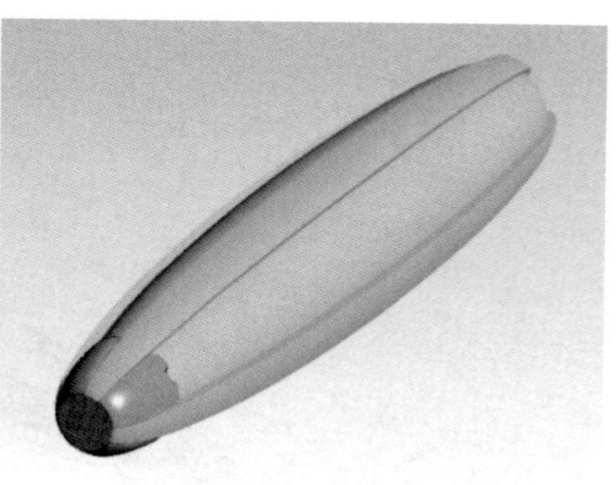

蒸气体积分数为0.92

(a) $\sigma=0.2$

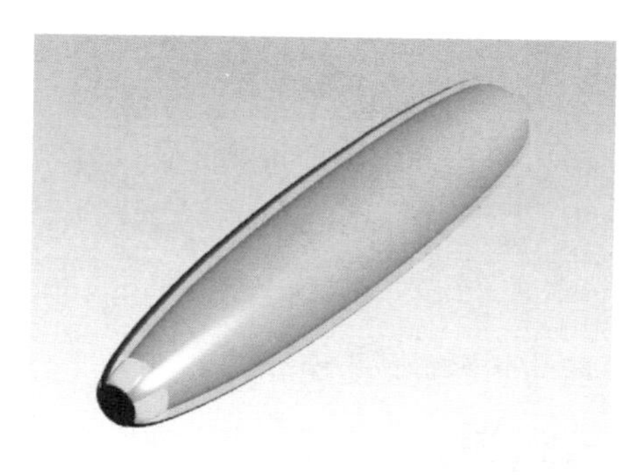

蒸气体积分数为0.5

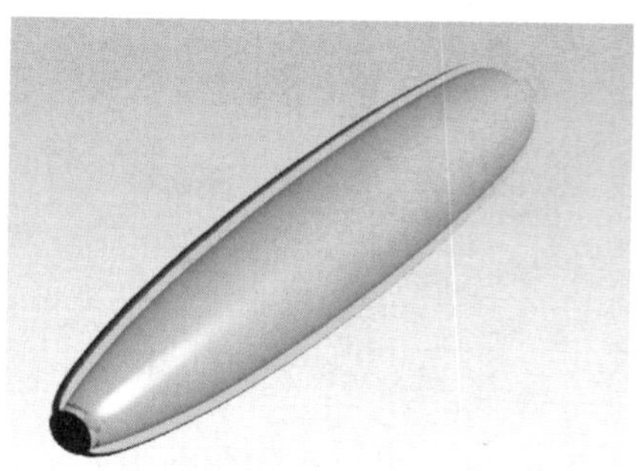

蒸气体积分数为0.92

(b) $\sigma=0.3$

图 8.24　不同空化数条件下 PSM-1.0 模型表面空泡形态

在图 8.24 中，当空化数高于设计空化数时，模型表面空化部分很小，湿表面面积增加会使阻力大幅提升。图 8.22 和图 8.23 的计算结果表明，图 8.21 中 PSM-1.0 的设计思路可以达到局部超空化的目的，因此根据此思路设计图 8.25 中局部超空化模型 2.0(PSM-2.0)，该模型也是按空化数 0.1 设计的，主体部分位于空泡内，两个侧翼纵剖面为翼形，位于空泡外，目的是在流体作用下能够产生支撑模型重力的升力。计算该模型在不同空化数条件下空泡特征如图 8.26 所示。

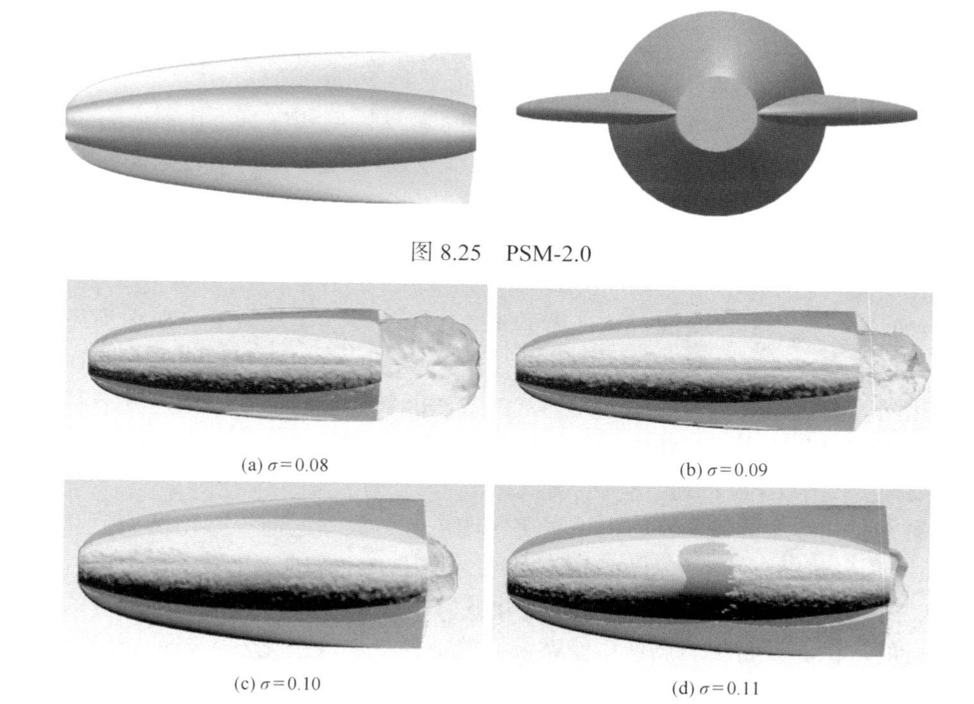

图 8.25　PSM-2.0

(a) $\sigma=0.08$

(b) $\sigma=0.09$

(c) $\sigma=0.10$

(d) $\sigma=0.11$

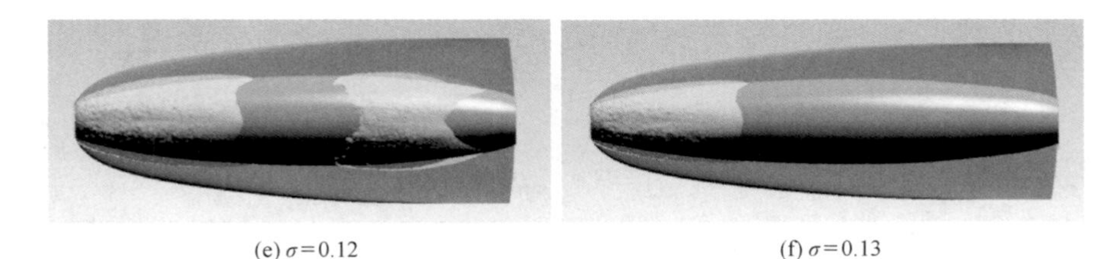

(e) $\sigma=0.12$　　　　(f) $\sigma=0.13$

图 8.26　不同空化数条件下 PSM-2.0 空泡特征（见书后彩图）

由图 8.26 可见，当空化数为 0.1 时，模型主体部分完全位于空泡之内，而侧翼在空泡之外，达到预想的效果。当空化数减小后，空泡尺度增大，覆盖范围更大，两侧翼更多的部分被空泡覆盖；当空化数大于 0.1 时，空泡尺度减小，主体部分逐渐暴露在空泡之外。

以上计算结果为超高速水下机器人的外形设计指明了方向，在应用空化减阻时，其基本结构为“空化器+椭球流线体+侧翼”，这样能够保证超空泡的产生，同时具有一定的沾湿面提供升力，并为声学设备提供工作环境。

8.3　水下通气空化特性的数值计算研究

对于自然超空化现象，实际应用中对航速往往具有很高的要求。以 5m 水深为例，要想达到空化数为 0.1 的条件，航速需达到 50m/s 以上。并且按空化数 0.1 设计的模型其长细比约为 5.7，为短粗胖的外形。实际应用中水下机器人的长细比一般在 6～9，也就是说需按更小的空化数设计外形，这样达到空化条件的航速会更高。另外，自然超空化对航速变化范围要求严格，当航速达不到设计速度时，不能产生预期的局部超空化减阻效果，而航速过高会导致空泡尺度剧增，甚至覆盖侧翼，使航行体失去升力面而失重。

自然空化是依靠水瞬间气化产生的水蒸气覆盖表面实现减阻，而在头部人工地通入空气会产生通气空化，当满足一定航速要求时形成通气超空泡，达到与自然空化同等的减阻效果，并且利用通气的方法能够使航行体在较低速度下实现局部超空化。因此，为了在相对较低的设计速度下仍然能够应用空化减阻技术，本节主要研究基于 CFD 的通气空化特性。

研究通气空化数值计算方法选择美国明尼苏达大学的通气空化试验模型进行验证、标定，如图 8.27 所示[10]。模型头部为直径 10mm 的空化器，空化器后是通气碗，内部有通气管路。模型的通气空化试验是在 0.19m（宽）× 0.19m（高）的水洞中进行的。试验设备中有高速摄像系统，能够捕捉通气空化发生时的影像。研究人员进行了不同通气量的空化试验，选择其中部分试验结果用来标定通气空化数值计算方法。

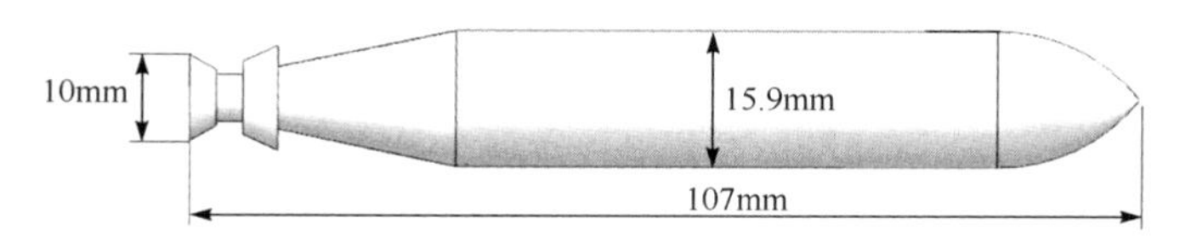

图 8.27　美国明尼苏达大学通气空化试验模型

在数值计算中，流域上游距离空化器 0.2m 处设定速度入口，下游距离模型尾部 0.8m 处设定相对压力出口。采用三维结构网格划分流场，网格量约为 260 万，网格模型如图 8.28 所示。

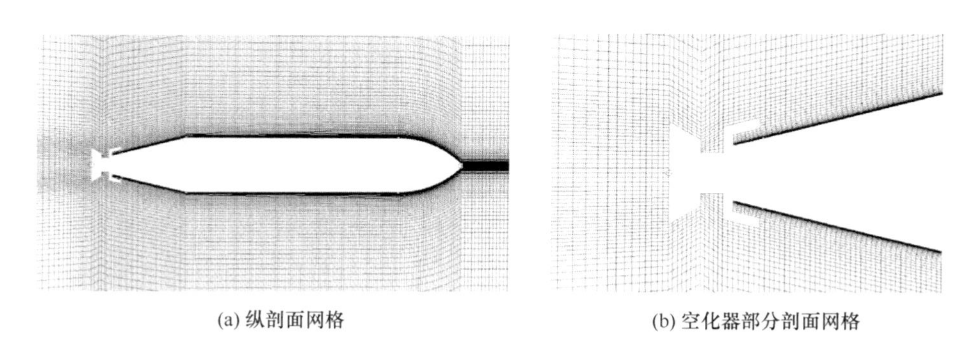

(a) 纵剖面网格　　(b) 空化器部分剖面网格

图 8.28　网格模型

1. 通气空化数值计算验证结果

数值计算中取空化器直径弗劳德数，定义为

$$Fr_n = \frac{u_\infty}{\sqrt{gD_n}} \tag{8.16}$$

无量纲通气量定义为

$$Q_v = \frac{Q}{u_\infty D_n^2} \tag{8.17}$$

式中，D_n 为空化器直径；u_∞ 为远场流速。

计算中弗劳德数 $Fr_n = 20$，将空气体积分数为 0.5 的等值面设定为空泡界面，不同通气量得到通气空泡特征及与试验得到的空泡形态对比如图 8.29 所示。

图 8.29 中上部为通气空化试验效果，下部为数值计算得到的通气空泡效果。可以看出，数值计算得到的通气空泡形态在不同通气量条件下均与试验结果相似度很高。不同的是，试验中空泡尾部可以看到明显的气泡破碎，数值计算中受限

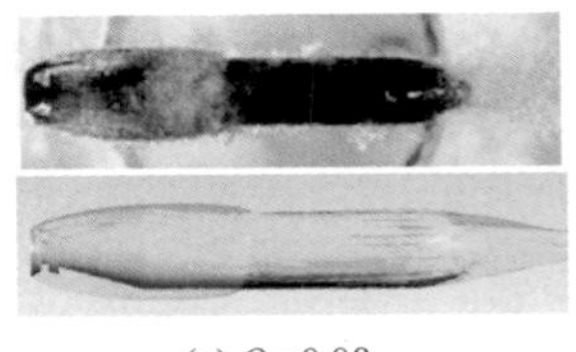
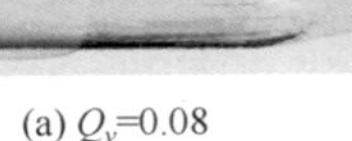

(a) Q_v=0.08

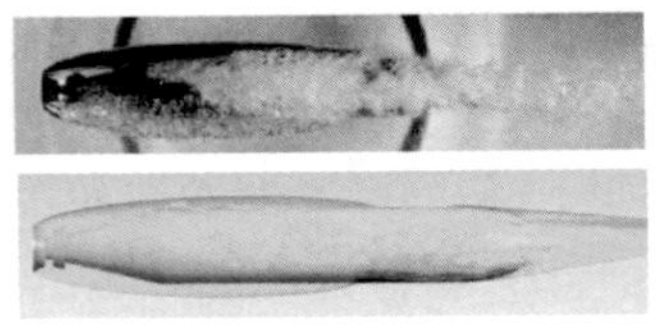

(b) Q_v=0.12

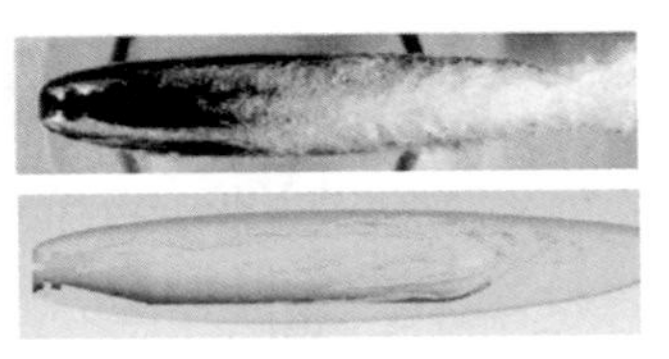

(c) Q_v=0.3

图 8.29　不同条件下数值计算结果与试验结果对比

于多相流模型和气液分界面捕捉方法，对于这种复杂的气泡破碎、合并等问题，数值计算方法暂无法准确预报。不过总体而言，数值计算方法在预测通气空泡的尺度方面，已经具备一定的精度和可信度，能够开展通气空化在工程方面的应用研究。

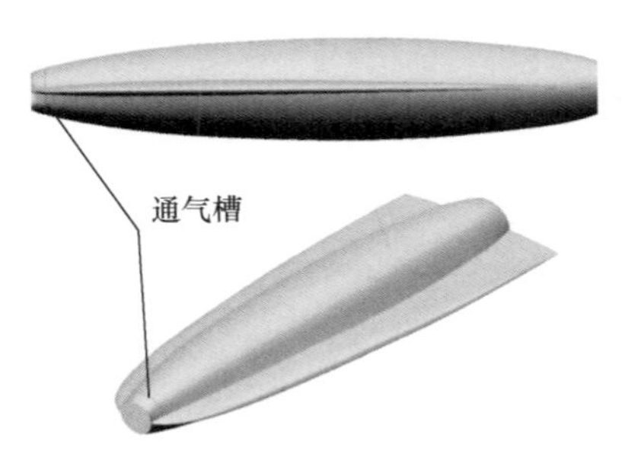

图 8.30　设有通气槽的 PSM-2.0

2. 通气空化特性的数值研究

为研究 PSM-2.0 的通气空化特性，在图 8.25 中 PSM-2.0 的基础上在头部设置通气槽，如图 8.30 所示。采用已掌握的通气空化数值计算方法计算该模型在不同通气量时空泡形态，如图 8.31 所示，计算中 $Fr_n = 22.6$。

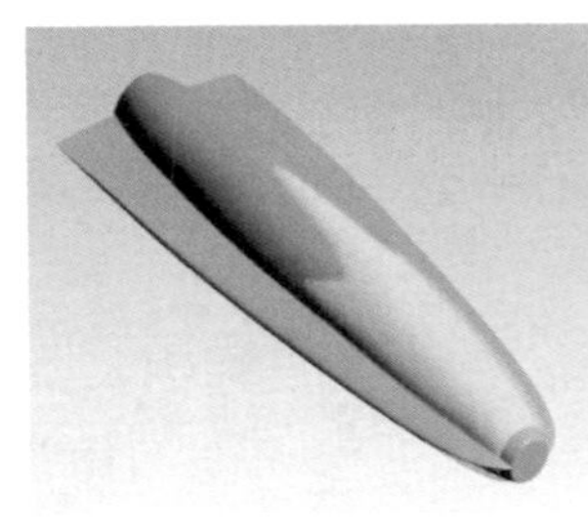

(a) Q_v=0.042

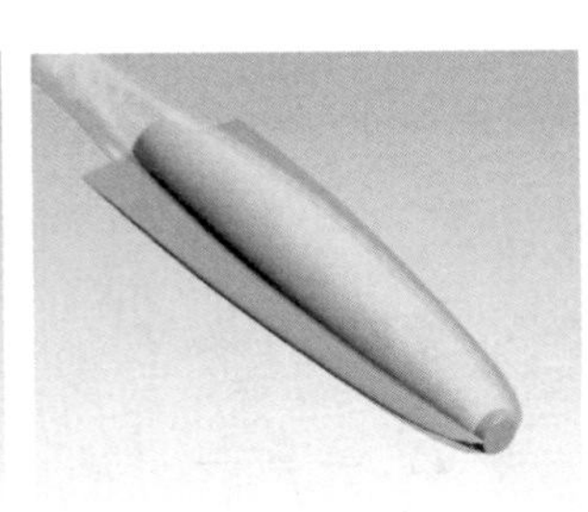

(b) Q_v=0.105

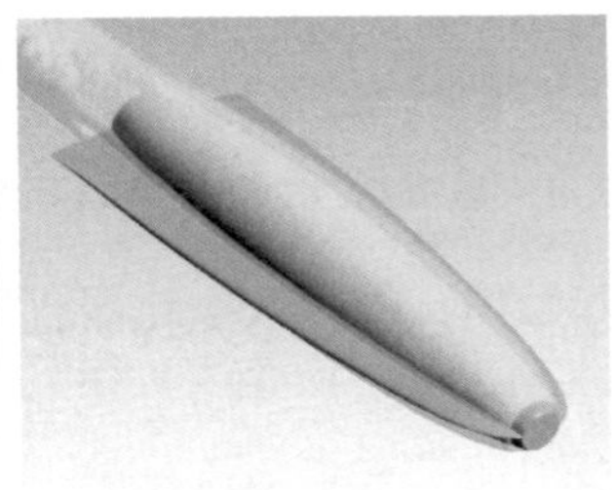

(c) Q_v=0.211

图 8.31　不同通气量时空泡形态

在图 8.31 中，当通气量很小时，气泡只覆盖主体一部分，随着通气量的增加，气泡覆盖范围逐渐增大。当无量纲通气量达到 0.105 时，即产生通气超空泡，将模型主体全部覆盖，模型侧翼位于空泡外。继续增加通气量，空泡尺度进一步增大，并在模型尾部之外延伸更长的距离。

与图 8.29 中美国明尼苏达大学试验产生的空泡不同，PSM-2.0 试验的通气空泡起始于模型的通气槽位置，而美国明尼苏达大学试验的空泡起始于头部圆盘空化器，两种空泡形成机理可由图 8.32 中的流场矢量图说明。图 8.32(a)为 PSM-2.0

模型，液体通过平头空化器后沿主体壁面流动，空气在通气槽位置喷出后与液体同向流动，在通气槽之后形成覆盖主体的超空泡。而图 8.32(b)中，液体通过空化器后，由于结构外形，在空化器后形成反向回流，通入的空气在回流的作用下向前流到空化器位置，形成了起始于空化器的超空泡。因此，超空泡形成位置取决于空化器后是否能够形成回流的流场。

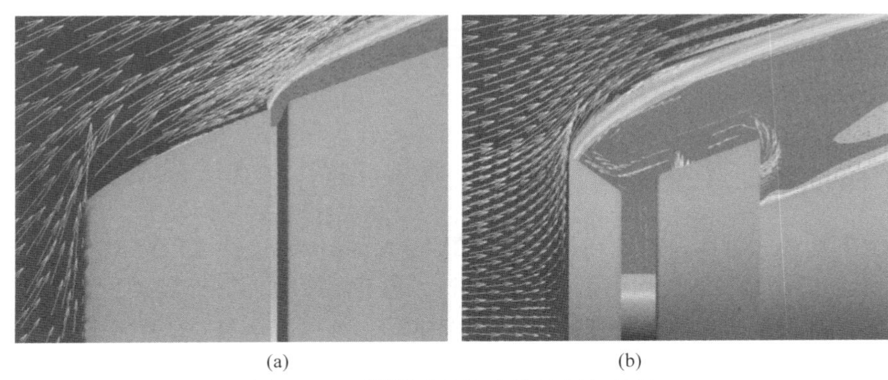

(a) (b)

图 8.32 不同模型通气空泡流场矢量图

在数值计算中，关注了 PSM-2.0 在自然超空化和通气超空化下的阻力，如表 8.3 所示。随着空化数的降低或通气量的增加，空泡尺度增大，模型沾湿面减小，因此黏性阻力会一直减小。然而在自然空化状态下，压阻力随空化数的减小上升很多，甚至远远大于无空化状态，而通气空化状态下，压阻力随通气量的增加仍是减小的。这主要是由两种空化现象形成的不同机制和模型外形等原因造成的。自然空化状态下，模型尾部端面附近存在强烈的空泡溃灭，对模型的受力状态影响很大。而通气空化状态下，不存在强烈的溃灭区，随着通气量的增加，超空泡内压力增加，在模型尾部端面形成的正压力增加，因此会使模型的压阻力减小。由此可见，自然空化如果利用不当会产生严重不利的效果。目前，已经应用自然超空泡减阻的水下高速航行器普遍是使航行体产生大尺度超空泡，使空泡溃灭区远离航行体尾端，减小空泡溃灭区对航行体的影响。

表 8.3 PSM-2.0 不同条件下的阻力

计算工况		黏性阻力/N	压阻力/N	总阻力/N
无空化		10.88	4.14	15.02
自然空化(空化数)	0.1	7.94	6.62	14.54
	0.09	5.92	13.12	19.04
	0.08	4.76	13.2	17.95
	0.07	4.26	13.16	17.43

续表

计算工况		黏性阻力/N	压阻力/N	总阻力/N
通气空化无量纲通气量	0.0422	10.72	4.84	15.56
	0.0739	8.72	3.84	12.54
	0.106	8.42	3.84	12.26
	0.211	7.9	3.44	11.34

8.4 本章小结

水下运动的物体在航速超过一定界限之后，物体周边会出现空化现象。利用空化/超空化技术可实现水下低阻高速航行，基于此原理研发新型水下机器人是未来的重要发展方向。本章对空化/超空化的水动力计算方法进行了初步探索，并提出了一种新型的适合水下空化状态航行的水下机器人构型，为未来高速/超高速水下机器人的研发提供了新思路。

参考文献

[1] 赵卫. 超空泡高速鱼雷技术综合分析[D]. 哈尔滨: 哈尔滨工程大学, 2005.

[2] Dular M, Bachert R, Stoffel B, et al. Experimental evaluation of numerical simulation of cavitating flow around hydrofoil[J]. European Journal of Mechanics-B/Fluids, 2005, 24(4): 522-538.

[3] Coutier-Delgosha O, Fortes-Patella R, Reboud J L. Evaluation of the turbulence model influence on the numerical simulations of unsteady cavitation[J]. Journal of Fluids Engineering, 2003, 125(1): 38-45.

[4] Singhal A K, Athavale M M, Li H Y, et al. Mathematical basis and validation of the full cavitation model[J]. Journal of Fluids Engineering, 2002, 124(3): 617-624.

[5] Rouse H, McNown J S. Cavitation and pressure distribution, head forms at zero angle of yaw[R]. Iowa City: State University of Iowa, Studies in Engineering, Bulletin 32, 1948.

[6] Garabedian P R. Calculation of axially symmetric cavities and jets[J]. Pacific Journal of Mathematics, 1956, 6(4): 611-684.

[7] Semenenko V N. Artificial supercavitation physics and calculation[R]. Kiev: Ukrainian Academy of Sciences Kiev Inst of Hydromechanics, 2001.

[8] Savchenko Y N. Control of supercavitation flow and stability of supercavitating motion of bodies[R]. VKI Special Course on Supercavitating Flows，Brussels, 2001: RTO-EN-010-14.

[9] Guzevsky L G. Approximation dependences for axisymmetric cavities behind cones [J]. Hydrodynamic Flows and Wave Processes. Institute of Thermal Physics, Sib. Branch, Academy of Sciences of the USSR, Novosibirsk, 1973: 82-91.

[10] Schauer T J. An experimental study of a ventilated supercavitating vehicle[D]. Champaign: University of Minnesota, 2003.

索　　引

彩　　图

图 1.2　回转体型 AUV（“潜龙一号”、“探索 100”）

图 1.3　立扁型 AUV（“潜龙二号”）

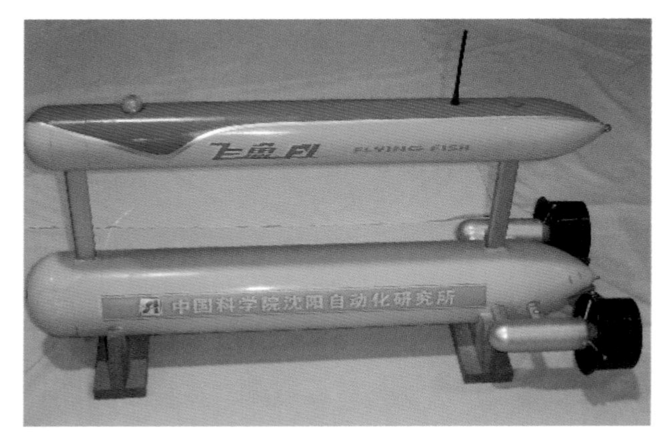

图 1.5　多体型 AUV（“飞鱼号”）

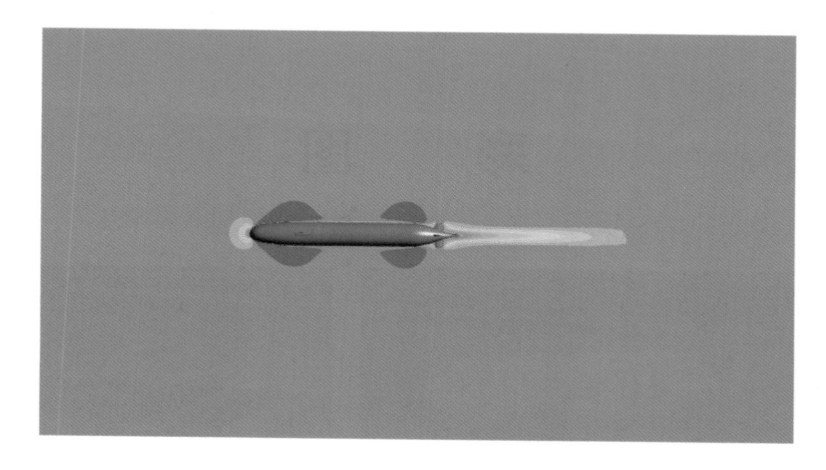

图 3.3　标准潜艇模型 SUBOFF 速度场分布

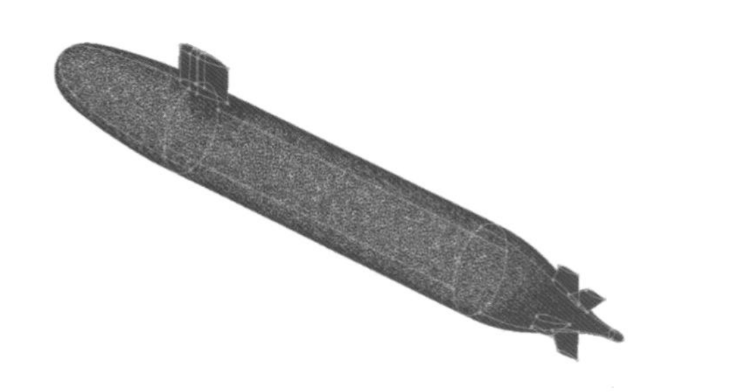

(a) 标准潜艇模型SUBOFF面网格

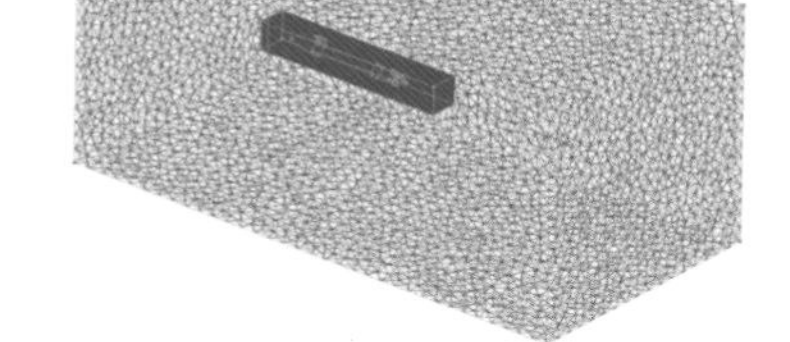

(b) 标准潜艇模型SUBOFF体网格

图 3.7　标准潜艇模型 SUBOFF 网格划分

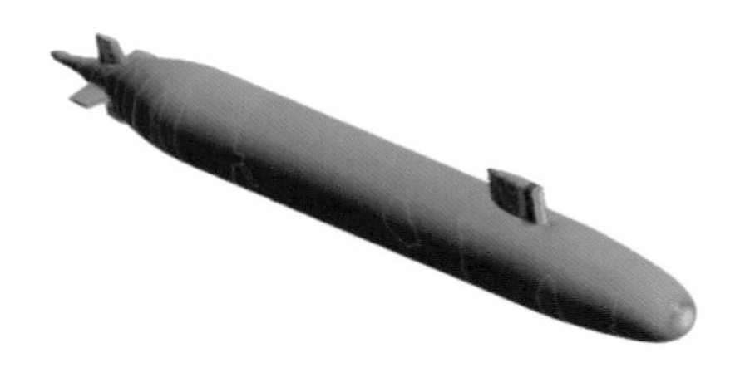

(a) 附体网格未加密

(b) 附体网格加密

图 3.8　标准潜艇模型 SUBOFF CFD 计算表面压强分布

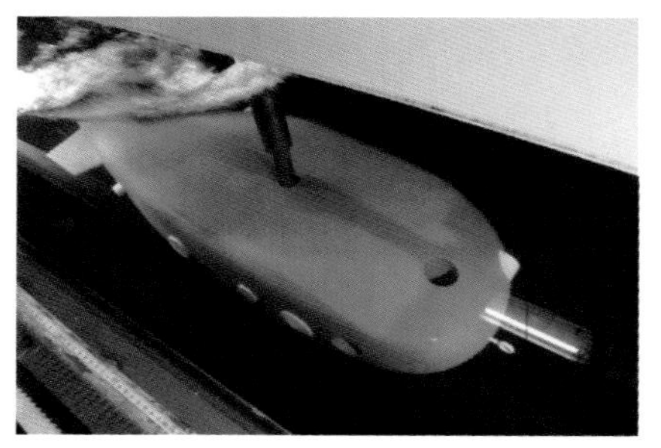

(a) 拖曳水池

(b) 低速风洞

(c) 旋臂水池

图 4.1　水动力试验设施

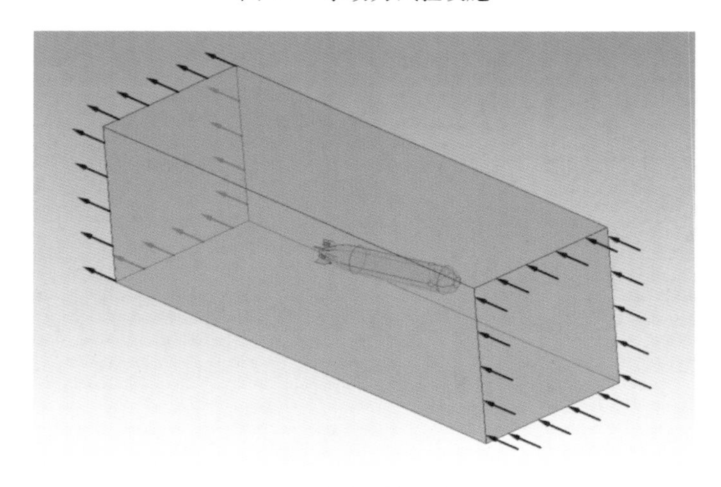

(a) 流域整体示意

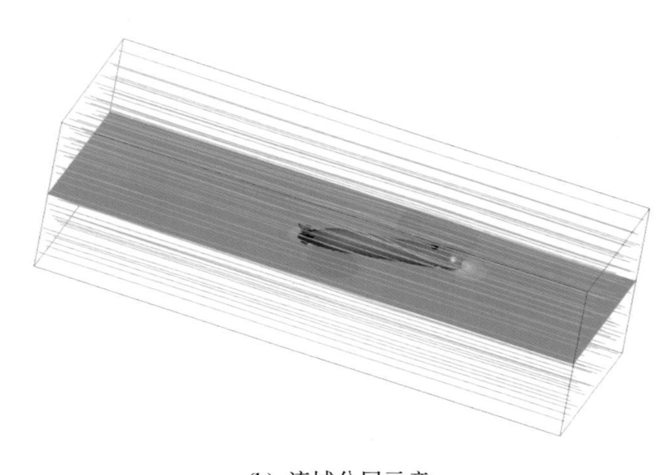

(b) 流域分层示意

图 4.2　位置力计算流域

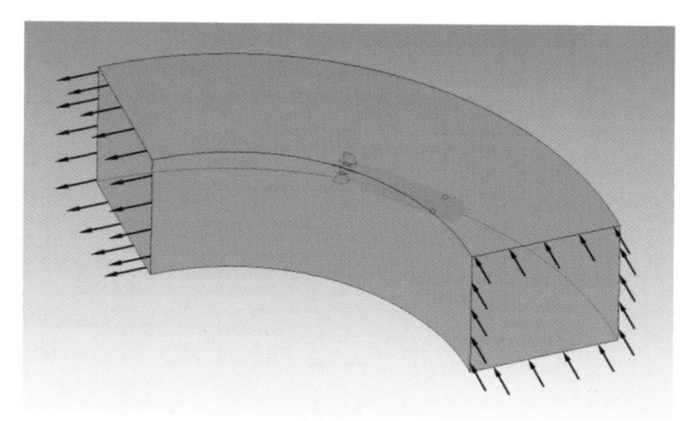

(a) 流域整体示意

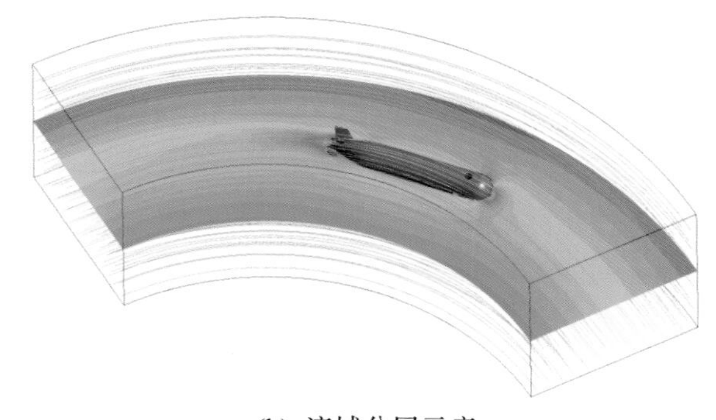

(b) 流域分层示意

图 4.3　旋转力计算流域

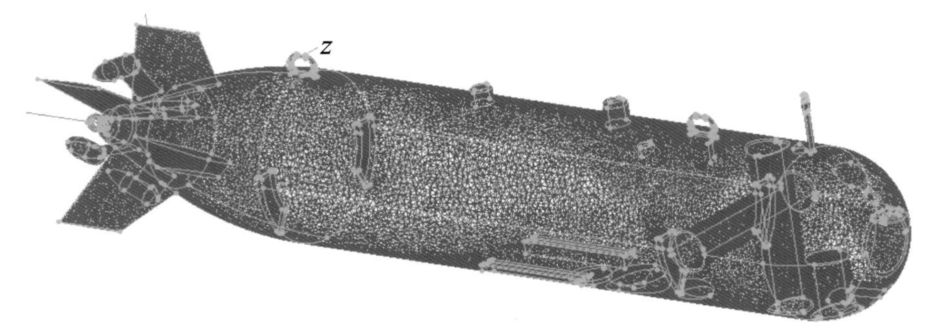

图 4.5 “CR-02”AUV 面网格划分效果

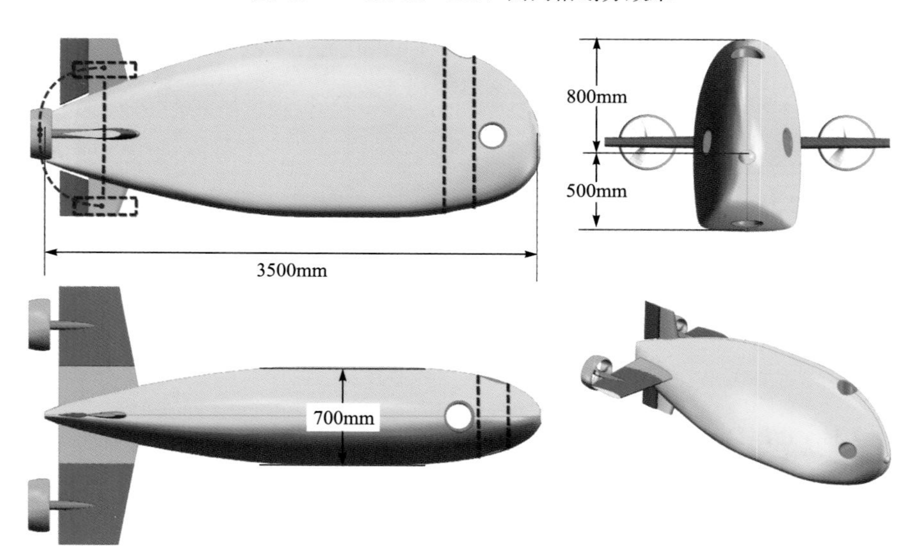

图 7.12 “潜龙二号”4500m AUV

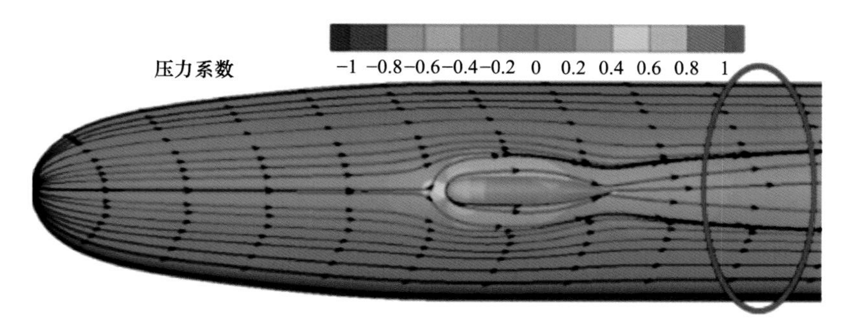

(a) α=0°

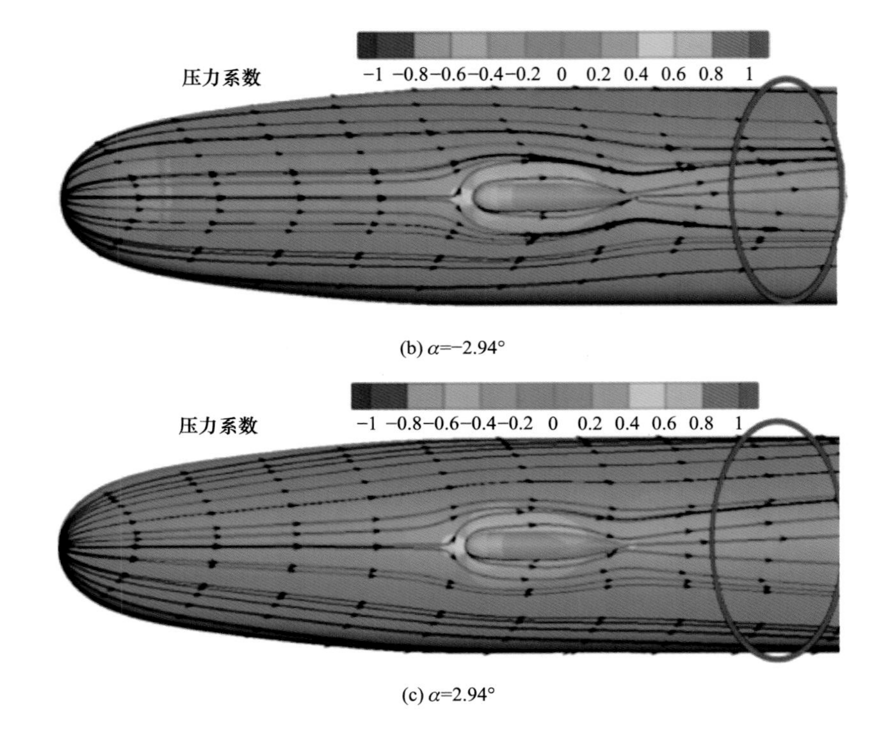

(b) α=−2.94°

(c) α=2.94°

图 7.34　指挥台附近壁面摩擦力线和压力系数比较(变攻角，SUBOFF 全附体模型)

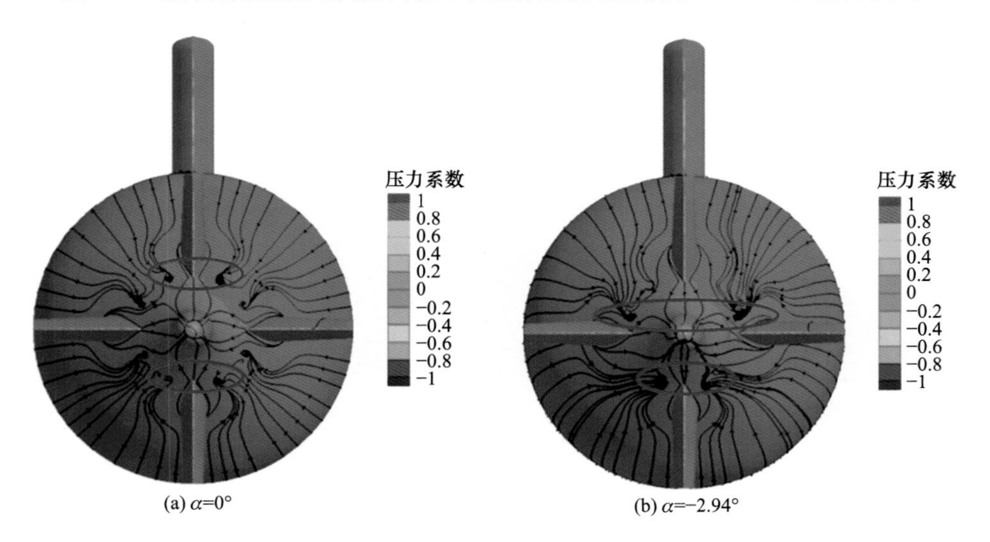

(a) α=0°

(b) α=−2.94°

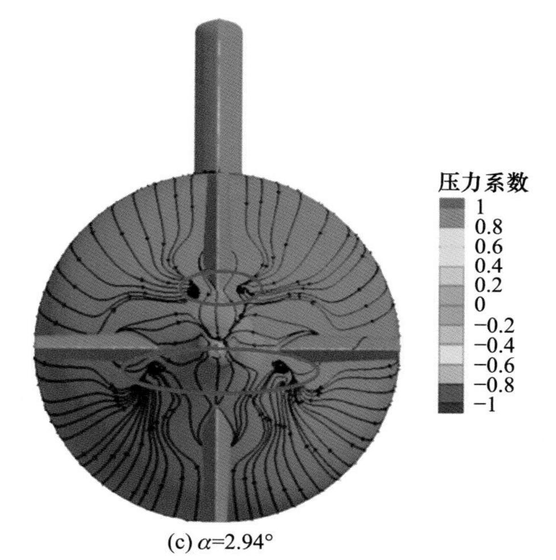

(c) α=2.94°

图 7.35　壁面摩擦力线和压力系数比较(变攻角，SUBOFF 全附体模型)

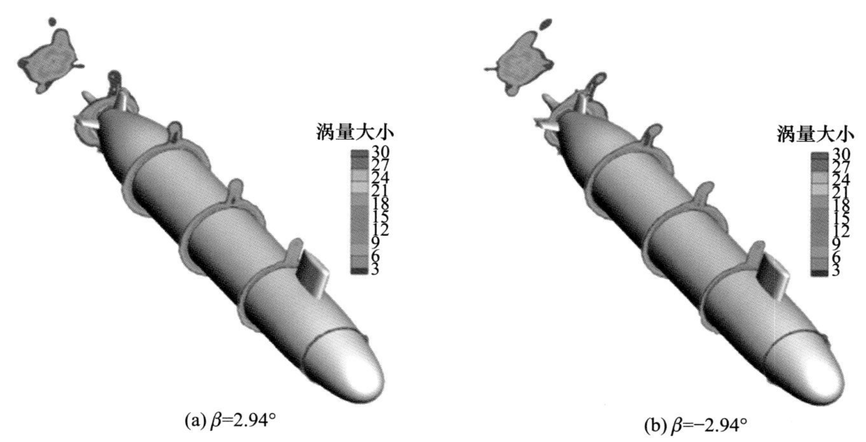

(a) β=2.94°　　(b) β=−2.94°

图 7.39　截面涡量大小比较(变漂角，SUBOFF 全附体模型)

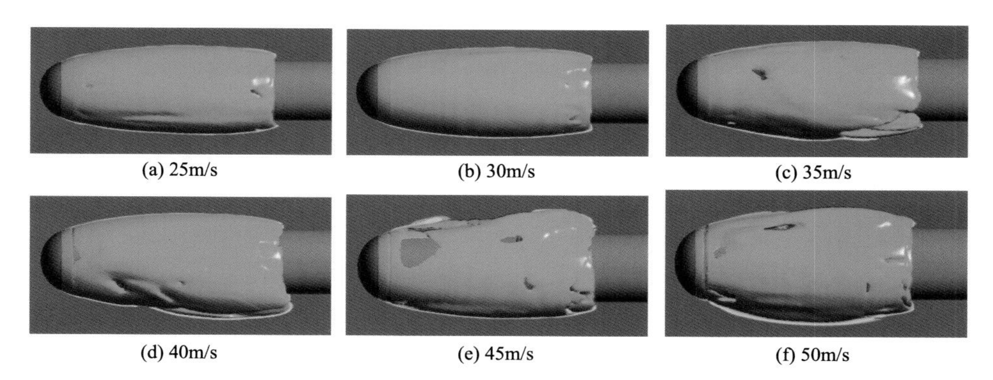

(a) 25m/s　(b) 30m/s　(c) 35m/s

(d) 40m/s　(e) 45m/s　(f) 50m/s

图 8.10　σ=0.2 、F_{vap}=5000、F_{cond}=1 时不同航速下空泡形态

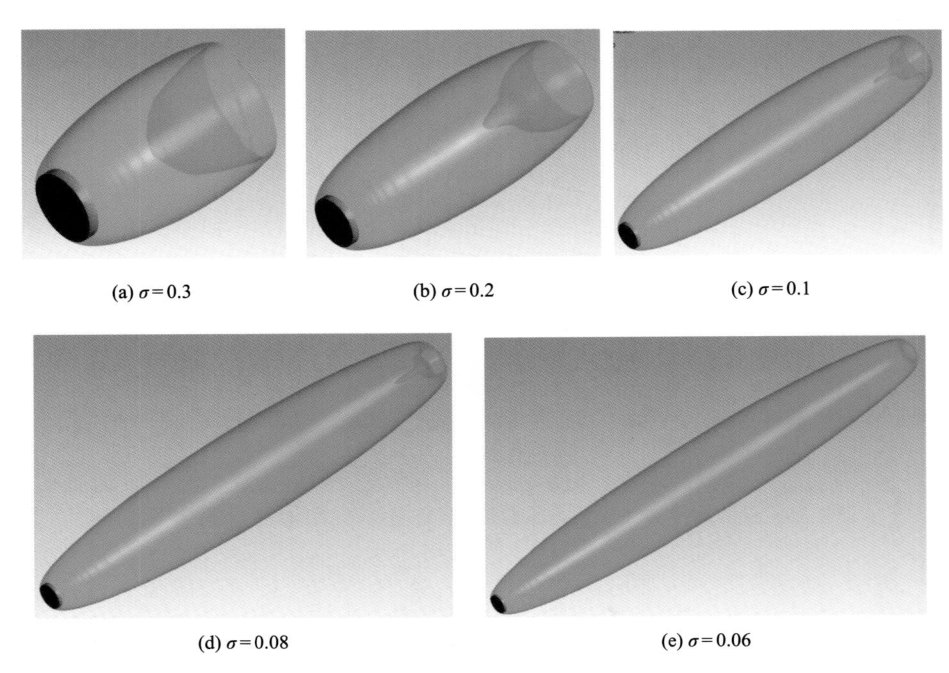

(a) $\sigma=0.3$ (b) $\sigma=0.2$ (c) $\sigma=0.1$

(d) $\sigma=0.08$ (e) $\sigma=0.06$

图 8.19 不同空化数条件下的空泡尺度和外形特征

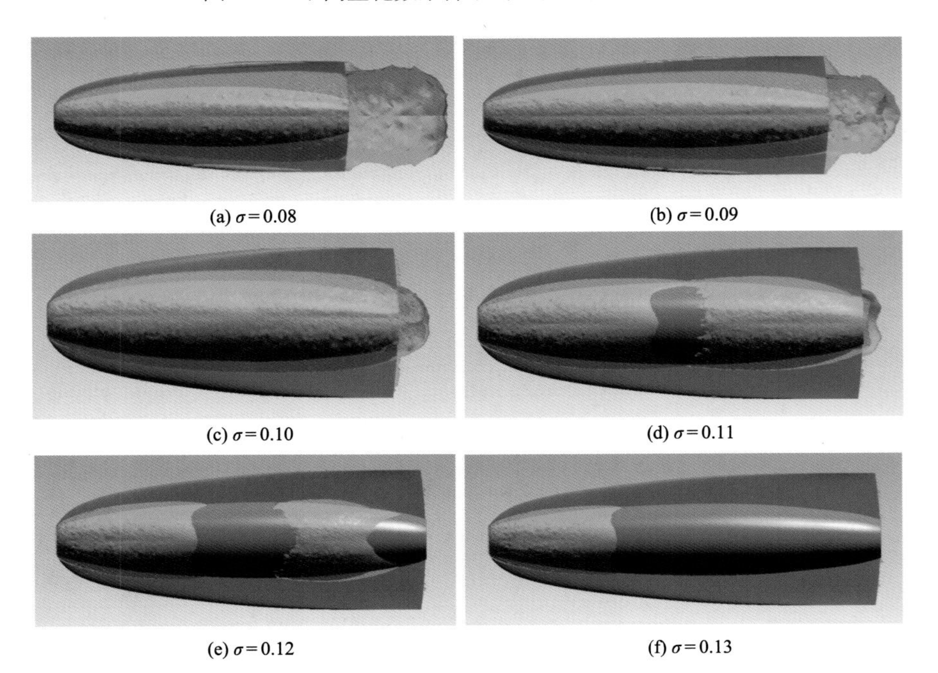

(a) $\sigma=0.08$ (b) $\sigma=0.09$

(c) $\sigma=0.10$ (d) $\sigma=0.11$

(e) $\sigma=0.12$ (f) $\sigma=0.13$

图 8.26 不同空化数条件下 PSM-2.0 空泡特征